LABORATORY ANIMAL SCIENCE
실험동물학

안재범·배은진·정연수·허제강 공저

🧪 머리말

실험동물학과 동물실험 분야에서 오랜 기간 탁월한 업적을 쌓아오신 여러 저자들의 노력 덕분에, 이 분야를 배우거나 연구하려는 학생과 연구자들이 참고할 수 있는 귀중한 서적들이 존재해 왔습니다. 그러나 많은 참고서적이 출간된 지 시간이 오래되어 현재의 시점에서 구하기 어렵거나, 어렵게 구하더라도 변화된 시대적 흐름과 최신 정보를 담지 못한 경우가 많았습니다. 더불어, 실험동물을 다루는 전문서적임에도 흑백 그림이나 사진이 주를 이루는 경우가 많아 학습자에게 생동감을 전달하기에는 부족한 면이 있었습니다.

이에 따라, 각 대학의 동물보건학과에서 실험동물시설을 직접 운영·관리하거나 동물실험 경험이 풍부한 교수진들이 모여, 현대 학생들과 연구자들이 접근하기 쉽고 최신의 내용을 반영한 서적을 집필하게 되었습니다. 특히, 새로운 세대인 "MZ 세대" 학생들이 학습에 흥미를 느끼고 보다 실질적으로 활용할 수 있는 서적을 만들고자 노력하였습니다.

이 책은 동물실험 이해를 돕기 위해 동물실험 기본, 동물실험 실무, 실험동물의 세 가지 주요 파트로 구성되어 있습니다.
첫째, 동물실험 기본 파트에서는 동물실험의 원칙과 윤리적 복지와 같은 이론적 토대부터 실험동물시설의 운영과 사육 관리 같은 실질적인 기반 지식을 다루고 있습니다. 또한, 연구자들에게 꼭 필요한 동물실험계획서의 작성과 검토 과정도 포함하여, 실질적인 도움을 제공하고자 하였습니다.
둘째, 동물실험 실무 파트에서는 동물실험의 기본기법인 보정, 채혈, 투여 과정을 고해상도의 컬러 사진으로 상세히 담아 시각적 이해를 돕고 학습 효과를 높였습니다.
셋째, 실험동물 파트에서는 국내 동물실험에서 가장 널리 사용되는 설치류인 마우스와 랫드에 초점을 맞추어, 보다 친숙하고 유용한 내용을 구성하였습니다.

이 책이 실험동물학 및 동물실험을 전공하는 학생이나 연구자뿐 아니라, 동물실험 관련 분야로 진출하고자 하는 다양한 전공자들에게도 유익한 정보를 제공할 수 있는 훌륭한 참고서가 되기를 기대합니다. 아울러, 실험동물과 동물실험 분야가 시대적 요구에 따라 빠르게 변화하고 있는 만큼, 저희는 앞으로도 이러한 변화에 유연하고 겸허한 자세로 대응하며 최신 정보를 정확하게 전달할 수 있도록 끊임없이 노력하겠습니다.

끝으로, 이 책의 출판을 위해 협조와 지원을 아끼지 않으신 박영Story와 관계자분들께 깊은 감사를 드립니다.

2025년
저자 일동

목차

PART 1

동물실험 기본 ───────────────────────

CHAPTER 01
동물실험의 필요성과 동물복지를 포함한 동물실험 원칙(3R)....................2

CHAPTER 02
동물실험윤리위원회(IACUC)와 동물실험계획서....................23

CHAPTER 03
동물실험시설 기준과 운영....................39

CHAPTER 04
실험동물 사육관리....................62

CHAPTER 05
직업보건안전(Occupational Health & Safety; OHS)과 관련법....................88

PART 2

동물실험 실무 ───────────────────────

CHAPTER 01
동물실험 기본기법 - 보정 및 이송, 투여, 채혈....................112

CHAPTER 02
동물실험 기본기법 - 마취, 부검, 안락사 140

CHAPTER 03
수술적 처치와 수의학적 관리 - 진통, 진정 159

CHAPTER 04
인도적 종료시점 설정 및 평가 191

CHAPTER 05
동물실험시설 모니터링 - 환경, 실험동물 206

CHAPTER 06
비임상시험규정(GLP)과 OECD 대체실험법 228

PART 3

실험동물 ——————————————————

CHAPTER 01
설치류 - 마우스, 랫드 252

■ 참고자료 286

CHAPTER 01
동물실험의 필요성과 동물복지를 포함한 동물실험 원칙(3R)

CHAPTER 02
동물실험윤리위원회(IACUC)와 동물실험계획서

CHAPTER 03
동물실험시설 기준과 운영

CHAPTER 04
실험동물 사육관리

CHAPTER 05
직업보건안전(Occupational Health & Safety; OHS)과 관련법

실험동물학

동물실험 기본

CHAPTER
01
동물실험의 필요성과 동물복지를 포함한 동물실험 원칙(3R)

학습 목표

▮ 동물실험이 과학 기술의 발전에 공헌한 업적을 학습하고 동물실험의 필요성을 이해한다.

▮ 동물실험 원칙(3R)과 동물복지의 주요 내용을 학습하고 연구현장에서 주의해야 할 점을 파악한다.

01 동물실험의 필요성

동물실험은 윤리적 문제에도 불구하고 여전히 과학 연구와 의학 발전에 중요한 역할을 하고 있다. 바이오 과학기술의 발전 속도는 상상을 초월할 정도로 빠르지만 동물실험을 완벽하게 대체할 수 있는 과학기술은 아직까지 개발되지 않고 있으며, 개발되더라도 시간과 노력 그리고 비용적 측면을 고려할 때 전면적으로 모든 국가에서 동시에 시행하기는 불가능하다. 그렇기 때문에 동물실험의 필요성을 인정하면서도, 연구자들은 3R 원칙(Replacement, Reduction, Refinement)을 적용하여 동물 사용을 최소화하고 동물 복지를 개선하려는 노력을 기울이고 있다. 이는 윤리적 고려와 과학적 필요성 사이의 균형을 맞추기 위한 중요한 접근 방식이다. 동물실험은 과학기술의 발전에 필수적인 역할을 하지만, 윤리적 고려와 동물 복지에 대한 책임도 함께 수반되어야 한다. 가능한 한 동물실험의 대체 방법을 모색하고, 동물 사용을 최소화하는 노력이 중요하다. 동물실험이 과학기술의 발전에 공헌한 업적은 다음과 같다.

(1) 인슐린의 발견

1921년 캐나다의 프레더릭 밴팅(Frederick Banting)과 찰스 베스트(Charles Best)는 개를 대상으로 한 실험을 통해 인슐린을 발견했다. 이 발견은 당뇨병 치료에 혁신적인 변화를 가져왔다.

(2) 백신 개발

소아마비 백신	조너스 소크(Jonas Salk)는 원숭이를 이용한 실험을 통해 소아마비 백신을 개발했다. 이 백신은 소아마비 퇴치에 큰 기여를 했다.
광견병 백신	루이 파스퇴르(Louis Pasteur)는 토끼를 이용한 실험을 통해 광견병 백신을 개발했다.

(3) 심장 이식

1950~1960년대에 걸쳐, 필립 블랄록(Philip Blaiblock)과 헬렌 타우시그(Helen Taussig)는 개와 고양이를 이용한 실험을 통해 심장 이식 수술 기법을 개발했다. 이 연구는 인간 심장 이식 수술의 기초가 되었다.

(4) 항생제의 발견

알렉산더 플레밍(Alexander Fleming)은 1928년 페니실린을 발견했으며, 이후 쥐를 이용한 실험을 통해 페니실린의 효과를 입증했다. 이 발견은 세균 감염 치료에 혁신적인 변화를 가져왔다.

(5) 유전학 연구

DNA 구조	제임스 왓슨(James Watson)과 프랜시스 크릭(Francis Crick)은 쥐를 포함한 여러 동물실험을 통해 DNA의 이중 나선 구조를 밝혀냈다.
유전자 편집	유전자 가위 기술인 CRISPR-Cas9은 쥐와 다른 동물실험을 통해 개발되었으며, 이는 유전자 편집 기술의 혁신을 가져왔다.

(6) 신경과학 연구

러시아의 과학자 이반 파블로프(Ivan Pavlov)는 개를 대상으로 한 실험을 통해 조건 반사 이론을 개발했다. 이 연구는 행동주의 심리학의 기초가 되었다.

과거 이와 같은 동물실험을 통한 발견들은 현대 의학과 과학의 발전에 큰 기여를 했다. 이러한 결과에서 볼 수 있듯이 동물실험은 현대 과학기술의 발전에 다음과 같은 기여를 할 것으로 기대된다.

(1) 신약 개발과 안전성 평가

신약 개발 과정에서 동물실험은 필수적이다. 예를 들어, 비타민 E의 항산화 효과와 생물학적 활동을 연구하기 위해 마우스를 이용한 실험을 수행한 결과 비타민 E가 당뇨병, 자가면역 질환, 암, 말초혈관 및 혈전·색전성 질환 치료에 유용할 수 있음을 알 수 있었다. 이러한 결과는 인간에게도 이러한 연구 결과가 유효할 수 있다는 잠재적 가능성을 제시한다. 이러한 연구는 신약의 효능과 안전성을 미리 평가하여 임상 시험 전에 잠재적인 부작용의 파악과 시험을 설계하는 데 도움을 준다.

(2) 질병 이해와 치료법 개발

동물실험은 특정 질병의 병리학적 과정을 이해하고 새로운 치료법을 개발하는 데 중요한 역할을 한다. 예를 들어, 고지방식을 섭취한 흰쥐를 대상으로 한 연구에서는 casein 펩타이드 추출물이 혈청 및 조직의 지질 농도에 미치는 영향을 조사하여, 고지혈증 및 고콜레스테롤혈증 치료에 효과적일 수 있음을 발견했다. 이러한 연구는 질병의 기전과 치료법을 이해하는 데 중요한 정보를 제공한다.

(3) 예방 조치 마련

동물실험을 통해 얻어진 데이터는 예방 조치를 마련하는 데도 사용된다. 예를 들어, 방사선이 자궁 내 태아에 미치는 영향을 동물실험을 통해 연구한 결과, 방사선이 선천성 기형을 유발할 수 있음을 발견하였다. 이러한 연구는 인간의 임신기간 중 방사선 노출을 최소화해야 하며 태아의 건강을 보호하기 위한 예방 조치가 필요함을 마련하는 데 기여한다.

(4) 교육과 훈련

동물실험은 의학 및 생명과학 분야의 교육과 훈련에서도 중요한 역할을 한다. 학생들은 동물실험을 통해 실제 실험 기술을 배우고, 생명체의 복잡한 생리학적 과정을 직접 경험할 수 있다. 이는 미래의 연구자와 의료 전문가를 양성하는 데 매우 큰 기여를 한다.

(5) 안전성 검증

새로운 의약품, 화장품, 식품 첨가물 등의 안전성을 검증하는 데도 동물실험이 사용된다. 이는 인체에 미치는 잠재적 위험을 최소화하는 데 도움이 된다. 생물학적 메커니즘과 질병 메커니즘을 이해하는 데 동물실험은 중요한 역할을 한다. 예를 들어, 암 연구에서 면역 능력이 결핍된 누드 마우스 동물 모델은 종양 발생과 진행 과정을 연구하는 데 사용될 수 있다.

(6) 동물실험 대체 방법의 한계 극복

컴퓨터 모델링이나 세포 배양 등의 대체 방법이 발전하고 있지만, 아직 완벽히 동물실험을 대체하는 데 한계가 있다. 생체 내에서 일어나는 복잡한 상호작용을 완벽히 재현하는 것은 현실적으로 불가능하기 때문이다.

(7) 법적 요구사항의 충족

많은 국가들이 아직까지 인체 임상시험 전 새로운 의약품이나 의료기기의 안전성과 효능을 확인하기 위하고 승인하기 위해 동물실험 데이터를 요구하고 있다. 새로운 기술의 승인과 사업화를 위해 동물실험은 불가피하다.

02 동물실험 원칙(3R)과 동물복지

3R 원칙은 Replacement(대체), Reduction(감소), Refinement(개선)을 의미하며, 이는 동물실험의 윤리성과 과학적 타당성을 높이기 위한 핵심 개념이다. 동물실험의 원칙은 주로 3R 원칙과 관련 법률을 통해 규정되며, 이는 동물의 복지를 보호하고 윤리적인 실험 수행을 보장하기 위한 것이다. 3R 원칙의 적용은 동물실험의 윤리성을 높이고, 더 나은 과학적 결과를 얻는 데 기여한다. 이 원칙은 전 세계적으로 동물실험 관련 법규와 가이드라인에 반영되어 있으며, 연구자들은 실험 계획 단계에서부터 이를 고려해야 한다. 실험동물 연구자의 관점에서 3R 원칙을 적용할 때는 다음과 같은 점들을 고려해야 하며 동료 연구자들과 긴밀히 협력하여 실험 설계 단계에서부터 3R 원칙을 적용할 수 있도록 조언해야 한다.

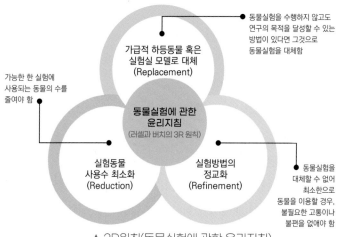

동물실험을 수행하지 않고도
연구의 목적을 달성할 수 있는
방법이 있다면 그것으로
동물실험을 대체함

가급적 하등동물 혹은
실험실 모델로 대체
(Replacement)

가능한 한 실험에
사용되는 동물의 수를
줄여야 함

동물실험에 관한
윤리지침
(러셀과 버치의 3R 원칙)

실험동물
사용수 최소화
(Reduction)

실험방법의
정교화
(Refinement)

동물실험을
대체할 수 없어
최소한으로
동물을 이용할 경우,
불필요한 고통이나
불편을 없애야 함

▲ 3R원칙(동물실험에 관한 윤리지침)

- 동물실험윤리위원회(IACUC)에 참여하여 3R 원칙에 기반한 실험계획서 심사
- 실험동물의 건강과 복지를 지속적으로 모니터링하고 개선 방안 제시
- 대체 방법과 새로운 기술에 대한 최신 정보를 습득하고 연구자들에게 제공
- 실험동물 관리 및 사용에 관한 교육 프로그램 개발 및 실시

3R 원칙을 철저히 적용함으로써, 실험동물의 복지를 향상시키고 더 신뢰할 수 있는 과학적 결과를 얻을 수 있다. 실험동물 연구자는 이 과정에서 핵심적인 역할을 수행하며, 동물복지와 과학적 진보 사이의 균형을 유지하는 데 기여한다.

1. 3R 원칙
(1) Replacement(대체)

실험동물 연구자로서, 가능한 한 실험동물 대신 다른 방법을 사용하여 대체하도록 노력하는 것을 의미한다. 이는 인체 조직이나 세포 배양 실험, 인체 장기 칩, 컴퓨터 시뮬레이션 모델 사용, 인체실험 자원자를 대상으로 한 연구, 3D 프린팅 기술을 이용한 인공 조직 모델 사용 등의 대체 방법을 포함한다. 이러한 방법들은 동물 사용을 완전히 대체하거나 일부 실험 단계에서 동물 사용을 줄일 수 있다. 살아있는 동물 대신 다른 실험 방법을 사용하여 연구 목적을 달성하기 위해서 완전한 대체와 부분적 대체로 구분하여 적용할 수 있다. 예를 들어 화장품 테스트에서 동물실험을 대체하기 위해 인공 피부 모델을 사용하는 경우가 있다. 이는 동물의 피부에 직접 테스트를 하는 대신, 인공적으로 만든 피부를 이용하여 안전성을 평가한다.

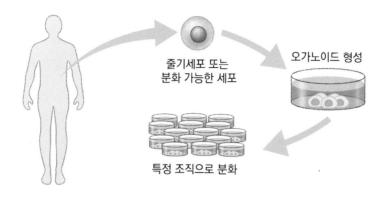

줄기세포 또는
분화 가능한 세포

오가노이드 형성

특정 조직으로 분화

최근 오가노이드(organoid)가 실험동물을 대체할 수 있는 혁신적인 연구 도구로 주목받고 있다. 오가노이드(organoid)란 폐, 간 또는 뇌 등 인간 장기의 복잡한 구조와 기능성을 근접하게 모방하기 위해 설계된 인공 생체 구조물을 의미한다. 이러한 오가노이드는 줄기 세포를 통해 만들 수 있으며, 실제 생체 현상을 부분적으로 구현하는 것에 최적화되어 있다. 이 미니 장기 모델은 실험동물 사용을 줄이면서도 인간 생리학에 더 가까운 연구 환경을 제공한다. 오가노이드의 주요 역할과 장점은 다음과 같다.

오가노이드는 인간 세포로 만들어져 실제 인체 조직과 유사한 구조와 기능을 가지므로 동물 모델보다 인간의 생리학적 반응을 더 정확하게 예측할 수 있게 해준다. 또한 암, 감염성 질환, 유전 질환 등 다양한 질병을 오가노이드로 모델링할 수 있고 이를 통해 질병의 메커니즘을 연구하고 새로운 치료법을 개발하는 데 도움을 준다. 오가노이드를 이용한 약물 스크리닝을 통해 새로운 약물의 효과와 독성을 테스트도 가능하다. 이는 동물실험 단계 이전에 더 정확한 예측을 가능하게 하여 약물 개발 과정을 효율화한다. 암 치료 등에서 환자 개개인의 특성을 반영한 특이적 오가노이드를 만들면 맞춤화된 개인형 치료법의 연구 또한 가능하다. 오가노이드 기술은 아직 발전 중이며, 복잡한 장기 시스템을 완전히 재현하는 데는 한계가 있다. 그러나 이 기술은 실험동물 사용을 크게 줄이고 더 정확한 인간 모델을 제공함으로써 생명과학 연구와 의약품 개발에 혁명적인 변화를 가져올 것으로 기대되고 있다.

(2) Reduction(감소)

동물 사용이 불가피한 경우, 실험에 사용되는 동물의 수를 최소화하는 것을 의미한다. 이를 위해 실험 설계를 최적화하고, 통계적으로 유의미한 결과를 얻을 수 있는 최소한의 동물 수를 사용해야 한다. 또한, 한 마리의 동물에서 여러 데이터를 얻는 실험을 설계하고 동물 공유 시스템 구축 및 첨단 이미징(imaging) 기술을 활용한 비침습적 모니터링을 통해 전체적인 동물 사용을 줄이는 것과 정교한 통계 분석 방법을 적용하는 것이 중요하다. 예를 들어 약물 효능 테스트에서 동물의 수를 줄이기 위해, 동일한 동물에게 여러 약물을 테스트한다. 이를 통해 필요한 동물의 수를 줄이고, 실험의 효율성을 높일 수 있다. 다만 동일한 동물에게 여러 약물을 테스트하는 경우, 실험동물의 수를 줄일 수 있지만 다음과 같은 단점이 발생할 수 있다.

동일한 동물에게 여러 약물을 투여할 경우, 약물 간의 상호작용으로 인해 교차 오염(Cross-Contamination)이 발생하여 결과가 왜곡될 수 있으며 이로 인해 약물의 순수한 효과를 평가하는 데 어려움이 발생한다. 또한 반복적인 실험은 동물에게 피로와 스트레스를 유발할 수 있으며, 스트레스는 동물의 생리적 상태를 변화시켜 약물의 효과를 왜곡할 수 있다. 이러한 변화는 시간이 지남에 따라 동물의 생리적 상태나 환경 조건에 크게 영향을 줄 수 있고 약물의 효과를 비교하는 데 어려움을 줄 수 있다.

이러한 단점과 이를 극복하기 위해 다음과 같은 정교한 통계 분석 방법이 필요하다. 교차 설계(Cross-Over Design)는 각 동물이 여러 치료를 받도록 하는 방법이다. 이 방법은 각 동물이 자신의 대조군 역할을 하므로, 개체 간 변이를 줄일 수 있다. 예를 들어, 두 가지 약물을 테스트할 때, 첫 번째 기간에는 절반의 동물에게 약물 A를, 나머지 절반에게 약물 B를 투여하고, 두 번째 기간에는 약물을 교환하여 투여하는 방법을 의미한다. 반복 측정 분산 분석(Repeated Measures ANOVA)은 동일한 개체에서 반복적으로 측정된 데이터를 분석하는 데 사용된다. 이 방법은 시간에 따른 변화를 고려하여 각 약물의 효과를 평가할 수 있다. 다변량 분석(Multivariate Analysis)은 여러 변수 간의 관계를 동시에 분석하는 방법이다. 이는 여러 약물의 상호작용 효과를 평가하고, 각 약물의 순수한 효과를 분리하는 데 유용하다. 혼합 효과 모델(Mixed-Effects Model)은 고정 효과와 랜덤 효과를 모두 포함하여 데이터를 분석한다. 이는 개체 간 변이와 개체 내 변이를 모두 고려할 수 있어, 동일한 동물에게 여러 약물을 투여할 때 발생하는 변이를 효과적으로 조정할 수 있다. 이러한 통계 분석 방법을 통해 동일한 동물에게 여러 약물을 테스트할 때 발생할 수 있는 단점을 극복하면, 보다 정확한 실험 결과를 얻을 수 있다.

(3) Refinement(개선)

실험동물의 고통과 스트레스를 최소화하고 동물복지를 향상시키는 것을 의미한다. 이는 실험 절차 개선을 통한 동물의 고통 감소, 비침습적 실험 기법 개발, 적절한 마취와 진통제 사용, 인도적인 종료시점 설정, 동물의 생리적, 행동적 요구를 고려한 환경 풍부화된 사육 환경 제공(예: 장난감, 은신처), 실험동물의 행동 관찰을 통한 스트레스 징후 조기 발견 등을 의미한다. 실험동물 연구자로서, 동물의 건강과 복지를 모니터링하고, 실험 절차를 지속적으로 개선하여 동물의 고통을 최소화하는 것이 필요하다. 위에서 언급한 Refinement(개선)을 위한 세부 내용 및 예시는 다음과 같다.

우선 실험동물의 생활환경을 개선하여 스트레스를 줄이고 복지를 향상시켜야 한다. 쥐나 토끼 등의 실험동물에게 놀이기구 및 은신처와 이를 구성하기 위한 재료 등 행동 풍부화 환경을 제공하여 자연스러운 행동을 할 수 있도록 하고 군집 생활을 하는 동물들에게 사회적 상호작용 기회 부여를 위해 적절한 동료를 제공하여 사회적 욕구를 충족시킨다. 약물 효과 테스트 시 동물의 자연스러운 행동을 관찰하거나 MRI나 CT 스캔과 같은 비침습적 영상 기술을 사용하여 내부 구조를 관찰하는 비침습적 실험 방법을 채택하여 가능한 한 동물에게 고통을 주지 않고 실험을 수행할 수 있다. 실험 중 동물의 고통을 최소화하기 위해 동물의 종류, 나이, 건강 상태에 따라 개별화된 맞춤형 마취 프로토콜을 적용하고 실험 중 동물의 생리적 지표를 지속적으로 지속적인 모니터링하여 필요시 적시에 추가 진통제를 투여한다. 그럼에도 불구하고 실험 중 동물의 고통이 일정 수준을 넘어서면 실험을 중단하는 인도적 안락사 기준을 미리 설정한다. 이 경우 체중 감소, 행동 변화, 생리적 지표 등을 종합적으로 고려하여 객관적 지표를 설정하고 인도적 안락사 시점을 결정한다. 필요 시 인도적 종점에 도달하기 전에 조기 개입하여 동물의 고통을 최소화한다. 마지막으로 인간 세포를 이용한 in vitro 실험으로 초기 약물 독성을 평가하고 약물의 효과나 독성을 예측하기 위해 컴퓨터 모델링을 통한 시뮬레이션을 활용한다.

2. 윤리적인 동물실험의 당위성과 동물실험윤리위원회(IACUC)

동물실험과 관련된 국제적인 법안, 지침, 가이드라인은 동물 복지를 보호하고 실험의 윤리성과 당위성을 확보하기 위해 마련되었다.

EU Directive 2010/63/EU	이 지침은 EU 회원국들의 동물실험 관련 법규를 통일하고 있으며, 3R 원칙을 강조하고 있다.
OECD 가이드라인	경제협력개발기구(OECD)는 화학물질 안전성 평가를 위한 표준화된 유전독성, 생식독성, 생태독성, 발암성 동물실험 방법을 제시하고 있으며, 동물복지를 고려한 지침과 표준화 방안을 제시·포함하고 있다.
CIOMS-ICLAS 국제 가이드라인	이 가이드라인은 동물실험의 윤리적 수행을 위한 국제적 기준을 제시하고 있다.

또한 많은 국가들이 자체적인 동물실험 관련 법규를 가지고 있다.

- 미국: Animal Welfare Act
- 영국: Animals(Scientific Procedures) Act 1986
- 일본: 동물의 애호 및 관리에 관한 법률

이러한 법규들은 대체로 3R 원칙을 반영하고 있으며, 동물실험 수행 시 윤리위원회의 승인을 요구하는 등 구체적인 규제 사항을 포함하고 있다. 우리나라의 "동물보호법"과 "실험동물에 관한 법률"은 동물실험을 윤리적으로 수행해야 하는 당위성과 법적 근거를 제공한다. 두 법에서 언급하고 있는 동물실험 및 복지에 대한 세부사항은 다음과 같다.

동물보호법

제47조(동물실험의 원칙)

① 동물실험은 인류의 복지 증진과 동물 생명의 존엄성을 고려하여 실시되어야 한다.

② 동물실험을 하려는 경우에는 이를 대체할 수 있는 방법을 우선적으로 고려하여야 한다.

③ 동물실험은 실험동물의 윤리적 취급과 과학적 사용에 관한 지식과 경험을 보유한 자가 시행하여야 하며 필요한 최소한의 동물을 사용하여야 한다.

④ 실험동물의 고통이 수반되는 실험을 하려는 경우에는 감각능력이 낮은 동물을 사용하고 진통제 · 진정제 · 마취제의 사용 등 수의학적 방법에 따라 고통을 덜어주기 위한 적절한 조치를 하여야 한다.

⑤ 동물실험을 한 자는 그 실험이 끝난 후 지체 없이 해당 동물을 검사하여야 하며, 검사 결과 정상적으로 회복한 동물은 기증하거나 분양할 수 있다.

⑥ 제5항에 따른 검사 결과 해당 동물이 회복할 수 없거나 지속적으로 고통을 받으며 살아야 할 것으로 인정되는 경우에는 신속하게 고통을 주지 아니하는 방법으로 처리하여야 한다.

⑦ 제1항부터 제6항까지에서 규정한 사항 외에 동물실험의 원칙과 이에 따른 기준 및 방법에 관한 사항은 농림축산식품부장관이 정하여 고시한다.

제48조(전임수의사)

① 대통령령으로 정하는 기준 이상의 실험동물을 보유한 동물실험시행기관의 장은 그 실험동물의 건강 및 복지 증진을 위하여 실험동물을 전담하는 수의사(이하 "전임수의사"라 한다)를 두어야 한다.

② 전임수의사의 자격 및 업무 범위 등에 필요한 사항은 대통령령으로 정한다.

제49조(동물실험의 금지 등) 누구든지 다음 각 호의 동물실험을 하여서는 아니 된다. 다만,

인수공통전염병 등 질병의 확산으로 인간 및 동물의 건강과 안전에 심각한 위해가 발생될 것이 우려되는 경우 또는 봉사동물의 선발·훈련방식에 관한 연구를 하는 경우로서 제52조에 따른 공용동물실험윤리위원회의 실험 심의 및 승인을 받은 때에는 그러하지 아니하다.

  1. 유실·유기동물(보호조치 중인 동물을 포함한다)을 대상으로 하는 실험

  2. 봉사동물을 대상으로 하는 실험

제50조(미성년자 동물 해부실습의 금지) 누구든지 미성년자에게 체험·교육·시험·연구 등의 목적으로 동물(사체를 포함한다) 해부실습을 하게 하여서는 아니 된다. 다만, 「초·중등교육법」 제2조에 따른 학교 또는 동물실험시행기관 등이 시행하는 경우 등 농림축산식품부령으로 정하는 경우에는 그러하지 아니하다.

제51조(동물실험윤리위원회의 설치 등) ① 동물실험시행기관의 장은 실험동물의 보호와 윤리적인 취급을 위하여 제53조에 따라 동물실험윤리위원회(이하 "윤리위원회"라 한다)를 설치·운영하여야 한다.

② 제1항에도 불구하고 다음 각 호의 어느 하나에 해당하는 경우에는 윤리위원회를 설치한 것으로 본다.

  1. 농림축산식품부령으로 정하는 일정 기준 이하의 동물실험시행기관이 제54조에 따른 윤리위원회의 기능을 제52조에 따른 공용동물실험윤리위원회에 위탁하는 협약을 맺은 경우

  2. 동물실험시행기관에 「실험동물에 관한 법률」 제7조에 따른 실험동물운영위원회가 설치되어 있고, 그 위원회의 구성이 제53조 제2항부터 제4항까지에 규정된 요건을 충족할 경우

③ 동물실험시행기관의 장은 동물실험을 하려면 윤리위원회의 심의를 거쳐야 한다.

④ 동물실험시행기관의 장은 제3항에 따른 심의를 거친 내용 중 농림축산식품부령으로 정하는 중요사항에 변경이 있는 경우에는 해당 변경사유의 발생 즉시 윤리위원회에 변경심의를 요청하여야 한다. 다만, 농림축산식품부령으로 정하는 경미한 변경이 있는 경우에는 제56조 제1항에 따라 지정된 전문위원의 검토를 거친 후 제53조 제1항의 위원장의 승인을 받아야 한다.

⑤ 농림축산식품부장관은 윤리위원회의 운영에 관한 표준지침을 위원회(IACUC)표준운영가이드라인으로 고시하여야 한다.

제52조(공용동물실험윤리위원회의 지정 등) ① 농림축산식품부장관은 동물실험시행기관 또는 연구자가 공동으로 이용할 수 있는 공용동물실험윤리위원회(이하 "공용윤리위원회"라 한다)를 지정 또는 설치할 수 있다.

② 공용윤리위원회는 다음 각 호의 실험에 대한 심의 및 지도·감독을 수행한다.

  1. 제51조 제2항 제1호에 따라 공용윤리위원회와 협약을 맺은 기관이 위탁한 실험

2. 제49조 각 호 외의 부분 단서에 따라 공용윤리위원회의 실험 심의 및 승인을 받도록 규정한 같은 조 각 호의 동물실험

3. 제50조에 따라 「초·중등교육법」 제2조에 따른 학교 등이 신청한 동물해부실습

4. 둘 이상의 동물실험시행기관이 공동으로 수행하는 실험으로 각각의 윤리위원회에서 해당 실험을 심의 및 지도·감독하는 것이 적절하지 아니하다고 판단되어 해당 동물실험시행기관의 장들이 공용윤리위원회를 이용하기로 합의한 실험

5. 그 밖에 농림축산식품부령으로 정하는 실험

③ 제2항에 따른 공용윤리위원회의 심의 및 지도·감독에 대해서는 제51조 제4항, 제54조 제2항·제3항, 제55조의 규정을 준용한다.

④ 제1항 및 제2항에 따른 공용윤리위원회의 지정 및 설치, 기능, 운영 등에 필요한 사항은 농림축산식품부령으로 정한다.

제53조(윤리위원회의 구성) ① 윤리위원회는 위원장 1명을 포함하여 3명 이상의 위원으로 구성한다.

② 위원은 다음 각 호에 해당하는 사람 중에서 동물실험시행기관의 장이 위촉하며, 위원장은 위원 중에서 호선한다.

1. 수의사로서 농림축산식품부령으로 정하는 자격기준에 맞는 사람

2. 제4조 제3항에 따른 민간단체가 추천하는 동물보호에 관한 학식과 경험이 풍부한 사람으로서 농림축산식품부령으로 정하는 자격기준에 맞는 사람

3. 그 밖에 실험동물의 보호와 윤리적인 취급을 도모하기 위하여 필요한 사람으로서 농림축산식품부령으로 정하는 사람

③ 윤리위원회에는 제2항 제1호 및 제2호에 해당하는 위원을 각각 1명 이상 포함하여야 한다.

④ 윤리위원회를 구성하는 위원의 3분의 1 이상은 해당 동물실험시행기관과 이해관계가 없는 사람이어야 한다.

⑤ 위원의 임기는 2년으로 한다.

⑥ 동물실험시행기관의 장은 제2항에 따른 위원의 추천 및 선정 과정을 투명하고 공정하게 관리하여야 한다.

⑦ 그 밖에 윤리위원회의 구성 및 이해관계의 범위 등에 관한 사항은 농림축산식품부령으로 정한다.

제54조(윤리위원회의 기능 등) ① 윤리위원회는 다음 각 호의 기능을 수행한다.

1. 동물실험에 대한 심의(변경심의를 포함한다. 이하 같다)

2. 제1호에 따라 심의한 실험의 진행·종료에 대한 확인 및 평가

3. 동물실험이 제47조의 원칙에 맞게 시행되도록 지도·감독

4. 동물실험시행기관의 장에게 실험동물의 보호와 윤리적인 취급을 위하여 필요한 조치 요구

② 윤리위원회의 심의대상인 동물실험에 관여하고 있는 위원은 해당 동물실험에 관한 심의에 참여하여서는 아니 된다.

③ 윤리위원회의 위원 또는 그 직에 있었던 자는 그 직무를 수행하면서 알게 된 비밀을 누설하거나 도용하여서는 아니 된다.

④ 제1항에 따른 심의 · 확인 · 평가 및 지도 · 감독의 방법과 그 밖에 윤리위원회의 운영 등에 관한 사항은 대통령령으로 정한다.

제55조(심의 후 감독) ① 동물실험시행기관의 장은 제53조 제1항의 위원장에게 대통령령으로 정하는 바에 따라 동물실험이 심의된 내용대로 진행되고 있는지 감독하도록 요청하여야 한다.

② 위원장은 윤리위원회의 심의를 받지 아니한 실험이 진행되고 있는 경우 즉시 실험의 중지를 요구하여야 한다. 다만, 실험의 중지로 해당 실험동물의 복지에 중대한 침해가 발생할 것으로 우려되는 경우 등 대통령령으로 정하는 경우에는 실험의 중지를 요구하지 아니할 수 있다.

③ 제2항 본문에 따라 실험 중지 요구를 받은 동물실험시행기관의 장은 해당 동물실험을 중지하여야 한다.

④ 동물실험시행기관의 장은 제2항 본문에 따라 실험 중지 요구를 받은 경우 제51조 제3항 또는 제4항에 따른 심의를 받은 후에 동물실험을 재개할 수 있다.

⑤ 동물실험시행기관의 장은 제1항에 따른 감독 결과 위법사항이 발견되었을 경우에는 지체 없이 농림축산식품부장관에게 통보하여야 한다.

제56조(전문위원의 지정 및 검토) ① 윤리위원회의 위원장은 윤리위원회의 위원 중 해당 분야에 대한 전문성을 가지고 실험을 심의할 수 있는 자를 전문위원으로 지정할 수 있다.

② 위원장은 제1항에 따라 지정한 전문위원에게 다음 각 호의 사항에 대한 검토를 요청할 수 있다.

    1. 제51조 제4항 단서에 따른 경미한 변경에 관한 사항

    2. 제54조 제1항 제2호에 따른 확인 및 평가

제57조(윤리위원회 위원 및 기관 종사자에 대한 교육) ① 윤리위원회의 위원은 동물의 보호 · 복지에 관한 사항과 동물실험의 심의에 관하여 농림축산식품부령으로 정하는 바에 따라 정기적으로 교육을 이수하여야 한다.

② 동물실험시행기관의 장은 위원과 기관 종사자를 위하여 동물의 보호 · 복지와 동물실험 심의에 관한 교육의 기회를 제공할 수 있다.

제58조(윤리위원회의 구성 등에 대한 지도 · 감독) ① 농림축산식품부장관은 제51조 제1항 및 제2항에 따라 윤리위원회를 설치한 동물실험시행기관의 장에게 제53조부터 제57조까지

> 의 규정에 따른 윤리위원회의 구성·운영 등에 관하여 지도·감독을 할 수 있다.
> ② 농림축산식품부장관은 윤리위원회가 제53조부터 제57조까지의 규정에 따라 구성·운영되지 아니할 때에는 해당 동물실험시행기관의 장에게 대통령령으로 정하는 바에 따라 기간을 정하여 해당 윤리위원회의 구성·운영 등에 대한 개선명령을 할 수 있다.

위와 같이 동물보호법은 제47조 동물실험의 원칙에서는 동물실험에 사용되는 동물의 보호와 관리, 제48조 실험동물 전임수의사의 자격과 업무범위, 제49조 동물실험의 금지, 제50조 미성년자 동물 해부실습의 금지, 제51~58조에서는 동물실험윤리위원회의 설치와 운영에 대해 언급하고 있으며 동물보호법 시행령과 시행규칙에서는 앞서 언급한 법률에 대한 세부 요건과 방법에 대해 자세히 언급하고 있다. 법 조항별 주요 내용은 다음과 같다.

• 제47조: 동물실험은 인류 복지와 동물의 존엄성을 고려하여 최소한의 동물로 시행하며, 고통을 줄이기 위한 조치를 필수적으로 취해야 한다.
• 제48조: 기준 이상의 실험동물을 보유한 기관은 동물의 건강과 복지를 담당하는 전임 수의사를 두어야 한다.
• 제49조: 유실·유기동물과 봉사동물을 대상으로 한 실험은 원칙적으로 금지되며, 일부 예외 상황에서는 공용동물실험윤리위원회의 승인을 받아야 한다.
• 제50조: 미성년자에게 동물 해부 실습을 시키는 것은 금지되며, 예외는 특정 교육 기관에 한정된다.
• 제51조: 동물실험시행기관은 동물의 윤리적 취급을 위해 동물실험윤리위원회를 설치·운영해야 하며, 모든 실험은 윤리위원회의 심의를 받아야 한다.
• 제52조: 농림축산식품부장관은 여러 기관이 공동으로 이용할 수 있는 공용동물실험윤리위원회를 지정·설치할 수 있다.
• 제53조: 윤리위원회는 수의사와 동물보호 전문가를 포함한 최소 3명으로 구성되며, 위원의 3분의 1 이상은 기관과 이해관계가 없어야 한다.
• 제54조: 윤리위원회는 동물실험의 심의, 진행 확인, 평가, 지도·감독의 기능을 수행한다.
• 제55조: 동물실험시행기관의 장은 윤리위원회 위원장에게 실험이 심의 내용대로 진행되고 있는지 감독하도록 요청해야 한다.
• 제56조: 윤리위원회의 위원장은 특정 분야에 대한 전문성을 가진 위원을 지정하여 실험에 대한 검토를 요청할 수 있다.
• 제57조: 윤리위원회의 위원은 동물 보호와 실험 심의에 관한 정기적인 교육을 이수해야

하며, 기관 종사자에게도 교육 기회를 제공해야 한다.
- 제58조: 농림축산식품부장관은 윤리위원회의 구성 및 운영에 대해 지도·감독할 수 있으며, 필요시 개선명령을 내릴 수 있다.

동물실험에 대해 언급하고 있는 또 다른 법률인 실험동물에 관한 법률에서는 제1조 실험동물의 보호와 윤리적인 취급을 위한 법의 목적에 대해 언급하고 있으며, 제2조 실험동물, 실험동물시설, 동물실험 시설 운영자 등에 대한 정의를 제공하고 있다. 제7조에서는 실험동물 운영 위원회의 설치에 대해 언급하고 있으며 제9조에서는 실험동물의 사용 및 관리에 관한 기본적인 규정을 명시하고 있다. 그 외에도 동물실험과 실험동물의 관리, 실험동물의 고통을 최소화하기 위한 방법, 윤리적 실험 절차 등에 대해 각 법률 조항이 상세히 규제 및 관리 사항을 언급하고 있다. 실험동물에 관한 법률의 세부 내용은 직업보건안전과 관련법 챕터를 참고하기 바란다.

이와 같이, 대한민국의 실험동물 관련 법률은 동물보호법과 실험동물에 관한 법률을 통해 실험동물의 보호와 윤리적 취급을 관리하고 있으며, 각각의 법률의 시행령과 시행규칙을 통해 구체적인 기준과 절차를 규정하고 있다. 두 법의 핵심 내용은 모든 동물실험 수행 기관은 동물실험윤리위원회(IACUC)를 설치 및 운영하고 IACUC의 관리감독을 받아야 한다는 점이다. 동물실험윤리위원회의 영어 명칭은 "Institutional Animal Care and Use Committee"이며, 약자로 IACUC라고 한다. IACUC는 위에서 언급한 법률에 근거하여 설치된 법정 위원회이다. 동물실험을 수행하는 기관은 반드시 IACUC를 설치해야 하며, 이는 법적 의무사항이다. IACUC는 다음과 같은 역할을 통해 동물실험의 윤리성과 과학적 타당성을 확보하고 실험계획을 심의하고 승인하며, 실험동물의 복지를 증진하는 데 중요한 역할을 수행한다.

(1) 동물실험의 윤리성 및 과학적 타당성 심의
- 동물실험계획을 사전에 검토하고 승인한다.
- 실험의 필요성, 대체방법 가능성, 동물 사용 및 고통 최소화 등을 평가한다.

(2) 동물실험 및 실험동물의 관리 감독
- 승인된 동물실험의 수행 과정을 감독한다.
- 실험동물의 사육 및 관리 상태를 점검한다.

(3) 실험동물의 생산, 도입, 관리 등에 관한 규정 마련

기관 내 동물실험 관련 규정을 수립하고 운영한다.

(4) 동물실험 종사자 교육 훈련 계획 수립

연구자 및 관련 종사자들에게 필요한 교육을 제공한다.

(5) 실험동물의 안락사 방법 심의

동물의 고통을 최소화하는 적절한 안락사 방법을 검토한다.

(6) 동물실험시설의 운영 실태 평가

시설의 관리 상태 및 운영 현황을 주기적으로 평가한다.

동물실험윤리위원회(IACUC)의 세부 역할과 동물실험계획서의 작성과 심의 방법은 동물실험계획과 IACUC 챕터를 참고하기 바란다.

다음은 3R 원칙(Replacement, Reduction, Refinement)을 실제 실험에 복합 적용한 것으로, 동물실험의 윤리성과 과학적 타당성을 동시에 높이는 데 기여할 수 있다. 이를 통해 동물의 복지를 개선하면서도 신뢰할 수 있는 연구 결과를 얻을 수 있다.

(1) Zebrafish를 이용한 독성 테스트

Zebrafish(제브라피쉬)는 작은 크기와 빠른 번식 주기로 인해 독성 테스트에 널리 사용된다. 이 물고기는 투명한 배아를 가지고 있어, 약물의 효과를 쉽게 관찰할 수 있다. 이를 통해 포유류를 사용하지 않고도 초기 독성 평가를 수행할 수 있다.

① Replacement: 포유류 대신 어류를 사용하여 동물실험을 대체한다.

② Reduction: Zebrafish는 작은 크기 때문에 적은 양의 화합물로도 실험이 가능하여 필요한 동물의 수를 줄일 수 있다.

③ Refinement: Zebrafish의 배아는 통증을 느끼지 않기 때문에 윤리적 문제를 최소화할 수 있다.

(2) 인공 피부 모델을 이용한 화장품 테스트

인공 피부 모델은 인간의 피부와 유사한 구조를 가지고 있어, 화장품의 안전성을 평가하는 데 사용된다. 인공 피부 모델은 상대적으로 더 복잡한 3D 구조를 가진 오가노이드에 비해 단순한 구조를 가진다. 오가노이드가 다양한 장기 연구에 활용되는 것에 비해, 인공 피부 모델은 주로 피부 관련 연구에 특화되어 있다. 동물의 피부에 직접 테스트를 하는 대신, 인공적으로 만든 피부를 이용하여 실험을 수행한다.

① Replacement: 동물의 피부를 사용하지 않고 인공 피부를 사용하여 실험을 대체한다.

② Reduction: 동물실험을 최소화하고, 필요한 동물의 수를 줄일 수 있다.

③ Refinement: 동물에게 고통을 주지 않고도 실험을 수행할 수 있다.

(3) 마이크로도즈(microdose) 연구

마이크로도즈는 일반적으로 표준 용량의 1/10에서 1/20 정도의 매우 적은 양을 의미한다. 주로 정신활성 물질의 잠재적 치료 효과를 연구하는 데 활용되고 있다. 이 정도의 용량은 의식 상태의 변화나 환각 등을 일으키지 않으면서도 미묘한 생리학적 효과를 유발할 수 있다. 이를 통해 초기 단계에서 약물의 안전성을 평가할 수 있다.

① Replacement: 동물실험을 대체하여 인간 자원봉사자를 사용한다.

② Reduction: 동물실험을 최소화하고, 필요한 동물의 수를 줄일 수 있다.

③ Refinement: 동물에게 고통을 주지 않고도 실험을 수행할 수 있다.

(4) 비침습적 영상 기술 활용

MRI나 CT 스캔과 같은 비침습적 영상 기술을 사용하여 동물의 내부 구조를 관찰하고 연구한다. 이를 통해 동물을 해부하지 않고도 필요한 데이터를 얻을 수 있다.

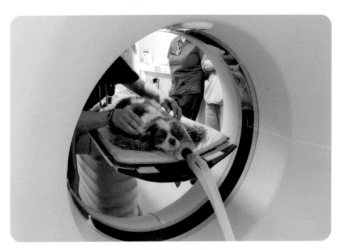

▲ 동물 CT 촬영

① Refinement: 동물에게 고통을 주지 않고 실험을 수행할 수 있다.
② Reduction: 동일한 동물에게 여러 차례 실험을 수행할 수 있어, 필요한 동물의 수를 줄일 수 있다.

이와 같은 사례들은 동물복지 원칙을 적용하여 동물의 고통을 최소화하면서도 유의미한 연구 결과를 도출한 성공적인 예시이다. 이러한 접근은 동물실험의 윤리성을 높이고, 과학적 타당성을 유지하는 데 중요한 역할을 한다. 그러나 실험동물 원칙을 적용하지 않아 실패한 연구 사례 또한 존재한다. 실험동물 원칙을 적용하지 않은 연구 사례들은 윤리적 문제와 과학적 신뢰성 문제를 동시에 야기할 수 있다.

2006년 영국의 Northwick Park Hospital 사건은 인간 임상 시험 중 발생한 것으로, 연구자들은 T세포를 활성화시키는 류마티스 관절염과 백혈병의 치료 후보물질 TGN1412를 시험하는 과정에서 실험동물 원칙을 충분히 적용하지 않아 큰 논란을 일으켰다. 약물의 안전성을 충분히 검증하지 않은 채 인간에게 투여한 결과, 피험자들이 심각한 부작용을 겪었다. 이 사건은 실험동물 연구의 중요성과 윤리적 기준 준수의 필요성을 강조하는 계기가 되었다.

2014년 일본 리켄 연구소의 오보카타 박사가 발표한 STAP 세포 연구는 실험 결과의 재현성 문제와 데이터 조작 의혹으로 큰 논란을 일으켰다. 이 연구는 동물실험 원칙을 충분히 적용하지 않았으며, 윤리적 기준을 위반한 것으로 밝혀졌다. 결국 연구는 철회되었고, 관련 연구자들은 큰 비판을 받았다.

2017년 독일의 자동차 제조업체들이 디젤 배출가스의 유해성을 평가하기 위해 원숭이를 대상으로 실험을 진행했다. 이 실험은 실험동물의 복지를 고려하지 않은 채 진행되었으며, 사회적으로 큰 반발을 불러일으켰다. 이 사건은 실험결과와 별개로 기업의 이미지 타격에 지대한 영향을 주었으며 실험동물의 윤리적 대우와 관련된 논의를 촉발시켰다.

1960~70년대에 담배 회사는 니코틴의 중독성을 연구하기 위해 원숭이와 쥐를 사용한 실험을 진행했다. 원숭이에게는 니코틴을 주입하는 장치를 이식하여 지속적으로 니코틴을 투여했고 원숭이들은 니코틴에 중독되어, 니코틴 공급이 중단되면 금단 증상을 보였다. 쥐에게는 니코틴을 주입하거나 니코틴이 포함된 물을 제공하여 자발적으로 섭취하도록 했다. 또한 많은 국가에서 금지되기 전까지, 화장품 안정성 평가를 위한 실험 시 동물복지를 고려하지 않은 테스트가 광범위하게 이루어졌다. 토끼의 눈에 화학물질을 직접 투여하는 드레이즈 테스트(Draize test)가 대표적인 사례이다.

1960년대 행동심리학 실험을 위해 실시한 원숭이 격리 실험은 고등 생물인 원숭이의 정서적, 심리적 복지를 전혀 고려하지 않았다. 이 실험에서는 어린 원숭이들을 어미로부터 격리시켜 심각한 정서적 외상을 입혔다. 군사 목적의 동물실험 시 방사선이나 화학무기의 영향을 연구하기 위해 동물들을 극단적인 상황에 노출시켰다. 과거 초기 의약품 개발 단계에서도 동물복지 원칙이 제대로 적용되지 않았다. LD50 테스트(반수치사량 테스트)에서는 동물의 고통을 최소화하려는 노력 없이 약물의 치사량을 측정했다.

이와 같은 사례들은 실험동물 원칙을 준수하지 않은 연구가 어떻게 사회적 논란을 일으킬 수 있는지를 보여주며, 실험의 성공과 실패여부와 상관없이 연구자들이 윤리적 기준을 철저히 지켜야 할 필요성을 알려주고 있다. 또한 이러한 실험은 동물들에게 심각한 스트레스와 건강 문제를 초래할 경우 실험 결과에 악영향을 미친다는 점을 알려준다. 이러한 사례들은 실험동물 원칙을 적용하지 않았을 때 발생할 수 있는 윤리적 문제와 과학적 신뢰성 간의 문제를 잘 보여준다. 현재는 대부분의 국가에서 이러한 비윤리적 실험을 금지하고 있으며, 동물실험윤리위원회(IACUC) 등을 통해 실험동물의 복지를 보장하려는 노력을 기울이고 있다.

반대로 동물복지와 실험동물 원칙을 준수에 너무 몰입한 나머지 실험에 실패한 사례들도 있다. 이러한 실패 사례들을 분석한 결과 다음과 같은 주요 원인이 발견되었다.

(1) 표본 크기와 통계적 검정력 문제

동물복지를 고려하여 실험동물의 수를 최소화하려는 노력이 때로는 통계적 검정력을 약화시키는 결과를 낳기도 한다. 주로 표본 크기가 작아 결과의 신뢰성이 떨어지는 문제가 발생한다.

(2) 종 특이성 고려 부족

동물의 종 특이적 특성을 충분히 고려하지 않은 실험 설계로 인해 실패할 수 있다. 토끼와 인간은 약물을 대사하는 경로(효소의 발현 수준과 활성도, 약물의 흡수, 분포, 대사, 배설)와 생리학적 차이(혈류량, 장기 크기, 초식 동물의 소화기 구조 등)가 다를 수 있고, 이는 약물의 분포와 작용에 영향을 미친다. 이러한 차이를 고려하지 않은 실험설계는 약물의 효과와 독성에 대한 예측을 어렵게 만들고 결과 해석에 오류를 초래한다.

(3) 스트레스 요인의 과소평가

실험 환경에서 동물들이 겪는 스트레스를 과소평가하는 경우가 있다. 예를 들어, 실험용 쥐들의 스트레스를 줄이기 위해 케이지 크기를 확대했음에도 불구하고 예상치 못한 스트레스 반응이 관찰되기도 한다. 이는 단순히 공간을 넓히는 것만으로는 충분하지 않으며, 동물의 자연스러운 행동 패턴을 고려한 환경 설계가 필요함을 보여준다.

(4) 환경 요인의 복잡성

동물복지 원칙을 적용하여 보다 자연스러운 환경을 제공하려는 시도가 오히려 실험 결과에 영향을 미치는 변수를 증가시키는 경우가 있다. 지나치게 풍부화된 환경은 오히려 실험 결과의 일관성을 저해한다.

(5) 윤리적 제약으로 인한 방법론적 한계

동물복지를 고려한 윤리적 제약으로 인해 특정 실험 방법을 사용하지 못하게 되면서 연구의 범위가 제한될 수 있다. 이로 인해 핵심 데이터를 수집하지 못하거나 대체 방법의 한계로 인해 실험의 정확성이 떨어지는 사례들이 보고되고 있다.

이러한 실패 사례들은 동물복지와 과학적 엄밀성 사이의 균형을 잡는 것이 얼마나 중요한지를 보여준다. 실험의 성공을 위해서는 동물복지 원칙을 적용하면서도 실험의 목적과 방법론적 타당성을 함께 고려해야 한다. 또한, 이러한 실패 사례들을 통해 얻은 교훈을 바탕으로 더 나은 실험 설계와 동물복지 실천 방안을 개발하는 것이 중요하다.

마지막으로 동물실험을 성공적으로 이끌기 위해 우리가 고려해야 할 윤리적 요소와 과학적 타당성을 균형 있게 조화시키는 데 중요한 요인들은 다음과 같다.

(1) 철저한 실험 설계

① 목표 명확화: 실험의 목적과 가설을 명확히 설정하여 불필요한 동물의 희생을 방지한다.

② 통계적 방법 최적화: 적절한 표본 크기를 산정하여 최소한의 동물로 유의미한 결과를 얻을 수 있도록 한다.

(2) 첨단 기술의 활용

① 비침습적 기술 도입: MRI, CT 등의 영상 기술을 활용하여 동물에게 최소한의 스트레스를 주면서 데이터를 수집한다.

② 인공지능 및 빅데이터 활용: 기존 데이터를 분석하여 동물실험의 필요성을 줄이고 예측 모델을 개발한다.

(3) 대체 방법 개발 및 적용

① In vitro 모델 개발: 세포 배양이나 조직 공학 기술을 이용한 대체 모델을 개발하여 동물실험을 대체한다.

② 컴퓨터 시뮬레이션: 복잡한 생물학적 시스템을 모델링하여 초기 단계의 실험을 대체한다.

(4) 전문인력 교육 및 훈련

① 윤리 교육 강화: 연구자들에게 동물복지와 윤리에 대한 지속적인 교육을 제공한다.

② 기술 훈련: 최신 실험 기법과 장비 사용법에 대한 훈련을 통해 실험의 정확성과 효율성을 높인다.

(5) 협력적 연구 환경 조성

① 다양한 학문분야의 협력: 생물학, 윤리학, 통계학 등 다양한 분야의 전문가들이 협력하여 종합적인 접근을 가능하게 한다.

② 데이터 공유: 연구 결과와 데이터를 공유하여 중복 실험을 방지하고 전체적인 동물 사용을 줄인다.

(6) 엄격한 윤리 심사 및 모니터링

　① 실험동물 윤리위원회 운영: 독립적인 위원회 운영을 통해 실험 계획을 철저히 검토하고
　　승인한다.

　② 지속적인 모니터링: 실험 과정을 지속적으로 감독하여 동물복지 원칙이 준수되는지 확인
　　한다.

(7) 환경 개선 및 스트레스 감소

　① 풍부화 환경 제공: 동물의 자연스러운 행동을 촉진하는 환경을 조성하여 스트레스를 줄
　　인다.

　② 적절한 관리: 영양, 위생, 온도 등 동물의 기본적인 요구를 충족시켜 건강한 상태를 유지
　　한다.

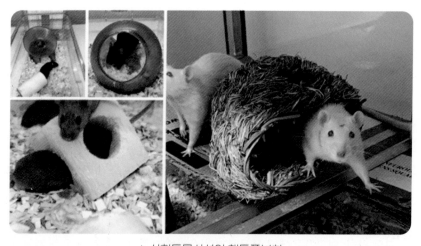

▲ 실험동물시설의 행동풍부화

(8) 투명성 및 책임성 강화

　① 결과 공개: 실험 결과를 투명하게 공개하여 과학적 검증을 가능하게 한다.

　② 부정적 결과 보고: 긍정적인 결과뿐만 아니라 부정적인 결과도 보고하여 불필요한 반복
　　실험을 방지한다.

이러한 요인들은 동물복지 원칙을 적용한 실험의 성공을 위해 상호 연관되어 작용한다. 이
를 통해 동물의 고통을 최소화하면서도 과학적으로 유의미한 결과를 얻을 수 있으며, 궁극
적으로는 더 나은 연구 성과와 사회적 수용성을 달성할 수 있다는 점을 명심해야 한다.

CHAPTER

02

동물실험윤리위원회(IACUC)와 동물실험계획서

학습 목표

▯ 동물실험윤리위원회의 역할을 설명할 수 있다.
▯ 동물실험계획서의 작성 및 심의 절차를 설명할 수 있다.

01 동물실험윤리위원회(IACUC) 구성 및 역할

(1) IACUC 구성

동물실험윤리위원회는 「동물보호법」에 따라 동물실험을 실시하는 모든 기관은 반드시 설치해야 하는 위원회이다. 단, 동물실험시설 등록 여부는 경우를 따져 보아야 한다. 동물실험시설 등록대상을 규정해 놓은 「실험동물에 관한 법률 시행령」 제2조(동물실험시설)와 「동물보호법 시행령」 제5조(동물실험시행기관의 범위)에 따르면, 학교는 등록 대상에 포함되지 않기 때문에 학교에서 교육실습 목적으로 동물실험을 진행하는 경우에는 시설 등록을 할 필요가 없다.

「동물보호법」 제53조(윤리위원회의 구성)에 따라 위원회는 위원장 1명을 포함하여 최소 3명 이상의 위원으로 구성해야 한다. 위원회 구성과 관련하여 주요 내용은 다음과 같다. 1) 수의사와 민간단체 추천 위원을 반드시 각각 1명 이상 포함해야 한다. 2) 위원회를 구성하는 위원의 3분의 1 이상은 해당 기관과 이해관계가 없는 사람이어야 한다. 이해관계의 범위는 「동물보호법 시행규칙」 제34조(윤리위원회 위원의 이해관계인의 범위)를 따른다.

⚛ 윤리위원회 구성 부적합 예시

위원 명단	적합/부적합 사유
• 김XX: 수의사 제1호(외부) • 정XX: 민간단체 추천위원 제2호(내부)	• 필수 위원 포함: 필수 위원인 수의사와 민간단체 추천 위원을 포함하고 있으므로 적합 • 전체 위원 수: 최소 인원인 3인 이상을 채우지 못했으므로 부적합
• 이XX: 민간단체 추천위원 제2호(외부) • 박XX: 그밖의 사람 제1호(내부) • 최XX: 그밖의 사람 제2호(내부) • 남XX: 그밖의 사람 제3호(내부)	• 필수 위원 포함: 필수 위원 중에 한 명인 수의사가 없으므로 부적합 • 외부 위원 비율: 외부 위원 비율이 1/4(3분의 1 미만)이므로 부적합 • 전체 위원 수: 최소 인원인 3인 이상이므로 적합

(2) IACUC의 역할

위원회는 동물실험 수행기관에서 운영하는 시설을 포함하여 기관에서 수행하는 동물실험에 대한 전반적인 내용을 점검하고 필요한 자문을 제공하는 기구이다. 여기에는 해당 기관에서 동물실험을 수행하는 종사자를 대상으로 정기적으로 교육 프로그램을 운영하거나 시설 점검 결과를 동물실험 수행기관의 장에게 보고 및 시정을 요구하는 활동 등을 포함한다. 위원회는 효율적인 행정업무 처리를 위해서 별도로 최소 1명 이상의 간사를 임명할 수 있다. 위원회의 중요한 역할 중 하나는 3R 원칙을 기반으로 동물실험계획서를 사전 검토하고 이를 심의하는 것이다.

(3) 승인 후 점검(Post Approval Monitoring; PAM)

위원회는 승인받은 동물실험계획대로 연구자가 동물실험을 수행하는지를 점검해야 한다. 「동물보호법」 제55조(심의 후 감독)에 따르면, 동물실험시행기관의 장은 위원장에게 동물실험이 승인된 내용대로 진행되고 있는지를 감독하도록 요청해야 한다. 위원회 점검 결과, 실험 중지 요구를 받을 경우, 동물실험시행기관의 장은 해당 동물실험을 즉시 중지하여야 한다. 연구자의 입장에서는 점검이라는 단어가 주는 느낌이 다소 강압적이어서 거부감을 느낄 수도 있지만, 승인받은 동물실험계획대로 동물실험이 이루어지는지를 위원회가 함께 확인함으로써 제대로 된 연구 결과를 도출할 수 있는 하나의 수단으로 활용하는 것이 좋다. 동물실험시설마다 PAM을 수행하는 절차는 다양할 수 있으며, 일반적인 절차는 아래와 같다.

▲ 승인 후 점검 절차

① 동물 사용량이 많거나 평소 사육관리 시 문제가 발견된 실험, 재해유발물질을 사용하는 실험 등 점검이 필요하다고 판단되는 연구를 점검대상 과제로 선정할 수 있다. 물론, 점검 대상 과제를 무작위로 선정할 수도 있다. 과제가 선정되면 해당 과제의 연구책임자에게 점검 대상에 선정되었음을 알린다.

② 점검 위원과 연구자 간에 점검 일정을 조율하고 해당 과제의 연구팀은 점검일 전까지 점검에 필요한 관련 서류를 준비한다. 관련 서류에는 동물반입서류, 안락사 및 사체 처리 관련 서류, 연구노트 등이 포함된다.

③ 점검 당일에 점검 위원은 승인된 동물실험계획서에 기술된 내용과 실제로 수행중인 동물실험 내용을 비교하고 관련 서류를 함께 점검하여 점검 결과를 점검표에 작성한다.

④ 작성된 점검표를 연구책임자에게 전달하고 수정 또는 보완 사항이 있을 경우에 연구팀은 이를 보완하여 보완 결과를 위원회에 알린다.

⑤ 점검 실시 결과를 위원회 정규 심의에 보고하고, 위원회는 점검에 대한 내용을 기관장에게 알린다.

02 동물실험계획서 작성 방법

동물실험계획서 양식과 작성 항목은 각 기관별로 상이하지만, 아래의 내용은 포함하는 것을 권장한다.

(1) 동물실험 명

수행하는 동물실험의 최종 목적에 부합하도록 동물실험 명을 국문 또는 영문으로 되도록 구체적으로 적는다. 사용 동물 종, 활용 동물 모델, 투여하는 시험 물질 명, 시험 물질 투여에 따른 효과를 포함하여 적는다면 제목만 보고도 동물실험에 대한 전반적인 내용 파악이 가능하다.

(2) 참여 연구자 정보

참여 연구자의 이름, 법정 또는 자체 교육 이수 번호, 해당 동물실험에서 맡은 역할 등을 명시한다. 최근 실험동물 복지와 동물실험의 필요성과 관련한 사회적 이슈가 대두되면서, 「동물보호법」의 개정 작업이 활발하다.

2023년 4월 27일부터 시행되고 있는 「동물보호법」 전면 개정에 따르면 연간 1만 마리 이상의 실험동물을 보유한 동물실험시행기관은 실험동물의 건강 및 복지증진 업무를 전담하는 전임수의사를 두도록 하고 있다. 또한, 윤리위원회의 심의를 받지 않은 동물실험을 진행한 경우 해당 실험의 중지를 요구할 수 있도록 윤리위원회의 지도 및 감독 기능을 한층 강화하였다. 이와 같은 동물실험 관련 최신 정보가 동물실험 계획서에 실시간으로 반영되기 위해선 위원회를 통한 정기적인 종사자 교육이 실시되어야 하며, 교육 주기는 최대 2년을 넘지 않는 것을 권장한다.

참여 연구자별로 해당 동물실험에서 수행하는 역할을 구체적으로 명시한다. 예를 들어 동물에 시험물질을 투여하고 동물의 체중 변화를 관찰하는 연구자와 안락사 후, 조직을 떼어 분석하는 연구자가 나뉘어 있다면 이를 구분하여 작성하는 것이 좋다.

특히, 유전자 변형 동물을 다루는 연구자는 「유전자변형생물체의 국가 간 이동 등에 관한 법률」에 의거하여 매년 2시간 교육을 반드시 이수하여야 한다. 교육 이수 후 발급한 이수증을 동물실험 계획서에 첨부한다.

(3) 실험동물 정보

동물종, 계통명, 성별, 일령 또는 주령, 마리 수, 미생물학적 등급, 동물 공급처 등을 명시한다. 특히, 유전자 변형 동물을 사용하는 경우에는 계통명과 유전자명을 정확히 기입한다.

근교계 마우스에는 대표적으로 C57BL/6, BALB/c, DBA, AKR 등이 있으며, 비근교계 마우스에는 ICR이 있다. SD 랫드는 대표적인 비근교계 동물이다.

미생물학적 등급은 크게 네 가지(Germ free, Gnotobiotic, SPF, Conventional)로 나뉜다. Germ free(무균동물)는 검출 가능한 미생물이 없는 동물로, 제왕절개나 자궁절제술로 생산한 동물이며 태어난 후 무균 환경을 유지할 수 있는 isolator에서 유지되어야 하는 동물이다. 참고로 무균 상태인 어미의 자궁에 있는 새끼는 미생물에 노출되지 않은 채 성장한다. 출산으로 자궁에서 질로 이어지는 산도를 지나면서 새끼는 어미의 마이크로바이옴을 전해 받는다. 특히, 미생물이 많이 서식하는 질을 통과하면서 상당히 많은 마이크로바이옴을 받아들이게 되는데 이를 '세균 샤워'라고도 한다.

Gnotobiotic 동물은 명확하게 동정된 미생물을 무균동물에 인위적으로 정착시켜 만든 동물이며 역시 isolator에서 유지되어야 하는 동물이다.

SPF(Specific Pathogen Free) 동물은 특별히 지정된 병원체가 없는 동물을 의미하며, Gnotobiotic 동물과는 상반된 의미를 갖는다. 보통 특정 병원체가 없다는 것을 미생물 모니터링 검사를 실시한 결과 보고서로 증명하며 동물 공급처에서 이를 동물과 함께 제공하거나 동물사육시설에서 자체적으로 구비한다.

Conventional 동물은 배리어 시설이 아닌 일반사육 방식의 시설에서 사육하는 동물이다. 어느 정도의 위생적인 사육관리는 필요하지만 엄격한 배리어 시설에서는 사육하지 않는다.

유전자변형 동물의 명명은 유전자명을 계통명 다음에 hyphen(-)을 쓰고 이탤릭체로 적는다. 우성유전자형질은 유전자명 다음에 오는 위첨자를 대문자로 시작하고, 열성유전자형질일 경우에는 유전자명 다음에 오는 위첨자를 소문자로 시작하여 표기한다. 대표적으로 C57BL/6J-Apc^{Min}/J이 있다.

식품의약품안전처에서는 매년 말 동물실험시설 및 실험동물공급자 현황 자료를 제공하고 있다. 「실험동물에 관한 법률」에 따르면, 실험동물을 생산하거나 수입 또는 판매를 업으로 하는 자는 반드시 식품의약품안전처장에게 등록하도록 되어있다. 체계적으로 관리되고 있는 시설에서 생산된 동물을 사용하는 것은 동물실험의 재현성과 신뢰성을 확보하는 데 지대한 영향을 미칠 수 있기 때문에 반드시 등록된 업체를 통하여 실험동물을 반입한다.

(4) 고통 등급

동물실험의 내용을 반영하여 고통 등급을 산정한다. 「동물보호법」에서는 동물에서 유발될 수 있는 고통을 다섯 등급으로 구분하고 있다.

1) 고통등급 A

생물개체를 활용하지 아니하거나, 식물, 세균, 원충 및 무척추동물을 사용한 실험, 교육, 연구, 수술 또는 실험으로서 현행 법 상에서는 적용대상 동물이 아니기 때문에 위원회로부터 심의 및 승인 절차를 거치지 않아도 된다.

[예시] 폐사체, 부검 또는 도축 등에 의해 얻어진 동물의 조직을 활용한 연구, 발육단계의 배아 또는 계란을
이용한 연구 등

2) 고통등급 B

실험, 교육, 연구, 수술 또는 시험을 목적으로 척추동물이 사육, 적응 또는 유지되는 동물실험이다.

[예시] 실험군 확보 및 계통 유지를 위한 실험동물의 번식, 체중 또는 체온을 무마취 상태에서 측정하기 위한
손을 활용한 보정 등

3) 고통등급 C

척추동물을 대상으로 단시간의 경미한 통증 또는 스트레스가 가해지는 연구이다.

[예시] 일회성의 투여 및 채혈, 교육 및 실습, 큰 스트레스 없이 할 수 있는 단시간의 행동시험(미로찾기, 운동
부하가 적은 단계의 Rota-rod) 등

4) 고통등급 D

척추동물을 대상으로 중등도 이상의 고통이나 억압을 동반하는 연구이며, 동물 모델을 활용한 대부분의 효능 시험이 이에 해당한다. 또한, 반드시 고통을 경감시킬 수 있는 수의학적인 조치 방법(진정제, 마취제, 진통제 투여 등)을 동물실험계획서에 명시해야 한다.

[예시] 일반적으로 전신마취 또는 국소마취 후 실시되는 실험동물의 외과적 처치, 반복적인 정맥채혈, 면역증
강제를 사용하는 항체생산 실험, 양성종양 또는 전이단계 전에 종료되는 악성종양의 유발 실험 등

5) 고통등급 E

척추동물을 대상으로 극심한 고통이나 억압 또는 회피할 수 없는 스트레스를 유발하는 연구가 해당하며, 고통을 경감시킬 수 있는 수의학적인 조치 방법을 수행할 수 없는 타당한 근거를 제시해야 한다.

[예시] 고통을 경감시키는 약물을 처치하지 않는 조건 하에서 수행되는 독성시험, 외과적 처치 과정에서 고
통을 경감시키기 위한 약물이 사용된다 하더라도 외과적 처치 후 지속적인 고통과 억압이 발생하는
경우, 전이단계의 악성 종양을 연구하는 실험, 고통이 수반되는 행동실험(예: Water maze) 등

(5) 동물실험 대체 방법 유무

동물실험의 기본 원칙인 3R 중, Replacement와 밀접한 부분이다. 동물실험을 대체할 수 있는 방법이 있는지에 대한 여부를 확인한다. 동물실험을 반드시 수행할 필요 없이 세포 수준

에서의 결과만으로도 충분한 연구의 경우에는 동물실험을 수행하지 않는다. 또한 대체 방법을 어느 경로를 통하여 확인했는지, 검색 키워드는 무엇이었는지도 함께 명시한다.

(6) 동물 종 선택의 적절성

해당 동물실험에 특정 동물 종을 사용할 수밖에 없는 사유를 명시한다. 특정 질환 동물 모델을 활용하는 경우에는 해당 동물 모델이 구현된 동물 종이 제한적일 수 있으므로 이러한 내용을 계획서에 명시한다.

(7) 사용 동물 수의 적절성

동물실험의 기본 원칙인 3R 중, Reduction과 밀접한 부분이다. 동물 수를 산정한 근거를 제시하는 부분이며, 처음 수행하는 동물실험의 경우에는 해당 동물실험과 비슷한 연구를 수행한 논문 등의 참고 문헌을 제시한다. 이전에 직접 수행한 경험이 있는 동물실험의 경우에는 수행했던 동물실험의 내용과 결과에 대한 간단한 기술과 함께 당시 산정한 동물 수를 함께 명시하는 것이 좋다.

(8) 사육시설 정보

본 연구에 사용될 동물이 사육 및 관리되는 사육시설의 명칭을 적는다. 이때, 해당 사육시설의 관리 수준(barrier 시설, semi-barrier 시설, 일반 시설)도 함께 명시한다.

barrier 시설은 특정 병원체가 없는(Specific Pathogen Free; SPF) 동물의 번식, 생산하는 시설이다. 일반 시설은 conventional 시설이라고도 하며 어느 정도의 위생 수준으로 관리되고 있으나 시설 내부가 엄격하게 구분되어 있지는 않다. semi-barrier 시설은 정확한 정의가 확립되어 있지 않지만, barrier 시설보다는 미생물학적으로 다소 낮은 수준으로 관리되는 시설을 의미한다.

(9) 사료 및 음수 제한 여부

사료나 음수를 제한해야 하는 목적을 과학적인 근거를 바탕으로 명시한다. 과학적으로 정당화될 수 있는 제한 시간의 근거를 참고 문헌을 통하여 제시하고, 제한 시간 중에 동물의 상태를 평가할 수 있는 기준(체중감소나 탈수 정도)을 설정한다. 최소 일주일에 한 번은 체중을 기록한다.

(10) 사육 환경의 풍부화 도구

풍부화(Enrichment)란, 동물이 야생과 유사한 환경을 조성하여 야생의 자연스러운 행동 습성을 유발시킴으로써 동물의 본능을 일깨우고 생활을 좀 더 생기 있게 유지시켜 주는 모든 프로그램을 일컫는다. 본능을 일깨우고 스트레스를 줄여줄 수 있는 환경을 조성하는 것이 동물 복지 측면에서도 매우 중요하지만 실험 결과에도 지대한 영향을 미칠 수 있으므로 반드시 고려해야 하는 부분이다.

설치류는 주변을 빈번히 탐색하고, 땅을 파고, 숨고, 갉아 먹는 습성이 있으므로 이를 고려하여 풍부화 도구를 케이지에 넣어주는 것이 좋다. 특히, 임신한 어미와 새끼를 활용하는 연구의 경우에는 어미가 둥지를 만들 수 있는 nesting material을 넣어준다. 또한, fighting이 빈번히 관찰되는 수컷만 사육하는 케이지에 몸을 피할 수 있는 igloo와 갉아 먹을 수 있는 wood block을 넣어주면 fighting 발생을 현저히 줄일 수 있다.

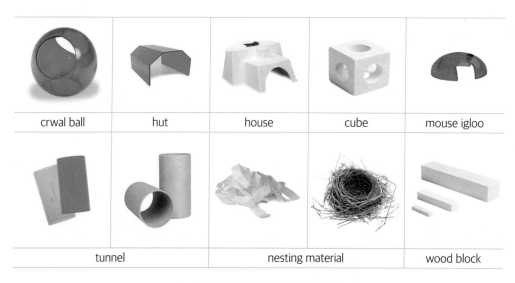

| crwal ball | hut | house | cube | mouse igloo |

| tunnel | nesting material | wood block |

▲ 사육환경 행동풍부화 도구 사례

(11) 실험동물의 고통 관리

동물실험의 기본 원칙인 3R 중, Refinement와 밀접한 부분이다. 「동물보호법」 제47조(동물실험의 원칙) 제4항에 따르면 실험동물의 고통이 수반되는 실험을 하려는 경우에는 감각능력이 낮은 동물을 사용하고 진통제·진정제·마취제의 사용 등 수의학적 방법에 따라 고통을 덜어주기 위한 적절한 조치를 하여야 한다.

특히, 고통등급 D에 해당하는 연구의 경우에는 실험동물이 느끼는 고통을 경감시킬 수 있는 조치를 반드시 고려해야 한다. 연구 목적을 고려하였을 때, 고통을 경감시킬 수 없는 경우에는 고통등급을 E로 산정한다.

수술을 포함하는 동물실험의 경우에는 수술을 진행하기 위해 필요한 주사 또는 호흡 마취제의 명칭과 용량 및 용법을 명시하고, 수술 후에 고통을 경감시켜줄 수 있는 항염제와 진통제의 명칭과 용량 및 용법도 함께 명시한다.

대표적으로 활용될 수 있는 마취제와 항염·진통제는 표 1-1, 표 1-2와 같다.

⚛ 대표적인 마취제(표 1-1)

분류	약제 명	특징
주사 마취제	Ketamine HCl	• 타액 분비와 기관지 분비 증가로 항콜린제제(아트로핀) 병용 사용 추천 • 마취 상태에서 기침, 삼키기 등의 방어적 반사기능 유지 • 향정신성 의약품 허가 필요
	Zoletil	• 마우스와 랫드에 사용 권장(0.04~0.06 mL/kg, IM) • 마취 중 다양한 반사반응 유지하여 마취심도 판정 어려움 • 향정신성 의약품 허가 필요
	Tribromoe-thanol; Avertin	• 복강 투여 • 보관 잘못한 약액 사용 시 심한 자극과 복막염 유발 • 향정신성 의약품 허가 불필요
흡입 마취제	Isoflurane	• 마취의 유도, 각성이 빠르고 마취 심도 조절 용이 • 인화성, 폭발성 없고, 순환기 억제 작용 적음
	Enflurane	• 간독성이 적음 • Isoflurane보다 마취 유도, 각성 작용이 느림

⚛ 대표적인 항염·진통제(표 1-2)

분류	약제 명	특징
마취 전 투여	Xylazine	• 진정·진통제, 골격근이완제 • 가벼운 외과적 처치 또는 마취 전 투여 용도 • 다량 투여 시 과다한 타액 분비
	Diazepam	• 가벼운 진정제 • 향정신성의약품 허가 필요
항염 및 진통제	Acetaminophen	• 약한 통증 완화 • 다량 복용 시 간 손상

(12) 안락사 방법

안락사의 구체적인 방법과 시행자의 이름을 명시한다.

사람 질환 특이적인 모델을 구현하는 데 활용되는 실험동물 입장에서는 비가역적이고 영구적인 고통이 따르는 것이 불가피한 경우가 대부분이다. 「동물보호법」 제47조(동물실험의 원칙) 제6항에 따르면 동물이 회복할 수 없거나 지속적으로 고통을 받으며 살아야 할 것으로 인정되는 경우에는 신속하게 고통을 주지 아니하는 방법으로 처리해야 한다. 여기서 '신속하게 고통을 주지 않는 방법으로 처리'는 곧 '적절한 방법의 안락사'를 의미한다.

안락사 방법 선정 기준은 다음과 같다.

① 고통을 수반하지 않으며 의식소실에 이르는 시간이 짧을 것
② 치사에 이르는 시간이 짧을 것
③ 확실하게 치사를 유발하여 다시 살아나지 않을 것
④ 시행자에게 안전하고, 심리적 스트레스가 적을 것
⑤ 실험목적 및 필요성에 적합할 것
⑥ 시행자 및 주위 사람에의 정서적인 영향이 적을 것
⑦ 경제적일 것
⑧ 병리조직학적 평가에 대한 적합성이 높을 것
⑨ 약물의 효력과 부작용을 고려할 것

위의 내용을 모두 고려하였을 때 마우스와 랫드에 적용해 볼 수 있는 적합한 안락사 방법에는 과량의 흡입마취, CO_2, CO, tribromoethanol, 경추 탈골(cervical dislocation), 단두(decapitation)가 있다. 이 중, 단두는 겉으로 보여지는 잔혹성 측면에서 지양해야 할 안락사 방법으로 오해하기 쉽지만, 고통을 수반하지 않으며 의식을 소실하는 데 시간이 매우 짧다는 점과 뇌를 연구하는 분야의 연구에 있어서 그 목적을 달성하는 데 큰 이점을 갖는 안락사 방법이다.

특히, CO_2를 활용한 안락사는 급격히 농도를 올릴 경우에는 고통이 수반될 수 있기 때문에 점진적으로 농도를 높여주어야 하며, 갓 태어난 새끼는 저산소와 높은 이산화탄소의 환경에 강한 내성을 가지기 때문에 호흡과 심장 박동이 모두 정지하였는지를 반드시 확인하여야 한다.

이외 부적절한 안락사 방법에는 혈관 내 공기 주입법(Air embolism), 급속 냉동, 소각방법 (burning), 감압법(Decompression), 익사, 저체온증 유발, 드라이아이스 발생 CO_2 사용 등이 있으며, 불가피할 경우에는 반드시 사전에 IACUC의 승인을 득한 이후에 활용하여야 한다.

(13) 인도적 종료 시점 기준

동물실험을 수행하는 많은 연구자들이 '인도적 종료 시점'과 '실험 종료 시점'의 차이점을 정확히 모르는 경우가 많다. '실험 종료 시점'이란, 연구 목적을 달성하기 위해서 설정해 놓은 동물실험을 수행하는 기간 중, 마지막 날을 의미한다. 즉, 실험 종료 시점은 연구 목적 달성에 초점을 둔 동물실험 종료 시점이다. 하지만, 인도적 종료 시점은 실험동물의 상태에 초점을 둔 동물실험 종료 시점이다. 인도적 종료 시점이란 실험동물이 겪게 되는 고통을 피하거나 최소화하기 위하여 동물실험을 일찍이 종료하는 시점을 의미한다. 따라서, 어떤 질환 동물 모델을 사용하는지, 어떤 효과를 보이는 시험 물질을 투여하는지에 따라서 인도적 종료 시점을 달리 설정할 필요가 있다. 이에 대한 내용은 '인도적 종료 시점 설정과 평가' 챕터에서 보다 자세히 다루기로 한다.

(14) 재해유발 물질 정보

재해유발 물질에 대한 정보를 명시한다. 재해유발 물질에는 생물학적 위해물질, 방사성 동위원소, 유해화학물질, 재조합 DNA 및 유전자변형생물체 등을 포함한다.

「실험동물에 관한 법률 시행규칙」 제21조 제1항에서 규정하고 있는 생물학적 위해물질을 동물실험에 사용하는 경우에는 사전에 식품의약품안전처장에게 사용보고서를 제출하고 이에 대한 정보를 동물실험 계획서에 명시한다. 정보에는 투여 물질명, 용량 및 용법, 사용 후 처리방법, 위해도 유무 및 정도 등을 포함한다.

생물학적 위해물질이란, 「생명공학육성법」에 따라 보건복지부장관이 정하는 「유전자재조합실험지침」에 따른 제3위험군과 제4위험군, 「감염병의 예방과 관리에 관한 법률」에 따른 제1급감염병, 제2급감염병, 제3급감염병 및 제4급감염병을 일으키는 병원체를 말한다.

⚛ 「유전자재조합실험지침」에 따른 생물체의 위험군 분류

분류	정의	종류
제1위험군	건강한 성인에게는 질병을 일으키지 않는 것으로 알려진 생물체	제2위험군과 제3위험군에 해당되지 않는 병원체

제2위험군	사람에게 감염되었을 경우 증세가 심각하지 않고 예방 또는 치료가 비교적 용이한 질병을 일으킬 수 있는 생물체	• 세균: *Brucella abortus, Mycobacterium tuberculosis* • 바이러스: Norovirus, Japanese encephalitis virus
제3위험군	사람에게 감염되었을 경우 증세가 심각하거나 치명적일 수도 있으나 예방 또는 치료가 가능한 질병을 일으킬 수 있는 생물체	• 세균: *Acinetobacter baumannii, Clostridium botulinum* • 바이러스: Hantaan virus, MERS-CoV, SARS-Cov
제4위험군	사람에게 감염되었을 경우 증세가 매우 심각하거나 치명적이며 예방 또는 치료가 어려운 질병을 일으킬 수 있는 생물체	바이러스: Ebola virus, Marburg virus

⚛ 「감염병의 예방과 관리에 관한 법률」에 따른 감염병 분류

분류	정의	종류
제1급감염병	생물테러감염병 또는 치명률이 높거나 집단 발생의 우려가 커서 발생 또는 유행 즉시 신고하여야 하고, 음압격리와 같은 높은 수준의 격리가 필요한 감염병	에볼라바이러스병, 마버그열, 라싸열, 두창, 페스트, 보툴리눔독소증, 중증급성호흡기증후군(SARS), 중동호흡기증후군(MERS)
제2급감염병	전파가능성을 고려하여 발생 또는 유행 시 24시간 이내에 신고하여야 하고, 격리가 필요한 감염병	결핵, 수두, 홍역, 콜레라, 장티푸스, 장출혈성대장균감염증
제3급감염병	발생을 계속 감시할 필요가 있어 발생 또는 유행 시 24시간 이내에 신고하여야 하는 감염병	파상풍, B형간염, 일본뇌염, 말라리아, 쯔쯔가무시증, 렙토스피라증, 브루셀라증, 공수병
제4급감염병	제1급감염병부터 제3급감염병까지의 감염병 외에 유행 여부를 조사하기 위하여 표본감시 활동이 필요한 감염병	인플루엔자, 회충증, 수족구병, 반코마이신내성장알균(VRE) 감염증, 메티실린내성황색포도알균(MRSA) 감염증

방사성 동위원소를 사용하는 경우에는 「원자력안전법」에 따라 사전에 방사성동위원소 사용 허가를 받은 후에 동물실험 계획서에 이에 대한 정보를 명시해야 한다. 또한, 재조합 DNA 및 유전자변형생물체를 사용하는 경우에는 「유전자변형생물체의 국가 간 이동 등에 관한 법률」에 따라 기관생물안전위원회(Institutional Biosafety Committee; IBC)에 사전 신고나 승인을 득한 후에 동물실험 계획서에 이에 대한 정보를 명시해야 한다.

(15) 동물실험 목적과 방법

동물실험을 통하여 달성할 수 있는 연구 목적과 의의를 기술한다. 동물실험을 수행하는 궁극적인 목적은 인의용 또는 동물용 의약품이나 의료기기 등을 개발하는 데 있으므로 해당 연구를 통해서 얻은 결과가 의약품이나 의료기기를 개발하는 데 어떻게 활용될 것인지를 기술하는 것이 좋다.

동물실험 방법은 구체적으로 기술하되, 실험동물을 직접적으로 다루지 않는 *ex-vivo*나 *in-vitro* 실험을 포함한 분석 방법은 너무 구체적으로 작성할 필요는 없다. 특히, 연구자가 인도적 종료 시점으로 제시한 기준을 확인할 수 있는 시점과 주기를 분명히 명시한다. 동물 모델을 제작하는 방법, 시험물질 투여 경로 및 용량, 결과 분석 항목과 분석 방법 등은 대부분 빼놓지 않고 작성하고 이를 수행하는 데 어려움이 없지만, 인도적 종료 시점을 확인하는 시점과 주기는 의도적으로 신경 쓰지 않으면 간과하기 쉽다. 인도적 종료 시점을 확인할 수 있는 시점과 주기를 동물실험 방법에 명시함으로써 인도적 종료 시점을 놓치는 상황이 발생하지 않도록 한다. 예를 들어, 인도적 종료 시점 기준을 '대조군 평균 체중 대비 20% 이상 감소'라고 제시하였다면 2~3일에 한번은 모든 개체의 체중을 측정하는 과정이 실험 방법으로 포함되어야 한다.

NC3Rs(National Centre for the Replacement Refinement & Reduction of Animals In Research)에서 발간한 ARRIVE(Animal Research: Reporting of In Vivo Experiments) 가이드라인에서 제시하는 기준을 참고하여 동물실험계획서를 작성하는 것도 좋은 방법이다. 동물실험 방법 작성에 참고해 볼 수 있는 ARRIVE 가이드라인의 핵심 내용은 표 1-3과 같다.

동물실험 방법 작성에 참고할 수 있는 ARRIVE 가이드라인 주요 내용(표 1-3)

항목	권장 지침
윤리적인 진술	본 연구에 관한 윤리적 심의 및 승인, 관련 면허, 그리고 실험동물의 사용과 관리에 관한 해당 국가 또는 소속 기관의 관련 지침을 언급
연구 설계	• 실험군과 대조군의 정보 • 동물을 실험군과 대조군에 배정한 방법(예: 무작위 배정 방법)
실험 절차	• 투여 약물 제제 및 용량·용법 • 투여 경로와 부위 • 수술 절차 • 수술 후 모니터링 방법 • 절차를 반영한 시간 순서에 따른 도표나 흐름도
통계학적 분석방법	각 결과 분석에 사용한 통계학적 방법

03 동물실험계획서 심의 및 승인 절차

동물실험시설마다 동물실험계획서 심의 절차가 다양하다. 본격적인 위원 심의 전에 간사가 사전검토를 진행할 수 있으며 위원도 전문 위원과 일반 위원으로 나누어 심의를 진행할 수 있다. 일반적인 심의 절차는 아래 그림과 같다.

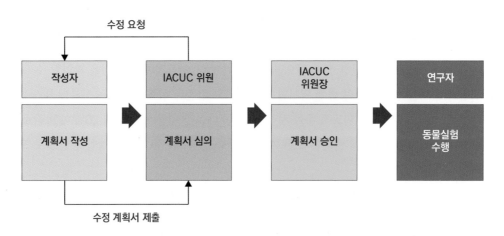

▲ 동물실험계획서 심의 및 승인 절차

(1) 동물실험계획서 제출

보통 연구책임자가 동물실험계획서를 작성하지만, 동물실험에 참여하는 다른 연구자나 해당 연구에 대해서 잘 알고 있는 자가 작성하여 제출할 수 있다. 중요한 점은 동물실험을 시작하기 전에 계획서 승인을 미리 받아야 하므로 심의 기간을 충분히 고려하여 동물실험 계획서를 제출해야 한다는 것이다.

동물실험계획서 제출은 크게 신규 신청과 변경 신청으로 나뉘며, 예시는 아래 표와 같다.

동물실험 계획서의 신규 신청과 변경 신청의 예시

신규 신청 예시	변경 신청 예시
• 새로운 동물실험이 필요한 경우 • IACUC 운영 규정에 명시된 최대 승인 기간을 초과한 동물실험을 승인받길 원하는 경우 • 완료된 과제에 대해 추가로 동물실험이 필요한 경우	• 비 생존 수술에서 생존 수술로 변경 • 동물 종 변경 또는 사용 마리수의 50% 이하 증가 • 생물학적 위해물질의 사용 변경 • 시료 채취 및 투여, 장소의 변경 • 진정·진통·마취 방법의 변경 • 안락사 방법의 변경 • 연구책임자 또는 실험수행자 변경 • 실험기간의 변경 또는 3개월 이내의 실험기간 연장

(2) 동물실험계획서 심의

아래의 내용을 중점으로 위원들은 동물실험계획서를 심의하고, 심의 평가서를 작성한다. 작성한 심의 평가서는 작성자에게 전달하여 평가 결과를 확인할 수 있도록 한다.

① 동물실험의 필요성 및 타당성

② 동물구입처의 적정성(식품의약품안전처에 실험동물공급자로 등록된 업체 확인)

③ 동물실험의 대체 가능성 여부

④ 동물실험 및 실험동물의 관리 등과 관련하여 동물복지와 윤리적 취급의 적정성 여부

⑤ 실험동물의 종류 선택과 그 수의 적정성

⑥ 실험동물의 안락사 방법의 적정성과 인도적 종료 시점의 합리성

⑦ 실험동물이 받는 고통과 스트레스의 정도

⑧ 고통이 수반되는 경우 고통 감소방안 및 그 적정성

⑨ 「실험동물에 관한 법률」 제9조(실험동물의 사용 등)에 관한 사항

제9조(실험동물의 사용 등)

① 동물실험시설에서 대통령령으로 정하는 실험동물을 사용하는 경우에는 다음 각 호의 자가 아닌 자로부터 실험동물을 공급받아서는 아니된다.

   1. 다른 동물실험시설

   2. 우수실험동물생산시설

   3. 등록된 실험동물공급자

② 외국으로부터 수입된 실험동물을 사용하고자 하는 경우에는 총리령으로 정하는 기준에 적합한 실험동물을 사용하여야 한다.

심의 결과는 '원안 승인', '수정 후 승인', '수정 후 재심의', '승인 불가' 등으로 나뉜다.

원안 승인	제출된 동물실험계획서가 모든 심의 요구사항을 충족시킨다고 판단되었을 때 해당 실험계획을 승인함으로써 연구자가 원안 그대로 실험을 수행할 수 있게 하는 심의 결과이다.
수정 후 승인	경미한 내용수정이 필요할 경우의 심의 결과이다. 연구자는 위원회가 수정을 요청한 사항에 대하여 동물실험계획서를 수정한 후, 위원회에 제출한다. 위원회는 수정된 내용을 확인하고, 연구자는 위원장의 승인을 득한 후에 동물실험을 수행한다.
수정 후 재심의	중대한 내용수정이 필요할 경우의 심의 결과이다. 연구자는 위원회가 수정을 요청한 사항에 대하여 동물실험계획서를 수정한 후, 위원회에 제출한다. 위원회는 수정된 내용뿐만 아니라 전반적인 동물실험 계획서를 재심의하고, 연구자는 위원장의 승인을 득한 후에 동물실험을 수행한다.
승인 불가	실험방법이 비인도적이고 동물의 고통을 묵인할 수 없거나 예상하는 결과가 과학적 가치가 없다고 판단될 경우의 심의 결과이다. 연구자는 동물실험 계획서를 새로 작성하여 위원회에 제출할 수 있다.

(3) 동물실험계획서 승인 및 동물실험 수행

심의결과는 보통 재적위원의 과반수 찬성으로 의결되며, 위원장에게 심의 결과를 보고한다. 위원장은 승인된 안건에 대해서 승인번호를 부여하고 동물실험계획승인서를 연구책임자에게 발급한다.

동물실험을 위한 동물의 구입을 포함한 모든 절차는 위원회의 동물실험계획 승인을 받은 후에 실시한다.

CHAPTER
03
동물실험시설 기준과 운영

학습 목표

▮ 국내 법령상 동물실험시설의 등록기준을 안다.
▮ 동물실험시설 운영과 관리 내용을 안다.

동물실험시설(facility)은 실제 실험동물이 사육·관리되면서 동물실험이 수행되는 건물을 뜻하고, 우리나라에서는 「실험동물에 관한 법률」(이하 실험동물법)에 따른 "동물실험 또는 이를 위하여 실험동물을 사육하는 시설로서 대통령령으로 정하는 것"을 말한다.

다만 단순히 동물실험이나 실험동물을 사육하는 모든 시설을 동물실험시설이라고 부를 수 없고 실험동물법에 따라 식품·건강기능식품·의약품·의약외품·생물의약품·의료기기·화장품의 개발·안전관리·품질관리와 마약의 안전관리·품질관리에 필요한 실험에만 적용되므로 해당 실험을 하거나 해당 실험을 위해 실험동물을 사육하는 시설이면서 식품의약품안전처장에 등록한 시설이 동물실험시설이라고 할 수 있다.

참고로 「동물보호법」에서 말하는 동물실험시행기관(institution)은 "동물실험을 실시하는 법인·단체 또는 기관으로서 대통령령으로 정하는 법인·단체 또는 기관"을 말한다. 흔히 동물실험시설과 동물실험시행기관은 서로 동일한 것으로 혼재하여 사용하고 있으나 실제로는 서로 다른 의미를 가진 단어이므로 사용 시 주의하여야 한다. 하나의 동물실험시행기관에는 여러 동물실험시설을 보유할 수 있으나, 하나의 동물실험시설에는 여러 동물실험시행기관을 보유할 수 없다는 것으로 두 단어의 관계를 이해할 수 있다.

위에서 이미 말한 것과 같이 동물실험시설은 동물실험을 수행하거나 동물실험에 사용되는 실험동물을 사육하는 시설이므로 시설 설치와 운영 목적인 동물실험과 실험동물 사육에 적합하여야 한다. 우리나라는 동물실험시설 등록기준을 실험동물법 시행규칙으로 정하고 있는데, 갖춰야 할 시설은 아래 표와 같고 각각 시설은 분리되어야 한다.

시설명	비고
사육실	
실험실	동물의 부검이나 수술이 필요한 경우에만 해당
부대시설	• 사료 및 사육물품을 보관할 수 있는 장소 • 소독제, 청소도구 등 보관할 수 있는 장소

1. 사육실

사육실은 실험동물이 사육·관리되는 장소로서, 기본적으로 동물실험 결과의 재현성, 신뢰성 확보를 위하여 해당 장소에서 사육·관리되는 실험동물은 항상 스트레스가 최소화되어야 하고 건강한 상태로 유지되어야 한다. 따라서 사육실은 아래와 같은 조건들을 만족해야만 한다.

(1) 실험동물의 종류(species)별로 사육실을 분리 또는 구획하여야 한다.

일반적으로 실험동물로 설치류를 가장 많이 사용하고 있으나, 실험동물로 사용되는 동물 종은 다양하기 때문에 한 동물실험시설에 여러 동물 종을 사육·관리하는 경우가 있을 수 있다. 동물 중에서는 개나 고양이, 돼지, 원숭이 등과 같이 평소 큰 소리로 잘 짖거나 우는 동물이 있는 반면 마우스나 랫드, 햄스터, 토끼 등과 같이 평소 큰 소리를 내지 않거나 소리에 민감한 동물이 있다. 만약 소리에 민감한 동물과 큰 소리로 잘 짖거나 우는 동물이 같은 사육실에서 사육·관리되는 경우에 소리에 민감한 동물들은 지속적으로 스트레스 조건에 노출되기 때문에 건강 상태에 영향을 주거나 특히 면역계통 연구에는 혼선을 초래할 수 있다.

또한 서로 다른 동물 종 사이에는 천적(natural enemy) 관계가 있을 수 있다. 마우스와 랫드는 같은 설치류이고 평소 큰 소리를 내지 않는 동물 종이지만, 이 두 종은 서로 천적 관계이므로 같은 사육실에서 사육·관리하는 경우에 마우스는 랫드에 의해 항상 불안과 공포감을 느끼게 되므로 이 역시 지속적으로 스트레스 조건에 노출된다.

동물실험시설의 면적이 충분하여 동물 종류별로 사육실을 구분하여 사육·관리하는 것이 가장 이상적이나 현실은 그렇지 못한 경우가 대부분이기 때문에 서로 다른 동물 종류를 같은 사육실에서 사육·관리하는 경우 반드시 동물 특성을 고려하여 서로 영향을 주지 않거나 최소화할 수 있는 동물 종류끼리 사육·관리할 수 있도록 사육실 운영을 고려하여야 한다.

(2) 실험동물의 종류와 수에 따라 개별 동물의 사육공간이 확보될 수 있는 적절한 재질의 사육상자(케이지, cages) 또는 사육장(우리, pens 또는 enclosures)을 갖추어야 한다.

모든 실험동물들은 기본적인 생존활동을 위해 반드시 필요한 최소 사육공간이 존재하는데, 이 사육공간은 단순히 체중이나 체표면적으로만 고려해서는 부족할 수 있다. 필요한 최소 사육공간을 설정에는 성별, 연령, 동거하는 동물 수를 고려한다. 일반적으로 어린 동물이 나이 든 동물보다 더 활동적이므로 어린 동물이 나이 든 동물보다 비록 체중은 적게 나가지만 더 많은 공간이 필요하다. 또한 사회적 동물들의 경우 동거하는 동물들 사이에서 공유하는 공간이 있기 때문에 무리 크기가 큰 경우가 무리 크기가 작은 경우 또는 단독 사육인 경우보다 마리당 필요한 최소 사육공간이 적을 수 있다. 대표적인 설치류인 마우스와 랫드의 필요 최소 사육공간은 아래 표와 같다.

사육 형태	체중(g)	1마리당 최소 바닥면적(cm^2)
무리 사육 중인 마우스	< 10	38.7
	10 ~ 15	51.6
	16 ~ 25	77.4
	> 25	96.7
출산한 마우스와 새끼들	-	330
무리 사육 중인 랫드	< 100	109.6
	100 ~ 200	148.35
	201 ~ 300	187.05
	301 ~ 400	258.0
	401 ~ 500	387.0

무리 사육 중인 랫드	> 500	451.5
출산한 랫드와 새끼들	-	800

일부 동물 종류는 행동 양식 때문에 필요한 최소 공간을 고려할 때 바닥 면적이 아니라 부피를 고려할 필요가 있다. 특히 토끼, 개, 고양이, 비인간 영장류(Nonhuman primates) 등의 동물들은 뛰거나 몸을 펴는 등의 전형적인 행동 시 부딪치지 않을 정도의 적절한 높이도 고려해야 한다. 뿐만 아니라 선 자세에서 꼬리 등이 사료나 음수통에 의해서 방해를 받지 않는지도 고려할 때 동물들의 삶의 질이 향상될 수 있다. 토끼 등의 필요 최소 공간은 아래 표와 같다.

동물종	체중(kg)	1마리당 최소 바닥면적(m^2)	높이(cm)
토끼	< 2	0.14	40
	2 ~ 4	0.28	
	4.1 ~ 5.4	0.37	
	> 5.4	≥ 0.46	
고양이	≤ 4	0.28	60
	> 4	≥ 0.37	
개	< 15	0.74	제한 없음
	15 ~ 30	1.2	
	> 30	≥ 2.4	
비인간 영장류	1.5 미만	0.20	76.2
	3 미만	0.28	
	10 미만	0.4	
	15 미만	0.56	81.3

농장동물 중에서 실험동물로 사용되는 경우는 대부분의 동물 종이 사회적 동물로 무리를 이루고 생활하고, 위에서 기술한 동물들보다 체구가 매우 크기 때문에 필요한 최소 공간을 고려할 때 우리 안에서 몸을 돌거나 자유롭게 돌아다니는 데 문제가 없도록 충분한 너비가 중요하다. 특히 모든 동물이 사료나 음수통에 접근이 가능해야 된다는 점을 고려할 때 사료나 음수통이 움직임을 방해하지 않도록 해야 한다. 추가로 분변에 의해 오염된 구역을 벗어나 쉴 수 있는 휴식 공간을 확보하는 것도 중요하다. 돼지 등의 필요 최소 공간은 아래 표와 같다.

동물종	우리당 마릿수	체중(kg)	1마리당 최소 바닥면적(m²)
돼지	1	< 15	0.72
		25 미만	1.08
		50 미만	1.35
		100 미만	2.16
		200 미만	4.32
		> 200	≥ 5.4
	2 ~ 5	< 25	0.54
		50 미만	0.9
		100 미만	1.8
		200 미만	3.6
		> 200	≥ 4.68
	> 5	< 25	0.54
		50 미만	0.81
		100 미만	1.62
		200 미만	3.24
		> 200	≥ 4.32
양, 염소	1	< 25	0.9
		50 미만	1.35
		> 50	≥ 1.8
	2 ~ 5	< 25	0.76
		50 미만	1.12
		> 50	≥ 1.53
	> 5	< 25	0.67
		50 미만	1.02
		> 50	≥ 1.35

동물실험시설 내에서 사육·관리 중인 실험동물은 동물실험 결과의 재현성과 신뢰성을 확보하기 위하여 건강한 상태로 유지되어야 한다. 이를 위해서는 동물을 둘러싸고 있는 사육환경 중 직접적으로 접촉되는 물리적 환경인 미세환경(microenvironment)인 사육상자 또는 사육장의 세척과 소독이 중요하다. 사육상자 또는 사육장은 물을 이용한 세척과 건조가 용이한 재질로 만들어진 것이 좋은데, 대부분의 미생물은 물이 있는 곳에서 성장과 증식을 하고 물에 의하여 전파되기 때문이다. 또한 효과적인 유기물 제거와 미생물 감소의 효과를 얻기 위해서 산성 또는 알칼리성 세정제를 사용하여 세척을 하게 되는데 이러한 세정제에 의한 부식 등이 일어나지 않는 재질을 사용한 사육상자나 사육장을 선택하는 것이 좋다. 추가로 소독제의 경우 소독제마다 작용하는 방식과 그에 따른 감수성을 보이는 미생물이 다르기 때문에 하나의 소독제만 사용하기보다는 필요에 따라 또는 주기적으로 서로 다른 효과를 나타내는 소독제를 같이 사용하게 된다. 따라서 사육상자나 사육장의 재질은 다양한 소독제에 대하여 부식이나 변색 등이 발생하지 않는 것을 선택하는 것이 좋다.

또한 특정 미생물에 의한 영향을 확인하는 실험을 위하여 사용하는 동물은 미생물 관리 등급으로 무균동물(germ-free animals)이나 정착균동물(gnotobiotic animals)로 사육·관리되어야 하고, 일반적으로 보다 높은 실험결과의 재현성과 신뢰성을 확보하기 위하여 미생물 관리 등급이 특정병원체부재동물(Specific Pathogen Free; SPF animals)로 사육·관리를 하게 된다. 이러한 동물들은 사육실 밖에서 유입된 미생물에 의한 감염이 일어나면 안 되기 때문에 특히 사육상자나 사육장의 세척과 소독뿐만 아니라 멸균이 매우 중요하다. 일반적으로 크기가 작은 마우스나 랫드와 같은 소형 설치류를 사육할 때 사용하는 사육상자의 경우 세척하여 건조 후 고압증기멸균기(autoclave)를 이용한 멸균 작업을 거친 것을 사용한다. 따라서 고압증기멸균기의 고온과 고압 조건을 견딜 수 있는 재질을 사용한 사육상자를 선택해야 한다. 그리고 사육장 중 이동식 사육장을 사용하는 일부 동물실험시설에서는 사육장 자체를 멸균할 수 있는 대형 고압증기멸균기를 갖추고 있을 수 있으나, 장비를 갖추지 못한 시설 또는 고정식 사육장을 사용하는 시설에서는 화학적 멸균제를 사용하여 멸균 작업을 진행할 수 있다. 사육실 등 공간 멸균을 위해서 주로 사용하는 화학적 멸균제는 장기간 노출 시 비록 스테인리스 금속일지라도 금속 표면과 반응하여 부식될 수 있으므로 멸균 작업 시 주의하여야 한다.

(3) 내벽과 바닥은 청소와 소독이 편리한 마감재를 사용하여 균열이 없어야 한다.

동물실험시설 내에서 사육·관리 중인 실험동물은 동물실험 결과의 재현성과 신뢰성을 확보하기 위하여 건강한 상태로 유지되어야 한다. 이를 위해서는 동물을 둘러싸고 있는 사육상자나 사육장과 같은 미세환경뿐만 아니라 사육상자나 사육장이 있는 사육실과 실험실과 같은 거시환경(macroenvironment)의 세척과 소독이 중요하다. 따라서 사육실 등의 벽체와 바닥은 물을 이용한 세척과 건조가 용이한 마감재를 사용하여 건축하는 것이 좋다. 특히 벽체와 바닥 사이에 생긴 틈은 세척이나 소독을 실시한 후에도 유기물들이 완전히 제거되지 못하는 위험요소이자, 잠재적인 감염 사고를 일으킬 수 있는 지속적인 미생물 배양 장소가 될 수 있다.

(4) 바닥은 요철이나 이음매가 없어야 하고 표면이 매끄러워야 한다.

위에서 기술한 것과 같이 벽체와 바닥 사이에 틈이 세척이나 소독을 실시한 후에도 유기물들이 완전히 제거되지 못하여 미생물 배양장소가 될 수 있듯이, 바닥의 요철이나 틈새를 메우면서 발생한 이음매 역시 벽체와 바닥 사이에 틈과 같이 미생물 배양장소가 될 수 있다. 특히 사육실 등에 사용하는 소독제는 모두 화학물질이기 때문에 흔히 내화학성이 뛰어나다고 알려진 재료인 에폭시나 탄크리트로 바닥 표면을 코팅을 하더라도 주기적으로 반복적인 세척과 소독의 화학반응에 의해 코팅이 제거될 수 있는 것을 고려하여야 한다.

(5) 천정은 이물이 쌓이지 않는 구조여야 한다.

이 부분 역시 동물실험시설 내에서 사육 관리 중인 실험동물이 건강한 상태로 유지하기 위한 구조적 노력이다. 동물실험시설에서 동물사육과 동물실험을 수행하면 눈에 보이지 않는 작은 먼지나 티끌뿐만 아니라 각종 미생물들이 공기 중에 떠다니게 될 수밖에 없다. 또한 아무리 작고 가벼운 물질이라도 중력에 의해 조금씩 위에서 아래로 떨어지게 될 뿐만 아니라 동물실험시설 내 환기를 위하여 주기적으로 천장 쪽에서 외부 공기가 유입되고, 바닥 쪽에서 내부 공기가 배출되면서 순환하기 때문에 만약 오염물질이 천정에 쌓이게 되면 결국 떨어지면서 동물에 노출될 가능성이 생긴다. 따라서 동물실험시설 내 천정은 이물질이 쌓이지 않도록 편평한 구조여야 하고, 특히 천정에 설치된 조명 장치에 의해 이물질이 쌓이지 않도록 설계 때부터 조명 장치의 형태, 구조 등을 유의하여야 한다.

▲ 동물실험시설 내부 전경

(6) 온도와 습도를 조절할 수 있는 장치나 설비를 갖추어야 한다.

동물실험시설 중 특히 사육실에서 온도와 습도는 매우 중요한 환경적 요인이다. 동물실험 결과의 재현성과 신뢰성을 확보하기 위하여 실험동물은 건강한 상태로 유지되어야 하고, 온도 변화는 동물의 건강에 영향을 미치기 때문에 항상 일정한 온도 범위를 유지할 수 있도록 관리하여야 한다. 또한 온도는 동물의 건강뿐만 아니라 실험동물의 생리적 변화를 일으켜서 실험결과에도 영향을 미치기 때문에 더욱 중요하게 관리되어야 한다. 일반적으로 온도가 높아질수록 약물의 독성이나 효과가 증가하는 것으로 알려져 있고, 미생물 감염 실험이나 면역반응 실험, 종양실험에도 영향을 미치는 것으로 알려져 있다. 동물실험에 사용하는 대부분 실험동물이 쾌적함을 느끼는 온도는 아래 표와 같이 동물종별로 조금씩 차이가 있지만 일반적으로 20~22℃ 정도에 해당한다. 시설 내부 온도는 시설 외부 온도와 밀접하게 연관되어 있다. 우리나라는 사계절이 뚜렷한 특징이 있고 최근 들어 여름과 겨울이 예전과 달리 극심한 고온과 저온이 장기간 유지되고 있어서 온도 관리가 어려워지고 있는 것이 사실이다.

또한 습도 역시 동물의 건강과 실험결과에 영향을 미치는 중요한 요인이다. 동물실험시설에서 습도는 절대습도(absolute humidity)가 아닌 상대습도(relative humidity)를 의미한다. 습도는 실험동물의 열 손실률에 영향을 주고 이는 사료 섭취와 활동성에 영향을 준다. 일반적으로 동물실험시설은 습도를 55±10% 범위 안으로 관리하고 있는데, 동물실험에 사용하는 대부분의 동물종은 포유류이고, 포유류가 쾌적하게 느끼는 습도 범위가 30~70%이기 때문이다. 습도 역시 온도와 마찬가지 외부 환경과 밀접하게 연관되어 있고, 특히 여름 장마철에 고온 다습한 환경에서 습도 관리는 매우 어렵다.

⚛️ 동물종별 최적 사육실 온도와 습도

동물종	건구온도(℃)	상대습도(%)
설치류	20~26	
토끼	16~22	
개, 고양이, 원숭이	18~29	30~70
돼지	16~27	

어느 정도 규모를 갖추고 있는 동물실험시설 경우 온도와 습도를 조절하기 위하여 흔히 공조기라고 부르는 공기조화장치, 즉 HVAC system(Heat, Ventilation, and Air conditioning system)을 설비하여 운용한다. 일반적으로 공기조화장치는 외부 환경에 따라 외부 공기를 유입하는 급기량을 조절하거나 내부 공기를 배출하는 배기량을 조절하여 동물실험시설 내부의 온도, 습도가 일정한 상태로 유지될 수 있게 한다. 이러한 공기조화장치를 갖추지 못한 소규모 동물실험시설에서는 환기팬과 에어컨디셔너를 사용하여 관리하기도 한다.

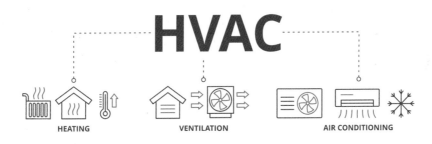

▲ HVAC system 모식도

(7) 기타 사육실 환경 관리 사항

1) 주기적인 환기 실시

동물실험시설 중 특히 사육실의 경우 동물이 계속 상주하여 생활하기 때문에 여러 가지 목적을 위하여 주기적으로 외부 공기를 유입하고 내부 공기를 배출하여 공기를 순환시켜주는 환기를 실시하는 것이 좋다. 환기의 첫 번째 목적은 위에서 기술한 온도와 습도를 조절하기 위한 것이고, 두 번째 목적은 동물의 건강과 스트레스에 영향을 줄 수 있는 유해가스, 먼지, 미생물 농도를 감소시키는 것이다. 마지막 목적은 동물실험시설 내 구역별 차압을 유지하기 위한 것이다.

환기는 온도, 즉 열과 밀접한 관련이 있는데 열은 에너지(energy)이므로 운영비용과 연결이 된다. 외부공기를 유입할 경우 외부의 깨끗한 공기를 이용하여 두 번째 목적을 달성할 수 있으나, 외부공기를 유입할 때마다 적절한 온도와 습도로 맞추기 위해서 공기조화장치를 가동해야 하므로 비용이 발생하게 된다. 따라서 환기 횟수와 동물실험시설 운영비용 사이에는 정비례하는 관계가 생기고, 온도와 습도를 유지하려는 노력은 어려워지는 반비례하는 관계가 생긴다. 일반적으로 사육실 환기는 시간당 10~15회로 교환해주는 것이 적절하다.

최근 새로 지어지거나 예전 시설을 리모델링하는 경우에 에너지와 운영비용 절감을 위하여 유입되는 공기로 외부공기가 아닌 내부공기를 재사용하는 경우가 많다. 내부공기를 재사용할 경우 외부공기를 사용하는 것에 비하여 온도와 습도를 조절하는 비용이 대폭 절감이 되는 것은 사실이다. 다만 환기의 목적 중 동물의 건강과 스트레스에 영향을 주는 유해가스, 먼지, 미생물 농도 조절은 아무리 좋은 필터(filter)를 사용하여 여과를 하더라도 외부공기에 비해 그 효과가 떨어지므로 공기를 통한 오염이나 감염 위험성은 매우 증가하게 된다. 특히 동물실험시설 내 어느 한 구역에서 이미 오염이나 감염이 발생한 경우에 제대로 공기 여과가 되지 않고 재사용될 경우 의도치 않게 오염원이나 감염원을 동물실험시설 전체 구역으로 전파를 하는 상황이 된다.

사육실 환경에서 중요하게 여기는 유해가스는 동물의 분변에서 발생하는 암모니아(ammonia, NH_3)이다. 암모니아는 사육실 내 악취를 발생시킬 뿐만 아니라 동물의 눈이나 코, 기도 점막을 자극하여 염증반응을 일으키거나 미생물 감염에 취약한 상태로 만들 수 있다. 사육실 안에서 암모니아를 제거하는 가장 좋은 방법은 자주 케이지 등을 청소하고 세척, 소독하여 암모니아를 만드는 원인인 분변을 제거하는 것이다. 하지만 케이지 청소 등 관리를 매일 하는 것은 현실적으로 많은 노력과 비용이 들어가고 동물 입장에서 케이지 등에서 자신의 체취가 매일 사라지는 것은 스트레스로 작용하기 때문에 적절하지 않다. 따라서 효율적인 암모니아 관리방법은 적절한 간격의 케이지 청소와 적절한 환기 횟수의 공기 순환을 하고 이를 주기적인 암모니아 농도 측정을 통하여 확인하는 것이다. 일반적인 실험동물 사육실의 암모니아 가스 농도는 20ppm 이하이다.

2) 적절한 조도의 조명

동물실험시설에서 근무하는 종사자와 연구자의 안전사고를 예방하는 데 적절한 조도의 조명은 중요한 역할을 한다. 실험동물의 경우 동물실험시설 내 사육실에서만 생활해야 하기 때문에 태양에 의한 일일 광주기 변화를 알 수 없으므로 인위적으로 조명 가동 시간을 조절

해줄 필요가 있다. 동물실험에 사용하는 대부분 실험동물의 경우 일일 광주기는 밝은 기간 12시간 : 어두운 기간 12시간 간격으로 하는 것이 적절하다고 알려져 있다. 야행성인 실험동물의 경우 어두운 기간 동안 비록 매우 짧은 시간이더라도 빛에 노출될 경우 생리학적 변화가 발생할 수도 있으므로, 자동으로 조명 시간을 조정하고 있는 시설에서는 주기적으로 조명을 점검하여 제대로 조절되고 있는지 확인해야 한다.

사람과 마찬가지로 홍채에 멜라닌 색소가 있는 일반적인 실험동물은 일상생활에서 사용하는 조명의 조도에 크게 영향을 받지 않는 것으로 알려져 있다. 다만 멜라닌 색소가 선천적으로 없거나 부족한 알비노(albino) 동물의 경우 어두운 기간이나 어두운 것을 회복하는 기간이 너무 짧을 경우 망막 손상이 가장 심하게 일어나고, 높은 조도의 조명에 장기간 노출될 경우에도 망막 손상이 발생하여 시력을 잃을 수 있다. 보통 일반적인 동물실험과 사육관리에 적합한 조도는 바닥에서 100cm 높이에서 측정하였을 때를 기준으로 325lux가 적절하다고 알려져 있다. 알비노 동물의 경우 앞의 조도 기준과 더불어 케이지 안에서 조도는 그 이하인 130~325lux를 유지할 수 있도록 관리하는 것이 좋다.

▲ 알비노 마우스

보통 사육실 공간을 효율적으로 사용하기 위하여 여러 층으로 되어 있는 케이지 선반(rack)을 사용하는데, 선반 제일 윗부분과 아랫부분 사이에도 조도 차이가 나므로 알비노 동물의 망막 손상을 최대한 예방하기 위해서 주기적으로 케이지 위치를 교환하여 사육관리를 하는 것을 추천한다.

▲ 일반적인 IVCS(Individually Ventilated Cages System; 개별환기케이지시스템)

3) 소음(noise)과 진동(vibration) 통제

소음은 동물실험시설 운영에 있어서 중요하게 고려해야 할 사항이다. 동물실험시설에서는 동물실험 수행과 실험동물 사육관리를 함으로써 필연적으로 소음이 발생할 수밖에 없다. 특히 실험장비 세척과 멸균, 운반과 같이 급작스럽고 큰 소리는 실험동물이 혼란을 느끼게 된다. 따라서 이러한 동물실험시설 설계 때부터 소음이 발생하는 구역과 동물 사육관리구역은 최대한 거리를 떨어뜨려서 배치하는 것이 중요하다.

같은 사육관리 공간이라도 개, 돼지, 비인간영장류와 같이 짖거나 우는 동물종의 사육관리 공간과 설치류, 토끼와 같은 조용한 동물종의 사육관리 공간은 분리해야 한다. 소음으로 느끼는 소리의 주파수 영역은 동물종마다 차이가 있지만, 소음은 모든 동물종에서 스트레스를 유발하여 스트레스 호르몬이라고 알려져 있는 코티솔(cortisol) 농도가 증가하고, 여러 가지 스트레스 반응이 나타난다. 특히 임신한 동물에서 유산이나 사산을 일으키거나 출산 이후 새끼들을 제대로 돌보지 않는 이상행동을 나타내는 것으로 알려져 있다. 따라서 번식을 진행하는 동물실험이나 번식을 통해 실험군 확보가 필요한 동물실험에서는 더욱 소음 발생에 유의하여야 한다. 일반적으로 사육관리 구역 내 소음은 60dB 이하로 유지하는 것을 권장한다.

진동 역시 소음과 더불어 실험동물에게 스트레스를 유발하는 요인으로 작용한다. 특히 사람은 느끼지 못할 정도의 약한 진동일지라도 일부 동물종은 예민하게 반응할 수 있다. 반복적이고 규칙적인 진동에 장기간 노출된 동물에서도 코티솔 농도가 높은 것으로 알려져 있고, 번식과 생산성이 떨어지는 것으로 알려져 있다. 특히 진동은 소음과 달리 아무리 먼 거리에서 발생한 진동이라도 같은 매질(medium)로 연결되어 있을 경우 진동이 전해질 수 있다는 점에서 소음보다 관리하기가 더욱 어렵다.

2. 실험실

부검이나 수술에 사용하는 물품, 기구, 시약 등을 보관할 수 있는 장치와 장비를 구비하여야 한다. 특히 시약의 특성에 맞는 보관 장치를 구비하여야 하는데 만약 인화성 또는 폭발성 시약이라면 방화 캐비닛이나 방폭 캐비닛을 구비하여야 하고, 서로 반응할 수 있는 기체가 발생하거나 실온에서 쉽게 기화하는 시약이라면 자체 환기가 가능한 캐비닛을 구비하여야 한다. 한편 동물의 마취나 진정을 위해 사용하는 마약이나 향성신성의약품의 경우 관련 법인 「마약류 관리에 관한 법률」에 따라 이중 장금장치가 있는 철제금고나 잠금장치가 설치된 장소에 보관해야 한다.

▲ 일반적인 시약을 보관하는 시약장과 인화성 시약을 보관하는 시약장

3. 부대시설

동물실험시설에서 부대시설에 속하는 시설은 실제로 실험동물 사육관리가 일어나는 사육실과 동물실험이 수행되는 실험실을 제외한 모든 시설을 의미하고, 보통 사육관리와 동물실험을 지원하는 기능을 하는 공간이다. 사료나 사육물품 등 사육관리에 필요한 물품을 보관할 수 있는 공간과 소독제나 청소도구 등 동물실험시설을 관리하는 데 필요한 물품을 보관할 수 있는 공간이 대표적이다. 이때 부대시설은 반드시 벽으로 구분될 필요는 없으나 대신 선이나 줄, 칸막이 등으로 충분히 간격을 두어서 별도의 독립된 구역임을 알 수 있도록 하면 된다.

02 동물실험시설 운영관리

(1) 동물실험시설 점검

동물실험시설은 기본적으로 살아있는 동물을 사육관리를 하고 있기 때문에 24시간 365일을 쉼 없이 계속 가동되는 특수한 시설이다. 따라서 만약 시설에 문제가 발생했을 때 단순히 진행하고 있는 동물실험을 중단하는 것으로 해결되는 것이 아니라 문제의 심각성에 따라 실험결과에 영향을 미칠 만큼의 문제라면 해당 실험에 사용했던 동물은 인도적인 실험종료를 해야 할 수도 있다. 이는 단순히 동물실험을 다시 해야 하는 시간과 비용적 측면에서의 손실뿐만 아니라 생명윤리적 측면에서 불필요한 동물희생이 발생한 심각한 상황으로 판단해야 한다. 그러므로 동물실험시설은 항상 모든 기능이 정상적으로 작동할 수 있도록 주기적인 점검을 해야 한다.

매일 동물실험시설의 모든 기능을 점검하는 것이 가장 이상적이지만 현실적으로는 불가능하므로, 기능의 중요성과 가동률 등을 고려하여 적절한 점검주기를 설정하여 점검을 할 수 있다. 점검주기는 점검항목에 고정된 것이 아니라 각 동물실험시설의 규모와 해당 시설에서 사육관리 중인 실험동물의 종류와 마릿수, 진행 중인 동물실험의 성격 등을 고려하여 자체적으로 정하면 된다. 각 동물실험시설에서 점검주기와 점검항목을 설정하는 것은 실험동물법에서 명시된 "실험동물운영위원회"에서 정한다. 아래 표는 일반적인 점검주기와 점검항목을 나타낸 것이다.

일반적으로 동물의 건강상태와 동물실험 결과의 재현성과 신뢰성에 영향을 미치는 정도에 따라 주기가 다른 것을 알 수 있다.

동물실험시설의 점검주기별 점검항목

점검주기	점검항목
일간	동물 건강상태, 사육실 온습도
주간	공조기 운전 상태
월간	동물사체, 폐기물 보관 상태
분기	미생물, 분진, 소음 측정

반기	보일러, 냉각기 운전 상태
년간	열교환기 운전 상태

(2) 동물실험시설 소독

동물실험시설 소독은 동물의 건강 상태와 직결되는 중요한 사항이다. 이 부분에서 다루는 소독제는 일반적으로 시설과 공간을 소독하는 데 사용하는 것으로 한정한다. 소독제마다 소독 효과를 보이는 미생물 범위가 다르고 특성이 다르기 때문에 소독하려는 대상에 맞는 최적의 소독제를 선택하는 것이 가장 중요한 단계이다. 일반적인 소독제는 유기물이 있는 상태에서는 소독 효과가 현저히 떨어지므로 소독 전에 반드시 충분한 세척 단계가 필요하다.

동물실험시설에서 가장 흔하게 사용하는 소독제는 알코올 계열로 짧은 접촉 시간에도 소독 효과가 나타나고, 다른 소독제에 비해 저렴하고 취급이 쉬우며, 동물이나 사람에게 노출되더라도 독성이 낮다는 장점이 있다. 하지만 알코올의 물리적 특성상 인화성이 있으므로 사용 중 쉽게 불이 날 위험성이 있고 세균과 바이러스에는 소독 효과가 있지만 세균의 아포(spore)나 진균(fungi)에는 효과가 없는 단점이 있다.

락스로 잘 알려진, 일상생활에서도 많이 사용하는 차아염소산 계열의 소독제는 세균과 바이러스뿐만 아니라 진균, 아포에도 효과가 있으며 미생물은 아니지만 소해면상뇌증(Bovine Spongiform Encephalopathy; BSE)이나 스크래피(Scrapy), 사람에서 변형 크로이츠펠트-야콥병(variant Creutzfeldt-Jakob Disease; vCJD)의 원인으로 알려져 있는 프리온(prion)에도 소독 효과가 있는 것으로 알려져 있다. 여러 종류의 세정제 사용과 병행할 수 있고 상대적으로 독성이 낮은 장점이 있지만 사람이나 동물이 흡입할 경우 호흡기 점막을 자극하고, 소독제로 사용하기 위해서 물에 희석할 경우 시간이 지남에 따라 소독 효과가 감소하는 단점이 있다.

대표적인 과산화물 계열 소독제는 상처가 났을 때 피부소독제로 사용하는 과산화수소(peroxide)이다. 과산화수소는 세균, 바이러스, 진균, 아포에 효과가 있지만 실제로 소독효과가 있는 오존(ozone; O_3)은 차아염소산 계열과 유사하게 흡입할 경우 사람과 동물의 호흡기 점막을 자극하고 실온에서 불안정한 상태의 물질이기 때문에 시간이 지남에 따라 소독 효과가 감소한다. 실제로 과산화수소는 동물실험시설 내부 환경을 소독하는 데 사용하는 목적보다 기체 형태로 공간에 분사하여 공간 내부를 멸균하는 데 사용한다. 아래 표는 동물실험시설에서 일반적으로 사용하는 소독제 종류와 특성을 정리한 것이다.

⚛ 공간소독제 종류와 특성

소독제	유효 미생물	장점	단점
알코올	세균, 바이러스	• 짧은 접촉 시간 • 싸고 취급 용이 • 낮은 독성	• 인화성 • 아포, 진균에 무효
차아염소산	세균, 바이러스, 진균, 아포, 프리온	• 세정제 사용과 적합 • 낮은 독성	• 흡입독성 • 시간 경과에 따른 효과 감소
4급암모늄	세균, 바이러스, 진균, 결핵균	낮은 독성	긴 접촉 시간 필요
과산화물	세균, 바이러스, 진균, 아포	대부분 미생물에 효과	• 자극성 • 시간 경과에 따른 효과 감소

동물실험시설 내 공간을 소독하는 데 직업안전보건(occupational safety and health; OSH)상 가장 중요한 사항은 절대로 공간 내부에 소독제를 분무하거나 분사해서는 안 된다는 것이다. 코로나-19가 한창 유행일 당시에 실제 차아염소산 계열의 소독제를 분사하는 방식으로 소독을 실시했던 적이 있었다. 분무와 분사가 실제 소독 효과는 있을 것으로 판단하나 현재 시판 중인 모든 소독제 중에서 사용 용법이 분무나 분사인 것은 없다. 이 의미는 소독제를 분무와 분사 방식으로 사용할 때 안전성을 보장할 수 없다는 것이고, 특히 밀폐된 공간에서 분무나 분사를 했을 때 자칫 흡입독성이 발생할 수도 있다.

비록 분무나 분사 방법이 짧은 시간에 소독을 할 수 있다는 점에서 솔깃한 방법일 수도 있겠으나, 정확한 소독 효과가 나타나려면 소독제가 소독하려는 대상의 표면에 있는 미생물들과 접촉하여 화학반응이 일어나야 한다. 따라서 정확한 공간 소독제 사용 방법은 청소와 세척으로 벽면이나 바닥에 묻은 유기물을 최대한 제거하고, 걸레나 밀대에 소독제를 묻힌 뒤 충분히 표면이 젖도록 닦아낸다. 이후 어느 정도 시간이 지난 뒤 다시 깨끗한 물을 적신 걸레나 밀대 또는 마른 걸레나 밀대로 남아있는 소독제를 닦아내는 것이다.

(3) 동물실험시설 출입관리

동물실험시설에서 출입관리는 동물실험시설에서 근무하는 종사자나 연구자 경우 직업안전보건 차원에서 중요한 내용이고, 사육관리 중인 실험동물은 생물보안(biosecurity) 차원에서 중요한 내용이다. 생물보안은 실험동물에 일어날 수 있는 알려지거나 알려지지 않은 감염을 통제하는 모든 조치를 의미한다. 직업안전보건과 생물보안 두 가지 모두 건강과 직결된 부분으로, 동물실험시설은 실험동물의 사육관리와 동물실험이 진행되는 특별한 장소이기 때문에 개인의 건강과 안전을 위하여 출입 전에 충분히 교육과 훈련을 받은 사람만이 출입하여야 한다. 또한 사육관리 중인 실험동물은 외부에서 유입되는 감염원에 의해 노출될 경우 직접적으로는 감염된 동물의 건강이 나빠질 뿐만 아니라 동물실험시설 전체로 감염원이 퍼질 수 있는 위험이 있기 때문에 물리적인 차단을 포함한 검역과 격리 프로그램이 필요하다.

국내 일정 규모 이상의 동물실험시설의 경우 출입자 관리를 전산화된 시스템을 사용하여 관리하고 있으나 소규모 동물실험시설이나 특정 소수 인원만 출입하는 동물실험시설의 경우 종이 등에 직접 기록하는 경우도 있다. 또한 동물실험 목적이나 생물안전 등급에 따라 여러 구역으로 나뉘어져 운영되는 동물실험시설의 경우 출입자별로 출입할 수 있는 구역을 정하는 것도 중요한 부분이다.

(4) 동물실험시설 이용자 교육

위에서 직업안전보건 차원에서 동물실험시설을 출입하기 전에 충분한 교육과 훈련을 받아야 한다고 기술하였는데, 「동물보호법」에서 동물실험의 원칙으로 동물실험은 실험동물의 윤리적 취급과 과학적 사용에 관한 지식과 경험이 있는 사람이 해야 한다고 명시되어 있기도 하다. 국내 대부분의 동물실험시설에서는 자체적으로 동물실험시설을 출입하려는 종사자와 연구자를 대상으로 교육을 실시하고 있다. 자체교육의 목적은 실험동물의 복지와 윤리적인 동물실험 수행을 위한 방법과 개인보호와 건강유지를 위한 방법을 알려주기 위한 것이고 일반적인 자체교육 내용은 아래 표와 같다.

⚛ 동물실험시설 자체교육 내용

- 국내 관련 법령과 시설별 동물실험 수행 절차
- 동물실험계획서 등 동물실험에 필요한 서식 작성요령
- 동물실험 수행을 위한 기초적인 실험기법
- 실험동물 사육관리 방법
- 개인위생, 보건·안전관리 프로그램

(5) 실험동물운영위원회 운영

실험동물법에서 Institutional Animal Care and Use Committee(IACUC)는 "실험동물운영위원회"로 정의가 되어 있고, 동물보호법에서는 같은 IACUC가 "동물실험윤리위원회"로 정의가 되어 있다. 각각 실험동물법과 동물보호법에서 실험동물운영위원회나 동물실험윤리위원회를 설치하고 운영할 경우 다른 법에서 정의한 동물실험윤리위원회나 실험동물운영위원회를 설치하고 운영한 것으로 갈음하고 있으므로 하나의 동물실험시설에 실험동물운영위원회와 동물실험윤리위원회를 따로 설치하여 운영할 필요는 없다. 다만 각 법의 목적이 다른 만큼 두 위원회 역시 목적과 기능이 다르고 구성요건이나 운영방법이 완전히 동일하지는 않기 때문에 차이점을 잘 알아두는 것이 필요하다.

동물보호법의 동물실험윤리위원회의 내용은 바로 이전 챕터에서 자세히 다루고 있으므로 이 부분에서는 간략하게 다루고자 한다. 실험동물운영위원회는 위원장 1명 포함 4명 이상 15명 이내의 위원들로 구성한다. 이때 IACUC 위원의 자격은 ① 수의사, ② 동물실험 분야에서 박사학위를 취득한 사람으로서 실험동물 관리 또는 동물실험 관련 업무를 한 경력이 있는 사람, ③ 동물복지나 보호와 관련된 법인 또는 비영리민간단체에서 추천한 사람, ④ 기타 국무총리가 정하는 IACUC에 필요한 사람이다.

IACUC의 업무는 ① 동물실험 계획과 실행에 관한 사항, ② 동물실험시설 운영과 그에 관한 평가, ③ 유해물질을 이용한 동물실험의 적절성에 관한 사항, ④ 실험동물의 사육과 관리에 관한 사항, ⑤ 그 밖에 동물실험의 윤리성, 안정성, 신뢰성 등을 확보하기 위하여 위원장이 필요하다고 인정하는 사항으로 나눌 수 있다.

03 실험동물 사육관리

(1) 사료와 음수 공급

동물실험시설에서 사육관리되는 실험동물은 스스로 먹이를 찾아 먹을 수 없기 때문에 사람이 공급하는 사료를 통해 생명유지와 활동을 위한 영양소를 얻는다. 따라서 실험동물로 사용되는 동물종별뿐만 아니라 동물실험 목적에 부합하는 사료를 선택하여 공급하는 것은 매우 중요한 사항이다. 사료 선택 시 고려해야할 사항은 각 실험동물이 어떤 사료를 좋아하고 싫어하는지에 대한 내용과 생명유지와 활동을 위한 충분한 영양소가 포함되었는지를 확인하는 것이다. 특히 동물실험이 진행되고 있는 도중에 사료가 바뀔 경우 동물실험 결과에도 영향을 미치기 때문에 제일 처음 동물실험에 적합한 사료를 선택하는 것이 가장 중요하다.

실험동물도 필요나 동물 상태에 따라서 습식사료를 줄 경우도 있으나 대부분 기본으로 공급하는 사료는 건조사료이다. 건조사료는 습식사료에 비해 가격이 저렴하고 보관과 관리가 쉬운 장점이 있기 때문에 기본 사료로 이용하고 있다. 사료는 습기와 열에 취약하기 때문에 건조하고 서늘한 곳에 보관한다. 습도와 온도가 높은 곳에서는 비록 포장을 뜯지 않더라도 사료 성분이 변질될 가능성이 있고, 세균이나 진균과 같은 미생물이 자라기 쉽다. 보통 건조 사료를 보관하는 조건은 온도는 21℃, 습도는 50%이고, 이러한 조건에서 일반 건조사료는 6개월을 보관할 수 있지만 만약 사료에 비타민 C가 포함되어 있다면 3개월을 보관할 수 있다. 가장 좋은 사료 공급과 보관 방법은 한 달 단위로 급여량에 맞춰서 짧게 보관하였다가 개봉 후 최대한 빨리 소진하는 것이고, 보관 시 사료 포장이 바로 바닥에 닿지 않게 팔레트 등을 놓고 그 위에 사료를 얹어서 보관하는 것이다.

국내 대부분의 동물실험시설에서는 실험동물에 공급할 음수를 정수된 것을 사용한다. 일반적인 음수 정수 방법으로 역삼투압(Reverse Osmosis; RO) 방법과 자외선 조사와 같은 물리적 살균, 염소 혼합과 같은 화학적 살균, 고압증기멸균기에서 멸균하는 방법을 사용한다. 정수 방법마다 장점과 단점이 있고 특징이 있기 때문에 각 동물실험시설에서 맞는 방법을 선택하면 된다. 또한 일반적인 음수 공급 방법으로 동물실험시설 규모나 인력 현황, 동물실험시설에서 사육관리 중인 동물종 등에 따라 물병에 정수된 물을 담아서 개별적으로 공급하는 방법과 정수 처리가 된 물을 저장해 둔 용기가 급수관을 통해 각 사육실로 연결되어 다시 각 개별케이지로 급수관이 연결되는 자동급수 방법이 있다. 음수 공급 방법 역시 방법마다 장점과 단점이 있고 특징이 있기 때문에 각 동물실험시설에서 맞는 방법을 선택하면 된다. 사육관리 중인 실험동물의 건강에 음수 공급도 중대한 영향을 끼치는 만큼 음수 공급 방식을 선택하는 것도 중요하지만, 실제로 건강에 끼치는 영향을 알아보기 위해서는 실험동물이 마시는 물의 질을 주기적으로 검사하여 확인하는 것이 필요하다.

▲ 설치류의 음수 공급

(2) 깔짚 공급

깔짚(bedding)은 동물실험시설에서 사육관리 중인 동물종에 따라 다양한 재질을 사용할 수 있다. 대표적인 깔짚은 설치류에서 사용하는 깔짚으로 보통 케이지 바닥에 일정 높이만큼 깔아서 사용한다. 깔짚 역시 실험결과에 영향을 주는 요소 중 하나인데, 깔짚은 케이지 내 수분을 흡수하여 습도를 조절함으로써 미생물 성장을 저해하는 기능을 한다. 또한 동물의 배설물이 케이지 안에서 고루 퍼지고 케이지 바닥에 가라앉혀 줌으로써 동물의 몸에 배설물이 직접 닿지 않도록 한다. 마지막으로 깔짚으로 사용하는 재료의 특성 중 다공성을 이용하여 암모니아를 흡착하는 기능이 있다.

▲ 설치류에서 사용하는 깔짚

(3) 청소와 소독

케이지 등을 청소하고 소독하는 것은 동물실험시설에서 사육관리하고 있는 동물의 종류, 한 사육단위에서 동거하는 동물 마릿수, 개별 급기와 배기 여부 등 사육환경에 따라 실시 주기나 방법이 달라진다. 또한 면역부전동물을 사용하는 실험이나 당뇨 모델을 사용하는 실험과 같이 특정 동물실험 조건에 따라서도 청소 등 실시 주기가 달라진다.

동물실험시설의 규모나 인력 현황에 따라 자동 세척기를 이용하는 경우도 있지만 사람이 손으로 세척하는 경우도 있다. 어떤 방법으로 세척을 하든지 세척 과정에서 중요한 것은 동물은 냄새에 예민하기 때문에 최대한 인공적인 향이 없는 세정제를 선택하는 것이다.

또한 세척의 목적은 동물이 접촉하는 사육도구나 장비에 있는 오염물질을 제거하면서 표면에 있는 미생물의 수도 최대한 줄이는 것이기 때문에 주기적으로 세정 효과를 검정하는 것도 필요하다.

소독에 있어서도 사용하고 있는 소독제와 소독 방법이 실제로 효과를 내고 있는지 주기적으로 확인할 필요가 있고, 앞서 기술한 것과 같이 직업안전보건상 개인의 건강을 위해서라도 소독제를 훈증하거나 분무하는 것은 지양해야 한다.

(4) 기록과 보관

재현성과 신뢰성이 확보된 동물실험 결과는 실험에 대한 정확한 기록으로 시작되고 끝난다고 해도 과언이 아니다. 모든 실험동물에서 기록해야 하는 정보는 동물종, 성별, 나이 등이고, 특히 수술적 처치를 하는 동물실험에서는 수술 전과 후의 건강상태에 대한 기록을 남겨야 한다.

또한 번식 중인 동물의 경우 번식에 사용하는 교배방법이나 부모 정보를 정확하게 기록하고 보관하여 계획에 맞지 않는 동물생산과 불필요한 동물희생이 발생되지 않도록 주의하여야 한다. 최근에는 유전자변형동물(Living Modified Organisms; LMO) 사용이 늘어나면서 번식을 통한 실험군 확보나 새로운 유전자형과 표현형을 가진 동물을 생산하는 경우가 많아졌다. 유전자변형동물의 경우 변형된 유전자의 명칭은 같을지라도 변형시킨 방법에 따라 완전히 서로 다른 동물 계통(strain)이 되기 때문에 정확한 명명법으로 기록하여야 한다.

(5) 수의학적 관리

동물실험시설에서 사육관리 중인 동물은 퇴근, 주말, 명절과 같은 개념이 없이 24시간 365일 사육실에서 지내야 한다. 특히 실험이 진행되고 있는 동물에서는 예상하지 못한 상황들이 일어날 수 있고 상황에 따라서는 수의학적 관리가 필요할 수가 있다. 수의학적 관리가 필요한 상황은 근무 중에만 발생하는 것은 아니므로 골든타임 기간 동안 전임수의사(attending veterinarian) 또는 관리 수의사가 적절한 조치를 할 수 있도록 동물실험시설에서는 수의학적 관리 프로그램을 준비하여야 한다.

수의학적 관리 프로그램에는 동물실험시설로 반입되거나 다른 동물실험시설로 반출되는 동물 운송부터 사육관리 중 질병 감시, 동물실험 중 고통 관리, 병리학 검사까지 넓은 범위가 포함되어 있다.

(6) 검역과 순화

검역(quarantine)은 외부에서 반입되는 동물을 일정기간 동안 격리하면서 특정 질병이 의심되거나 이상증상이 있는지 관찰하고 검사하여 동물실험시설에서 사육관리 중인 기존 동물의 건강을 지키는 절차이다. 이 파트 뒷부분에 기술한 미생물 모니터링 부분에서 자세히 다룰 예정이지만 외부에서 반입되는 동물은 미리 "건강검진"을 거쳐서 이상이 없다고 판단된 동물이다. 하지만 실제로 반입될 동물을 검사한 것이 아니라 같은 사육공간에 있는 다른 동물을 검사하고 그 결과를 적용하는 것이 일반적이므로 의도하지 않게 미생물 전달 매개체, 즉 벡터(vector)가 될 수도 있다. 따라서 이러한 우려를 종식시키고자 반입될 동물에 대하여 직접 검사를 진행하는 절차가 바로 검역이다.

순화(acclimation)는 일반적으로 검역 과정을 통과한 동물을 대상으로 이전 환경과 다른 새로운 환경에서 적응을 할 수 있도록 시간을 주는 절차이다. 외부에서 반입되는 동물의 입장에서는 그동안 익숙한 환경에서 강제로 새로운 환경으로 보내진 것이기 때문에 스트레스 상태에 놓일 수밖에 없다. 스트레스 상황은 정상적인 생리적 상태나 행동이 나타나지 않으므로 재현성과 신뢰성이 확보되는 실험 결과를 얻을 수 없게 된다. 따라서 설치류부터 비인간영장류까지 모든 실험동물에서 동물종마다 적절한 기간을 주어 새로운 환경에 적응하여 정상적인 상태가 되게 하는 절차가 순화이다.

04 안전관리

(1) 종사자 건강관리

동물실험시설에서 근무하는 종사자가 연구자는 매년 1회 이상 건강검진을 받아야 한다. 또한 자신의 건강과 안전을 위하여 근무 환경에 맞는 적절한 개인보호구를 반드시 착용해야 한다. 개인보호구의 착용 여부보다 개인보호구를 정확한 방법으로 착용했는지 확인하는 것이 더욱 중요하다.

특히 실험동물 알레르기(Laboratory Animal Allergy; LAA)의 경우 실험동물의 털이나 분변 등에 있는 알레르기 유발물질(allergen)에 의해 발생한다. 같은 동물실험시설에서 근무하는 종사자 사이에서도 알레르기 특성상 알레르기 유발물질에 자주 노출되고 많이 노출될수록 알레르기에 걸릴 확률이 높아진다. 또한 한 번 발생한 알레르기는 현실적으로 완치되지 않기 때문에 걸리지 않도록 예방하는 것이 최선이다.

▲ 동물실험에서 개인보호구 착용

(2) 재해 유발 가능물질 등 취급과 관리

동물실험계획에서 독성 화학물 등 재해 유발 가능물질이나 사람 또는 동물에 감염성 질환을 일으킬 수 있는 병원균과 같은 생물학적 위해물질을 사용하는 경우에는 반드시 실험 전에 실험계획에 대하여 충분히 숙지하여야 한다. 또한 자신의 건강과 안전을 위하여 적절한 개인보호구를 선택하여 정확하게 착용해야 하며, 필요 시 해독제나 백신을 준비하는 것도 필요하다.

물질안전보건자료(Material Safety Data Sheet; MSDS)나 병원체안전보건자료(Pathogen Safety Data Sheet; PSDS)는 쉽게 찾아볼 수 있는 곳에 비치하고, 사용뿐만 아니라 보관과 폐기도 MSDS나 PSDS에 기재된 적절한 방법으로 수행하여야 한다. 또한 일부 재해 유발 가능물질 또는 생물학적 위해물질을 사용하는 경우 관련된 정부부처에 신고해야 할 수도 있다.

(3) 응급상황 발생 시 행동요령

동물실험시설에서 화재, 홍수, 지진 등과 같은 생명에 치명적인 위급한 상황이 발생하였을 때는 즉시 동물실험시설을 빠져나와서 안전한 곳으로 대피하는 것이 제1원칙이다. 이후 소방 관계자 등이 동물실험시설에 출입하는 것이 안전하다고 인정하면 그때 사육관리 중이거나 실험 중인 동물의 상태를 확인하는 것이 응급상황 발생 시 올바른 행동요령이다.

평소 응급상황 발생 시 행동요령에 대한 교육이나 훈련이 제대로 되어 있지 않으면 실제로 응급상황이 발생했을 때 당황하여 적절한 대응을 할 수 없기 때문에 주기적인 교육과 훈련은 필수적이다. 또한 응급상황 대응 매뉴얼 등은 누구나 쉽게 확인할 수 있는 위치에 비치하여 필요할 때 바로 확인할 수 있도록 하는 것이 중요하다.

CHAPTER
04

실험동물 사육관리

학습 목표

🧪 실험동물 사육에 수반되는 절차와 기본사항에 대해 학습한다.
🧪 실험동물 사육방법과 환경조건에 대해 학습한다.

01 실험동물의 검수, 검역, 순화

실험동물은 대량으로 육종하는 실험동물생산시설로부터 구입하여 연구에 이용한다. 구입된 동물은 실험에 사용되기 위해 동물실험시설에 도착한 후 검수, 검역 및 순화 과정을 거친다. 이 과정은 구입된 동물이 도착 직후부터 일정 기간 동안 실시되는 작업으로 동물실험에 부적절한 동물을 초기에 발견하여 제외하는 작업이다. 실험동물생산시설에서 생산된 실험동물은 운송과정에서 유전적 소인에 의한 기형과 대사이상이 발생될 수 있고, 새로운 동물실험시설의 달라진 환경적 요인과 생물학적 요인에 의한 이상요인이 발견될 수 있다. 이 과정에서는 질병을 가지거나 감염병을 가진 동물이 발견될 수도 있어, 동물실험과 그 결과에 문제를 야기할 수 있는 요소를 제거할 수 있어 사육관리의 기본 사항이라고 할 수 있다.

검수와 검역의 목적은 세 가지이다.

① 실험에 사용하는 동물이 실험목적에 적합한 '건강한' 상태임을 확인하여 동물실험에 적합한 동물을 사용하여 실험 결과의 신뢰성과 재현성을 향상시킨다.

② 동물실험 시설에 외부 병원 미생물의 오염을 방지한다.

③ 도입한 실험동물에서 발생할 수 있는 인수공통감염병으로부터 실험동물기술원, 연구원 및 수의사의 안전을 확보한다.

1. 실험동물의 검수

검수는 실험동물이 동물실험시설에 도착한 직후 실시하는 과정으로, 검수의 목적은 주문한 내용에 맞는 동물이 정확하게 배송 및 입수된 상태를 확인하는 것이다. 이 과정에서 실험동물이 동물시설 내로 반입되기 전에 이상동물은 조기에 발견하여 격리하고 위생 상태를 확인한다. 이상이 발견되어 격리된 동물은 안락사 처리로 적절하고 신속하게 처리한다.

검수의 첫 번째 단계는 입수된 동물이 주문내용과 일치하는지 신고서류에 기재되어 있는 항목(예: 주문자 성명, 동물종, 계통, 연령, 체중, 성별, 마리 수, 번식시설에서 첨부한 미생물모니터링 성적서 등)을 동물실험시설 반입 전에 확인한다. 배리어 시설의 경우 준비실 등에서 이를 확인하고 외부 겉면을 철저히 소독한 후 동물실험시설 내부로 반입 후 개봉하여 확인한다. 이 검수작업은 동물실험시설 내부로 반입되는 모든 종류의 동물종에 실시한다.

배송담당자	
납품일	
계통	
주령	
성별	
주문 수량	
태어난 날짜	
출하담당자	

▲ 실험동물배송상자 ▲ 배송상자에 표기된 주요 확인 사항

실험동물 검수 방법은 동물을 육안으로 관찰하는 망진과, 손을 이용해 동물을 만져 이상을 파악하는 촉진을 병행해서 실시한다. 마우스와 랫드는 최근 생산시설의 설비와 기술이 현대

화되어 실험동물의 품질이 매우 향상되었고, 운송방법도 동물전용 공조차가 공급되어 이송되는 등의 개선이 이루어져 있어 검수 절차가 비교적 간단하다. 그러나 해외에서 운송되어 반입되는 특정 계통의 유전자변형 마우스의 경우, 원거리 수송으로 문제가 발생될 수 있어 검수에 시간을 두고 동물의 이상상태를 확인해야 한다.

(1) 육안으로 관찰해야 할 내용

① 운송 중 폐사

② 침울, 권태, 동작의 비활성, 식욕 부진

③ 영양상태(수척, 비만)

④ 체격(성장이상)

⑤ 자세(이상자세, 보행 곤란, 기립 불능)

⑥ 보행(마비, 경련, 운동 실조, 파행)

⑦ 호흡상태(호흡곤란, 기침)

⑧ 체표의 변화(비모, 탈모, 외상, 가피 형성, 피부 이상)

⑨ 배설물(눈물, 콧물, 분변, 분뇨)

⑩ 동물의 상호 포식(cannibalism)

| 운송 중 폐사 | 외상 - 귀 상처 | 외상 - 꼬리 상처 |
| 안구이상 | 피부이상-포피린증 | 피부이상- 탈모 |

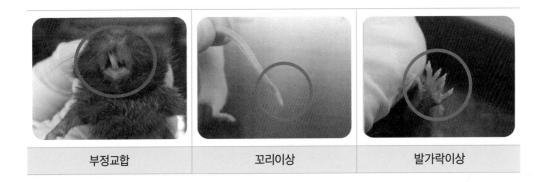

| 부정교합 | 꼬리이상 | 발가락이상 |

(2) 촉진으로 확인해야 할 내용

① 외부촉진(맥박검사, 피부, 피모, 림프절, 골격, 종양 등 체표의 변화)

② 내부촉진(구내점막, 치아, 혀 등의 구강검사)

③ 촉감(탄력감, 경도, 기종, 동통)

(3) 기타

① 발열 상태

② 발열 유형

2. 실험동물의 검역

검역은 검수를 종료한 동물에 대해 실시되는 과정이다. 구입된 실험동물들은 생산시설에서 출고시 미생물모니터링성적서를 발행하여 동물의 건강상태 및 미생물학적 감염상태를 증빙한다. 성적서에는 질병을 유발할 수 있는 세균 및 바이러스 감염 검사, 혈청반응, 알레르기반응, 기생충 및 원충의 검출 등의 병리학적 진단결과들이 기재되어 있다. 최근 생산시설에서 생산된 SPF 마우스와 랫드의 검역과정은 생산시설에서 첨부한 미생물모니터링 성적서를 참고하여 간략화한다.

3. 실험동물의 순화

순화는 반입된 동물이 동물실험시설에 적응하도록 사육하는 기간을 말한다. 동물실험시설로 반입된 실험동물이 새로운 공간의 기후(온도 및 습도), 영양 및 주거적 요인의 변화 등에 대해 생리적으로 적응할 수 있도록 하는 과정이다. 순화는 검역과 함께 실시되며 순화기간은 동물종에 따라 다르다. 통상 설치류의 경우 1주일 이상, 고등동물인 경우 2주일 이상 실시하는 것을 원칙으로 하며, 이 기간에는 사육에 관련된 취급 외에는 실시하지 않는다.

4. 실험동물의 이동 및 관찰 시의 취급방법

연구원은 동물실험시설의 출입 시 착용한 실험복과 라텍스 장갑을 착용한 상태로 실험동물을 다루어 상호오염을 피하는 것이 중요하다. 마우스 사육관리를 위해 새로운 케이지로 교체하는 경우 케이지 전용 교체 작업대에서 시행하는 것이 가장 이상적이다.

마우스와 랫드를 옮기는 보편적인 방법은 장갑을 착용하여 손으로 꼬리를 집어 이동시켰으나, 최근 보급되는 동물복지적 관점에서 이 방법은 동물에게 높은 공포심과 불안감을 유발한다는 것으로 확인되었다. 마우스와 랫드를 옮길 때에는 터널을 이용하여 동물이 스스로 들어가도록 유도한 뒤 신속히 이동시킨다.

▲ 꼬리를 이용한 이동방법　　▲ 터널을 이용한 이동방법　　▲ 마우스 관찰방법

마우스와 랫드를 관찰할 때에는 케이지 뚜껑이나 장갑을 착용한 손바닥, 손등에 올려놓는 것이 좋다. 새끼를 낳은 직후의 동물은 포유 중인 상태이다. 이 경우 케이지 교환을 며칠 이후로 미루거나, 신생 동물 주변의 깔짚의 일부를 양손으로 품어 직접 접촉하지 않는 상태로 물을 뜨듯이 들어 올려 옮긴다. 신생자를 관찰해야 할 경우 등쪽 피부를 잡고 들어올려 손바닥에 놓고 확인하는 것이 좋다.

5. 실험동물의 사육 특성
(1) 군집사육(social housing)

마우스와 랫드는 사회성이 높은 동물로 조화롭고 안정된 집단으로 사육해야 한다. 특별한 연구 목적이나 수의학적, 복지적 차원의 문제를 제외하고는 단독 사육은 추천하지 않는다. 단독사육이 불가피한 경우 기간을 최소화하고, 마우스가 인접한 다른 케이지의 동물들을 청각, 취각, 시각적으로 인지할 수 있도록 해야 한다.

집단사육은 군집의 안정성으로 인해 개체의 공격성이 감소될 수 있으므로 사육관리를 통해 구성원의 변화를 최소화하는 것이 중요하다.

암컷 마우스의 경우 새끼를 이유하는 시기가 되기 전에 군집을 형성해야 하고, 군집 형성 직후에는 새로운 동물을 반입하지 않아야 싸움으로 이어지지 않는다.

수컷 마우스는 계통에 따라 다르나 사회적 순위를 정하는 습성에 따라 공격성을 가진다. 케이지 내 싸움으로 인한 폐사나 외상이 심한 경우, 공격성이 줄어들 수 있도록 일시적으로 단독사육하는 방법도 고려해야 한다. 새로운 계통의 사육 시 문헌을 통해 적절한 사육방법을 확인하고 결정하는 것을 추천한다.

케이지 교체 시 사용된 환경풍부화 등의 용품을 그대로 옮겨주어 스트레스와 공격성을 줄여주고, 다른 군집의 냄새가 옮겨 가지 않도록 주의해서 교체한다. 다량의 케이지 교환 시 수컷이 암컷의 냄새를 맡지 못하도록 주의한다.

(2) 먹이 찾기 행동 습성

마우스는 먹이를 찾는 습성을 가지고 있고 조금씩 자주 먹이를 먹는다. 사료를 뿌려 놓거나 깔짚 내에 추가로 간식을 주는 것은 이러한 습성을 충족시킨다.

(3) 둥지 형성 재료와 은신처 제공

마우스는 둥지 형성 습성이 있고 은신처를 통해 안정감을 느끼는 것으로 알려져 있다. 둥지 형성 재료와 은신처 제공은 평평한 케이지 표면과 접촉하려는 선호도를 만족시키고 케이지 철망을 잡고 오르는 등의 등반 행동을 동반한다. 마우스와 랫드의 습성을 이해한 사육 특성의 이해가 반영된 사육환경은 실험의 신뢰성 있는 결과와 재현성에 영향을 줄 수 있는 요인으로 여겨지고 있다.

▲ 보금자리 재료와 둥지 형성

02 사육관리의 환경요인

실험동물의 사육관리는 매우 중요한 실험조건이다. 사육관리의 계획과 수행은 동물실험시설 내 담당 수의사의 감독과 책임 연구원의 지도하에서 실험동물의 일상 관리, 영양, 번식의 관리를 제공하는 일을 말한다. 동물실험은 과학적, 윤리적으로 이루어져야 하며, 이를 위해 사육관리는 과학적 필요성과 동물복지적인 면을 고려하여 이루어져야 한다. 동물의 생리, 생태, 습성과 함께 작업효율을 충분히 배려한 사육관리를 계획하고 실시해야 한다. 동물 복지적 사육방법의 제공은 신뢰성, 재현성이 높은 실험결과 도출과도 연결된다.

1. 영양요인

(1) 실험동물사료의 종류

실험동물의 사료는 실험동물의 기호에 맞고 알맞은 영양소를 함유한 깨끗한 사료의 공급이 매우 중요하다. 사료 선택 시 고려사항은 실험동물의 종, 계통, 성, 연령에 따라, 생애주기(포유기-이유기-성장기-성숙기-노령기-임신기-수유기 등)에 따라 영양요구량이 달라질 수 있다. 일반적으로 사용목적에 맞는 사료의 영양분량의 기초가 되는 수치는 미국의 NAS-NRC(National Academy of Science-National Research Council)의 사양표준을 참고하면 된다.

실험동물용 사료의 기준 조성표는 1970년대 미국영양학 연구소 위원회에서 실험용 마우스와 랫드를 위한 식단제형인 AIN-76A를 개발했다. 1990년대에 이르러 이를 보완한 AIN-93G를 개발하여 사용하고 있다.

① AIN-76A: 1977년, 미국영양학회(American Institute of Nutrition; AIN)에서 개발
② AIN-93M: 1982년 개발
③ AIN-93G: 1993년, 실험동물의 성장, 임신, 수유 등을 고려하여 개발

⚛ AIN-76A와 AIN-93G 사료 조성 비교

조성물	AIN-76A(g/kg)	AIN-93G(g/kg)
카제인(casein)	200	200
옥수수전분(corn starch)	150	397.49
덱스트로스(dextrose)		132

설탕(sucrose)	509	100
셀룰로스(cellulose)	50	50
옥수수기름(corn oil)	50	
콩기름(soybean oil)		70
t-부틸하이드로퀴논(t-butylhydroquinone)		0.014
무기질 혼합물(mineral mixture)*	17.5(S10001A)	35(S10022G)
비타민 혼합물(vitamin mixture)**	1(V10001C)	10(V10037)
DL-메티오닌(DL-methionine)	3	
L-시스틴(L-cystine)		3
타타르산수소콜린(choline bitartrate)	2	2.5
	1,000	1,000

2000년대 초에는 미국국립보건원(National Institute of Health; NIH) 가이드라인을 기준으로 콩 단백질과 동물성 단백질이 함유된 사료를 개발해 사용하였고, 2010년 전후로는 동물복지 및 성장주기를 고려하고, 실험에 영향을 미치는 발암물질, 호르몬 분비, 영상이미징 요소를 배제한 원료를 첨가한 사료의 중요성이 증가했다.

(2) 사료 멸균법

배리어시설에서 사육하는 SPF(특정병원균부재)동물과 무균동물 등은 반드시 멸균한 사료를 공급해야 한다. 멸균방법은 가열멸균법과 방사선멸균법 두 가지가 사용된다.

가열멸균법은 두 가지로 증기 사용 여부에 따라 1.2기압의 상태에서 건열(121℃, 30분)과 습열(121℃, 20분) 멸균법으로 나눌 수 있다. 고압증기멸균법은 오토클레이브(autoclave) 기기의 고압증기를 이용한 멸균법으로 표면의 미생물과 포자를 제거하는 가장 확실한 멸균방법에 속하고, 가장 보편적으로 행해진다. 그러나 고압증기멸균법은 최근 다양해진 실험동물 식이의 종류들과 영양소 정제사료, 분말이나 액체 식이 및 고지방 식이 등에는 사료가 가진 특성으로 인해 적용하기 어려운 단점이 있다. 고온고압 처리로 인해 사료의 성분이 변화할 수 있고, 첨가된 수용성 비타민 파괴, 단백질 변성의 우려가 있으며, 사료가 딱딱해지는 등의 부작용이 생길 수 있다. 이러한 멸균법에 의한 사료의 변화는 실험동물에게 기호성이 떨어지게 하여 사료 섭취량이 감소할 수 있다. 이로 인한 실험동물에 미치는 영향으로는 마우스, 랫드의 경우 성장과 초회 발정일령의 지연, 임신기간의 연장, 분만율의 저하 등이 나타났다. 반면 성 주기의 변동이나 이상태자의 증가는 보이지 않은 것으로 보고되었다.

방사선 멸균법은 ^{60}CO(코발트동위원소-60) 감마선을 조사하는 방법이다. 감마선은 투과력이 매우 높은 방사성 원소로 금속, 종이, 플라스틱 등의 포장을 투과하여 멸균이 되기 때문에 사료 전체가 균일하고 신속하게 멸균된다. 방사선 멸균법은 고압증기멸균법에 비해 사료 주요 영양소(아미노산과 비타민)의 안전성이 높아 손실이 적어 사료의 경화가 일어나지 않고, 정제사료, 액체사료, 분말사료 및 다양한 형태의 식이에 적용이 가능하다. 방사선 멸균 형태로 구입된 사료는 동물실험시설 내부에 반입 후 바로 사용할 수 있다는 장점이 있다. 조사선량은 SPF 동물용 사료는 2.5mrad(밀리라드), 무균동물용 사료에서는 3~4mrad가 사용된다. 방사선 멸균사료가 실험동물체에 미치는 영향으로는 분만율의 저하, 산자수의 감소가 보고되었으나 고압증기멸균법에 비해 훨씬 적은 빈도로 발생한다.

(3) 사료 관리

사료 관리는 구매, 수송, 보관 및 취급 과정을 잘 파악하고 있어야 한다. 구매 시에는 선입선출(先入先出, 먼저 반입한 물건을 먼저 반출함) 원칙을 지키고, 보관 및 취급과정에서는 청결을 유지해야 한다. 동물시설의 사료는 건조사료의 형태로 약 6개월까지 저장이 가능하나, 사료에 첨가된 비타민 C는 3개월이 지나면 파괴되므로 기한이 지나 사용할 경우 추가적인 보충이 필요하다.

사료를 고압멸균할 때에는 멸균한 날짜를 기록하고, 고압멸균된 사료는 가능한 한 빠르게 공급하여 소진하도록 한다.

사료 저장 공간은 온도(21℃ 이하)나 높은 상대습도(70% 이하), 위생상태 등이 중요하다. 빛, 산소, 곤충, 해충 등은 사료의 변성을 촉진하고, 미량의 오염물질은 실험동물에게 생화학적, 생리학적 영향을 줄 수 있어서 주의해야 한다.

(4) 사료의 공급

실험동물의 사료는 펠렛(pellet) 형태로 필요한 영양성분이 잘 섞여 있는 형태로, 주로 케이지 망에 공급하여 실험동물의 분변으로부터의 오염을 최소화한다.

집단사육되는 실험동물은 먹이경쟁을 최소화하기 위한 급이기 설치와 청결 상태가 중요하고 설치류의 특성상 사료의 양을 제한할 필요는 없어, 1주일 정도의 충분한 분량을 공급하는 편이다.

사료의 공급은 실험결과에 영향을 미치는 중요한 요인으로, 열량과 단백질 섭취를 낮춘 경우 비만이 감소하고 수명이 증가하며, 단백질 함량이 높은 사료를 급여한 랫드의 경우 LDH(lactate dehydrogenase, 탄산탈수화효소) 활성이 높게 나타났고, 마우스의 경우 감염병의 종류인 Tyzzer(마우스 티저병)는 사료의 단백질 함량에 감수성이 높은 것으로 보고되었다.

2. 기상 및 물리화학적 요인
동물시설의 기상 및 물리화학적 요인은 온도, 습도, 기압, 공기, 일조량 등의 상태로 이런 요인들은 실험동물의 사육, 번식 및 동물실험 결과에 현저한 영향을 미친다.

(1) 온도
설치류는 항온동물로, 체온의 조절이 중요하다. 수술 직후의 동물, 어미로부터 분리된 신생자, 털이 없는 무모마우스(hairless mouse) 등은 환경온도를 높여주어야 한다. 무모마우스는 10℃ 이하의 온도 환경에서 케이지당 3마리 이하로 사육할 경우 폐사할 수 있다.

사육 온도에 관한 연구에서는 마우스와 랫드는 각각 뇌하수체와 부신 적출 시 체온이 내려가고 추위와 더위에 대한 저항성이 약해지는 것으로 나타났다.

사육 온도는 발육(체중), 외모, 체형에 변화를 초래하는 것으로 알려졌는데, 다음의 표는 사육 온도에 따른 생식 및 생리학적 변화를 정리한 표이다.

⚛ 사육 온도가 마우스, 랫드의 생식 기능에 미치는 영향

고온 환경	저온 환경
• 사료 섭취량 감소, 음수량 증가 • 마우스, 랫드의 발육이 나빠짐 • 마우스의 꼬리와 몸길이 신장 • 마우스 피모의 발육이 가늘어지고 짧아짐 • 암컷: 성주기 발현 시기 지연, 산자수 감소, 사산율 증가, 비유량 감소 • 수컷: 고환, 부고환 위축, 정자 형성능력 저하	• 사료 섭취량 증가 • 마우스의 꼬리와 몸길이 축소 • 암컷 마우스의 질개구 연령, 성주기 발현 지연 • 21℃에서 3대 번식 • 18℃에서 2대 번식

⚛ 사육 온도가 마우스, 랫드의 생리 기능에 미치는 영향

	고온 환경	저온 환경
마우스	• 37℃ 이상 고온에서 체온이 40℃로 증가 시 호흡수 증가(다호흡 유발) • 혈압은 고온에서 초기 10~15분까지 감소 후 서서히 증가	• 25℃ 이상 저온에서 호흡수 증가 • 체온 30℃로 저하 시 호흡수 감소 • 혈압은 저온에서 초기 상승 후 서서히 감소
랫드	담즙 분비량 감소	담즙 분비량 증가

(2) 습도

동물실험시설의 최적 상대습도는 45~55%이며, 30% 이하, 70% 이상은 되지 않도록 관리되어야 한다. 습도가 설치류에 미치는 영향은 저습도 상태에서 마우스와 랫드의 꼬리 외관의 형태 이상으로 나타난다. 형태 이상은 링테일(ringtail) 현상으로 저습도 상태에서 설치류 꼬리의 수분 발산과 꼬리 혈관의 축소에 의한 혈액장애로 꼬리 조직이 윤 모양(ring)의 괴사로 심한 경우 꼬리가 떨어져 나갈 수 있다. 랫드는 습도 20% 이하, 온도 27℃ 이상의 환경에서 대부분 링테일(ringtail)이 발생하고, 특히 금속케이지 사육환경에서 상대적으로 더 발생한다고 보고되어 있다.

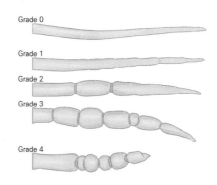

▲ 사육습도가 미치는 영향

(3) 기압

실험동물에 미치는 기압의 영향은 고산지대에서 랫드를 번식시키는 연구 결과를 통해 확인되었다. 랫드를 해발 3,810m 고산지대에서 2세대 이상 번식시킨 경우, 정상 기압 수준에서 번식한 랫드보다 성장 지연, 심장 비대, 내분비계 축소, 높은 활성의 탄산탈수소효소, 저단백의 시상하부 현상이 확인되었다. 정상 랫드가 저기압에 노출될 경우 고혈당과 간의 글리코겐(glycogen) 감소 현상이 현저히 나타났으나 근육과 뇌의 변화는 관찰되지 않았다.

(4) 환기

배리어 시설은 폐쇄된 시설로 환기를 통한 공기의 질을 관리하는 것이 매우 중요하다. 환기는 적절한 양의 산소 공급과 수분 조절, 동물실험시설 내부에서 동물의 호흡, 조명, 장비로 인해 상승한 온도 하강, 동물, 깔짚 및 사료에서 발생하는 기체성 또는 입자성의 오염물을 희석, 제거하고 인접한 공간 사이에 압력차를 만들어주는 데에 목적이 있다.

동물실험시설의 환기 조건은 시간당 10~15회로 동물종, 동물크기, 동물수, 깔짚의 형태, 공간의 크기 등이 영향을 미칠 수 있다. 환기조건은 동물실험시설의 공기의 확산 유형, 배기구의 수, 위치, 형태 등을 고려하여 조절할 수 있다.

(5) 조명

동물실험시설의 조명은 전체에 고르게 비추고, 암주기/명주기가 규칙적으로 조절되어야 한다. 일반적으로 12시간 주기(또는 14시간 명, 10시간 암)가 자동시간 조절장치로 조절된다.

(6) 소음

사육실 내 소음 기준은 60dB 이하로 연구원 간의 대화는 작은 소리로 하고, 작업 시 큰 소음이 발생하지 않도록 주의한다. 동물의 청각 범위는 사람(~20kHz)보다 넓고, 설치류(~70kHz)는 청각 영역이 넓어 소리에 예민하여 강한 소음은 스트레스를 유발할 수 있다. 청각성발작(audiogenic seizurre)은 마우스가 강한 소음의 발생 시 케이지 내를 뛰어다니거나 점프 혹은 경직을 일으키는 현상이다. 심한 경우 경련을 일으키고 폐사될 수 있다.

(7) 냄새

동물실험시설의 냄새 발생 요인은 케이지 내 분변과 분뇨로 인한 암모니아 가스이다. 암모니아 가스는 요 속의 요소 성분이 미생물의 효소(urease)에 의해 분해되면서 발생하는 물질(탄산암모늄의 가수 분해)로 인해 발생한다. 암모니아 가스는 깔짚의 질이 양보다 중요하고, 케이지 내에 분뇨가 쌓인 곳에서는 농도가 높고, 사육 밀도와 관계가 깊다. 철망케이지의 암모니아 농도는 낮고, 금속이나 합성케이지에서는 높게 나타난다.

시설 내 암모니아 농도는 케이지 교환을 통해 크게 개선되어 1주일에 1~2회로 실시되는 것이 바람직하나, 케이지 내 동물의 사육 숫자가 중요한 요인으로 작용하기 때문에 이에 따라 조절한다.

(8) 먼지(분진)

동물실험시설의 먼지 요인은 동물의 피모나 비듬, 깔짚의 재료가 되는 대패밥, 나뭇조각 등에 의해서 유발된다. 이러한 물질들은 연구원에게 알러젠(allergen)으로 작용할 수 있고, 동물의 주거요인인 깔짚의 먼지는 마우스와 랫드의 각막을 손상시켜 각막염이 유발될 수 있다. 동물의 눈이 이유 없이 혼탁해지는 경우, 사용하는 깔짚에서 발생하는 먼지가 요인일 수 있어 연구원의 일상 관리는 중요하다.

3. 주거적 요인: 사육기자재

사육기자재는 주거요인의 하나로 사육케이지, 급이기, 급수기, 깔짚 등과 같이 동물에 직접 접촉되는 자재와 케이지를 거치하는 랙(rack), 운반차 등 동물에 직접 접촉되지 않는 기자재까지 포함한다. 과학적, 동물복지적인 사육환경인자는 신뢰할 수 있고 재현성이 높은 실험결과를 도출하는 데 필수적이다. 사육기자재는 다양한 형식과 재질로 시판되고 있으므로 용도에 따라 알맞게 선택해서 사용해야 하며, 부적절한 사육기자재 등의 사용을 통해 동물실험에 사용되는 동물의 품질이 저하되는 경우가 발생하지 않도록 해야 한다.

(1) 케이지(cage)

케이지는 동물의 거주공간으로 자유롭게 돌아다닐 수 있어야 하고, 정상적인 자세를 유지할 수 있어야 한다. 케이지는 주거성이 좋고, 동물의 탈출과 침입을 방지하는 것이어야 하고, 세척이 용이하고, 멸균 과정에서 노출되는 고열과 소독약에 내구성이 있어야 한다. 재질은 경질의 합성수지(폴리카보네이트, 폴리설폰)가 가볍고 세척, 소독이 쉬워 관리자가 취급하기에 용이하고, 내부를 잘 들여다 볼 수 있어 동물을 잘 관찰할 수 있어 가장 많이 쓰이고 있다.

▲ 케이지 종류

실험동물의 사육공간은 미국실험동물연구협회(Institute for Laboratory Animal Research; ILAR)의 '실험동물의 관리와 사용에 관한 지침(Guide for the Care and Use of Laboratory Animals)'에 따라 적정한 사육 공간 크기를 권고하고 있어 국제적으로 이용되고 있다(표 1-4). 실험 목적에 따라 다른 케이지 크기가 필요한 경우, 그 근거를 각 기관의 동물실험윤리위원회에서 심의하여 타당하다고 인정하면 이용이 가능하다.

연구의 목적과 방법에 따라 케이지의 크기는 다양하게 선택이 가능하며, 필요한 경우 제작하여 사용하는 동물실험시설도 있다. 사육관리에 있어 케이지의 크기는 랫드의 경우 독성시험결과에서 다른 결과를 나타내는 경우도 있어, 그 적용과 선택에 있어 책임연구자가 결정할 수 있으나, 사육관리를 하는 연구원의 일상 관리와 기록이 중요한 의사 결정의 단서를 제공할 수 있어 중요하다. 마우스와 랫드의 사육밀도에 따른 연구결과에 따르면 사육밀도는 실험동물의 생리학적 변화를 초래하는 것으로 나타났다. 사육밀도가 증가한 경우 부신 무게 증가, 체중 및 고환의 무게 감소, 체중 감소, 스트레스 호르몬 증가 등이 확인되었다(Yidiz A. et al., 2007).

실험동물의 사용공간(표 1-4)

동물종	체중	바닥면적/마리	높이
마우스	< 10g	38.70cm^2	12.7
	~15g	51.60cm^2	
	~25g	77.40cm^2	
	25g <	96.75cm^2 ≤	
랫드	< 100g	109.65cm^2	17.8
	~ 200g	148.35cm^2	
	~ 300g	187.05cm^2	
	~ 400g	258.00cm^2	
	~ 500g	387.00cm^2	
	500g <	415.50cm^2 ≤	

마우스와 랫드의 적정 케이지 크기는 실험에 가장 많이 이용되는 마우스의 체중 25g 내외를 기준으로 마리당 77.4cm^{2}가 필요하고, 랫드는 300g 내외를 기준으로 187.0cm^{2}가 필요하

다. 국내에서 사용되는 마우스 케이지의 면적은 $432cm^2$로, 마우스 1마리당 제공되는 면적은 $77.4cm^2/432cm^2$로 5.6마리를 수용할 수 있다. 랫드 역시 케이지의 면적이 $912cm^2$로 권고되는 면적을 제공하면 $187cm^2/912cm^2$로 4.9마리를 수용할 수 있다. 이를 근거로 일반적으로 실험에 사용되는 마우스와 랫드를 사육 케이지에 분배할 때 5마리씩 나누어 사육하고 실험 시 그룹으로 나누어 실험동물 개체마다 적정한 공간을 제공하면서 사육하고 연구를 진행한다.

마우스 관리 시 새로운 케이지로 교체하는 경우 케이지 교체 작업대(cage changing station)에서 작업하는 것이 가장 이상적이다. 케이지 작업대는 작업대 내부의 공기가 외부로 나오지 않도록 고안되어 있어 교체 시 발생할 수 있는 분진 등의 확산을 최소화하여 실험동물과 연구원 모두에게 안전하다.

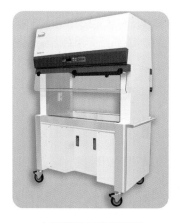

▲ 케이지 교체 작업대

▲ 케이지 교체 작업대의 공기 흐름도

케이지 세척 시 배설한 분뇨와 뒤섞여 단단하게 달라붙은 깔짚을 제거하고 세척하는 것이 중요하며 분뇨가 묻은 깔짚은 의료폐기물로 처리해야 한다. 케이지 내부와 벽면에 이물질이 없도록 세척하고, 소독제 혹은 고압증기멸균기를 이용하여 멸균한다. 최근 보급되는 최신식 자동설비 시설에서는 케이지 자동세척기가 설치되어 있어, 다량의 케이지를 세척용 랙에 넣어 고온, 고압으로 살균, 건조하여 이용할 수 있다.

(2) 환경풍부화(enrichment)

환경풍부화는 실험동물이 부자연스러운 행동을 반복하는 이상행동을 줄이고 사육 환경에 주기적으로 신선한 변화를 주어 행동적 신체적 욕구를 만족시켜 스트레스를 완화시키는 장치들을 말한다.

1) 구조적 환경(튜브, 둥지 형성 재료, 은신처)

작은 설치류는 먹이를 찾는 본능적인 행동 욕구를 충족할 수 있도록 운동 기회를 제공하는 튜브, 올라갈 수 있는 터널 기둥을 제공할 수 있다. 둥지 형성은 마우스가 스스로 온도 (26~34℃)와 빛의 양을 조절하고, 다른 개체들로부터 몸을 숨길 수 있게 해 주는 공간을 만드는 행동으로 마우스의 건강 상태를 확인할 수 있는 지표로도 사용할 수 있다. 둥지 형성의 재료는 압축면, 지푸라기, 종잇조각 등이 있으며, 최근에는 동물복지적인 사육환경이 보편화되면서 환경풍부화로 제공하고 있으며, 이를 고려한 케이지의 면적 및 높이 등이 상향된 케이지가 보급되고 있다.

2) 사회적 환경

동물에게 사회적 환경은 동종 동물 간의 신체적 접촉을 통한 커뮤니케이션을 의미한다. 대부분의 동물에서 동종 간의 적절한 접촉은 유익하나, 실험 계획의 이유나 건강상의 이유, 혹은 동종 간에 세력권 분쟁에서 일어나는 투쟁 등의 이유로 개별 사육을 해야 하는 경우도 있는데, 이 경우 환경풍부화가 도움이 될 수 있다.

사회적 환경을 배려한 행동풍부화 환경은 케이지 내에 터널이나 나뭇조각 등의 완구를 제공하는 것인데, 이는 동종 동물 간의 공존도를 높일 수 있다.

▲ 은신처 둥지

▲ 터널

▲ 둥지 형성 재료: 압축솜

▲ 다양한 환경풍부화 도구들

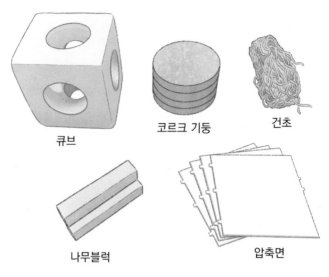

큐브

코르크 기둥

건초

나무블럭

압축면

▲ 다양한 환경풍부화 재료

3) 급이기(feeder)

실험쥐의 급이기는 동물종과 실험 목적에 적합한 급이기를 선택하는 것이 중요하며, 급이기의 형태는 케이지의 종류별로 다양하다. 급이기가 갖추어야 할 기본 요건은 동물이 사료를 섭취하기 쉬워야 하고, 사료가 배설물 등의 오염으로부터 분리되는 구조를 가져야 한다. 급이기의 형태는 크게 세 가지로 케이지 망 위에 급여하는 방식, 케이지 벽 아래 방향으로 거치하는 형태, 급이기 뚜껑을 갖춘 형태가 있다. 급이기 뚜껑이 있는 급이기는 분말 및 액체 사료를 사용하는 실험의 경우 케이지 내에 놓아두는 경우 이용한다.

▲ 케이지망 급이 방식   ▲ 걸이 형태 급이기   ▲ 분말형, 액체형 급이기

급이기의 관리적 측면에서 세척하기 용이한 소재이면서 멸균을 위한 고압 증기나 소독약에 견딜 수 있어야 하고, 동물이 깨물어도 부서지지 않는 견고한 요건 등을 감안하여 제작된 급이기를 사용해야 한다. 급이기의 용량은 고형사료를 기준으로 7~10일 분량이 들어가는 것이 바람직하다. 고지방함량 사료는 비만을 유도하는 실험에서 자주 사용되는데, 사료 내 첨가

된 고함량의 지방이 산패될 수 있고, 사료의 특성상 급이기 철망에 눌러붙거나 딱딱해져 사료 기호성이 떨어질 수 있으므로 매일 교체하면서 급여량을 확인하는 것이 좋다.

식이 급여는 마우스, 랫드의 하루 섭취량을 고려하여 1주일 이상 급여가 가능한 넉넉한 양을 급여한다. 급이기 교체 시 남은 식이는 폐기하고, 케이지를 교환할 때 함께 새 것으로 교체한다.

4) 급수기(water)

급수에 사용하는 음수는 상수도를 반드시 멸균 처리하여 사용해야 한다. 멸균이 되지 않은 물, 오염이 된 물의 공급은 실험동물의 건강 상태에 영향을 미칠 수 있으며 감염병의 원인이 되기도 하므로 반드시 멸균과 청결도가 확인된 음수를 공급하는 것은 실험동물 사육관리에 중요한 부분이다.

급수 방법에는 물병을 사용하는 방법과 자동급수 장치를 이용하는 방법이 있다. 물병은 투명한 경질합성수지제로 제작된 제품으로 남은 음수량을 확인하는 데 용이하고, 재질이 견고하여 깨질 위험이 없다. 동물이 입을 대고 물을 마시는 노즐 부분은 고무제 뚜껑에 연결된 형태가 일반적으로 사용되고 있으며, 고무로 된 부분이 물병 내부의 적절한 압력을 유지하여 물이 잘 나오며 누수가 되지 않는 역할을 한다. 급수기를 세척할 때는 용기 내부의 세균 증식을 예방하기 위해 노즐관 내부와 노즐 내로 들어온 사료 찌꺼기, 동물의 타액을 제거하며 꼼꼼하게 세척한다. 급수기 교환 시에는 멸균한 용기에 멸균 처리가 된 음수를 넣어 누수가 있는지 확인하고, 케이지 교환 시에 교체한다. 최근에 보급되고 있는 최신식 자동설비 시스템에서는 자동급수세척기를 이용해 고온, 고압으로 세척하여 멸균과 건조를 마친 후, 자동으로 물을 채우고 급수병의 뚜껑을 조립하여 이용되고 있다.

▲ 급수기

▲ 자동급수장치

규모가 큰 실험동물센터의 경우 자동급수장치를 이용하기도 한다. 자동급수장치는 항상 신선한 물이 공급되도록 배관 내에 남아 있는 물을 정기적으로 배출하여야 한다. 급수 노즐의 점검도 정기적으로 실시하여 누수 여부를 확인하고, 감압장치, 필터, 자외선살균장치 등을 정기적으로 점검한다.

⚛ 마우스와 랫드의 사료 및 음수 섭취량(100g 체중 기준)

실험동물	사료섭취량(g)	음수섭취량(ml)	마리당 사료섭취량(g)	마리당 음수섭취량(ml)
마우스	15~20	20~27	4~5	5~8
랫드	5	8~11	10~15	16~20

5) 깔짚(bedding)

깔짚은 동물과 직접 접촉하는 환경인자로, 멸균 후 케이지 바닥에 깔아주어 동물의 주거에 편안함을 주고 보온성을 좋게 하여 건강에 도움을 준다. 깔짚은 분뇨 등의 배설물을 흡착하여 케이지의 청결 유지를 위해 사용하기 때문에 흡습성, 흡수성이 좋아야 한다. 깔짚은 나무칩, 대팻밥, 종잇조각, 나뭇조각 등이 사용되는데, 깔짚에서 나오는 나무가루나 분진이 적어야 한다. 깔짚은 번식 및 포유기에 둥지를 만드는 데 이용되기도 하고, 식분을 하는 실험동물의 특성상 동물이 먹어도 무해한 재료여야 한다.

깔짚은 만드는 나무의 종류에 따라 실험결과에 영향을 미치는 요인이 되기도 한다. 연구결과에 따르면 침엽수로 만들어진 깔짚이 가장 보편적으로 사용되지만, 이를 멸균하지 않고 사용하는 경우 동물의 대사에 영향을 미칠 수 있어 반드시 멸균 후 사용해야 한다. 버드나무과로 만들어진 깔짚은 마우스의 수면 시간이 두 배 정도 더 긴 것으로 관찰되었고, 삼나무로 만든 깔짚은 방향성 탄화수소를 방출하여 마우스 간의 마이크로솜 효소를 유도하는 간 독성 효과를 보여 사용하지 않고 있다.

깔짚의 오염은 수송, 운반 시 많이 발생하기 때문에 깔짚을 위생적으로 관리하고 밀봉하여 생산, 공급하는 업체를 잘 선별하여 정한다. 동물에게 제공할 때에는 고압멸균 후 완전 건조하여야 미생물의 오염을 억제할 수 있다.

깔짚의 교체는 케이지 교환 시에 멸균한 새 깔짚을 준비하여 함께 교체하는데, 교체 빈도는 주당 1~2회가 기준이다. 실험동물이 임신하여 출산 직전에 있는 경우나 출산 후 1주일 정도는 케이지 교환을 피하여 어미와 신생자에게 자극을 주지 않도록 한다. 케이지 교환 후 실험 동물의 분변 등으로 오염된 깔짚은 세정실에서 의료폐기물로 처리한다.

▲ 천연 옥수수대 깔짚

▲ 혼합 깔짚

▲ 활엽수 유래 깔짚

▲ 아스펜나무 깔짚

6) 사료(사료 멸균법)

실험동물용 사료는 일반사육용, 번식용, 장기사육용 등의 사료가 시판되어 판매되고 있다. 사료의 첨가된 성분에 따라 고압증기 멸균이 가능한 사료와 방사선조사로 멸균된 사료를 사용한다.

일반 사육 시 성숙한 실험생쥐 1마리의 1일당 섭이량은 약 4~5g이므로 수용 마릿수와 급여 간격 일수를 감안하여 넉넉하게 사료의 양을 제공하고, 남은 사료는 케이지 교환 시에 폐기 한다.

식이량은 연구 목적에 따라 실험 결과의 일부가 될 수 있는데, 이 경우 매일 같은 시간에 사 료 양을 일정하게 공급하고 다음 날 같은 시간에 남은 사료량을 측정하여 밤새 먹은 섭취량 을 기록한다. 이때 실험동물의 체중을 측정하여 기록한 결과가 유의한 경우 실험 결과로 사용할 수 있다. 마우스의 경우 체중의 일내 변동이 있어 오전 중에는 무겁고 오후에는 가벼워지는 경향이 있고, 그 편차가 0.5~1.0g으로 큰 편이다. 체중은 건강 상태나 실험에서 처치한 방법의 영향을 알기 위해 중요한 지표이다. 실험계획에서 체중의 증가나 감소가 중요한 지표가 되는 경우도 있으므로 체중 측정은 일정한 시간에 측정하는 것이 중요하다.

사료의 종류는 연구의 목적에 따라 저단백사료(low-protein diet), 특정 영양소(비타민, 미네랄 등)의 결핍 증상 및 관련 질병 연구를 위한 특정 영양소 결핍 사료(nutrient-deficient diet), 특수 화합물의 생리적 및 대사적 기능에 미치는 영향을 연구하기 위한 특수사료(custom compound diet), 특정 질병 모델을 위한 질병 유발 생리적 질환 모델링 사료(disease model diet) 등이 주문 제작 방식으로 생산되고 있다.

사료의 보관은 전용 저온사료창고에 보관하고, 케이지 교환 시에 필요한 만큼을 배분하여 준비하여 사용한다. 연구의 계획에 따라 영양성분을 조정하거나 특정 약물 등을 혼합하는 특수사료의 경우 주문 제작하여 사용한다. 이 경우, 연구원은 사료의 취급과 보관 방법에 대해 정확히 알고 사용하는 것이 신뢰성과 재현성 있는 연구 결과에 매우 중요한 사항이 된다.

4. 동종동물 간의 요인
(1) 사회적 순위
마우스는 집단생활을 하는 동물로 사회적 서열이 존재하는데 수컷의 경우 케이지 내에서 투쟁을 통해 결정한다. 마우스는 순위가 높은 개체가 다른 모든 개체를 지배하는 데스퍼트형(despotic type)의 사회적 순위 형식을 가져 우두머리를 제외한 그 밖의 개체들은 투쟁이 없다. 순위가 낮은 개체라도 자신이 생활하던 케이지에 새로운 개체가 들어오면 싸워서 우위에 서는 텃세를 보이기도 한다. 이러한 사회적 순위는 동물의 체중 외에 장기중량 및 동물의 내분비 기능에도 영향을 미칠 수 있다.

(2) 세력권
세력권은 샘분비물의 냄새로 동물의 행동에 영향을 미치는 것을 말한다. 한 케이지 내에 다른 케이지에 있던 개체가 들어올 경우 다른 냄새로 인해 경계하거나 공격하는 경우가 있다. 이것과 관련하여 거세를 한 수컷 마우스에 증류수 도포를 통해 냄새를 희석하여 다른 케이지에 넣을 경우 거세한 수컷에 대한 다른 개체의 공격성은 현저히 줄어든다. 그러나 다른 개체의 뇨를 도포하여 케이지에 넣을 경우 공격률이 87~100%로 높아진다. 이때 다른 종의 뇨(랫드, 고양이)를 도포한 경우 공격률은 33.5~50%로 낮아진다. 연구원은 수컷 마우스 관리

시, 케이지가 다른 마우스를 섞을 경우 공격성이 높아질 수 있기 때문에 주의해야 한다.

(3) 이성 투쟁

마우스는 취각이 잘 발달되어 있어 같은 케이지 내에 암컷과 수컷을 함께 사육할 경우 암컷의 질개구, 질 개구후 발정시기 및 성숙기를 빠르게 한다. 암컷의 성주기는 동일 케이지 내 수컷의 영향을 받아 성주기가 단축되거나 규칙적으로 바뀌게 된다.

브루스효과(Bruce effect)는 마우스의 취각과 이성에 관련한 현상으로 교배 후의 암컷 마우스를 다른 수컷과 동거시키면 임신 저지가 일어나는 현상으로, 암컷의 후각망울(olfactory bulb)을 제거한 경우에는 암컷의 임신 저지가 일어나지 않는다. 암컷이 수컷의 냄새를 인지하여 일어나는 것으로 알려져 있다.

휘텐효과(Whitten effect)는 성주기가 동기화되는 현상으로 성성숙이 일어난 마우스의 생식샘자극호르몬 분비의 영향으로 유발된다. 암컷은 집단 사육 시 발정주기가 불규칙하고 발정휴지기가 장기간 지속되는데, 이때 수컷을 넣으면 발정주기가 급속히 회복되고 발정주기가 동기화된다. 이 경우 수컷과 암컷이 짝을 이루면 합사 약 3일 후에 발정이 시작되고, 임신이 되지 않은 경우 다음 발정은 약 11일 후에 나타난다.

마우스 계통 가운데 성주기가 4일로 일정한 IVCS(Individually Ventilated Cage Strain) 계통의 경우, 암컷과 수컷을 철망 케이지를 사이에 두고 접근시키면 암컷 마우스의 성주기가 단축된다. 이러한 성주기 단축현상을 지표로 암컷이 수컷의 자극을 받을 때 확인한 결과, 암컷마우스가 수컷의 존재를 청각, 시각, 취각 등으로부터 받아들이는 것으로 알려졌다.

이성 투쟁은 수컷 케이지 내에서 관찰한 결과, 개체 간의 공격성은 발정기와 발정간기의 암컷 마우스 뇨를 수컷 케이지에 노출시킬 경우 공격성이 어느 정도 감소하며, 이런 현상은 암컷의 뇨 속에 수컷의 공격성을 떨어뜨리는 항공격성 물질이 포함되어 일어나는 것으로 알려졌다.

5. 이종생물 간의 요인
(1) 감염원(바이러스, 세균, 기생충 등)

질병을 유발할 수 있는 병원체에 의해 감염된 상태는 동물실험 결과에 지대한 영향을 미칠 수 있고, 같은 사육공간의 다른 개체 및 동물을 취급하는 연구원의 안전과 건강에도 영향을 끼칠 수 있다.

(2) 사람 및 기타동물

실험동물을 취급하는 사람에 의한 영향을 받는 경우와 이종동물과의 혼합사육인 경우 발생할 수 있다.

03 일상 및 위생 관리

일상관리는 실험동물에게 제공되는 환경을 일정하고 안정적으로 유지해주는 반복적인 작업들로, 동물실험센터의 출입 시 지켜야 하는 사항과 기자재의 반입과 보관, 환경 소독 등이 속한다. 일상관리의 일련한 관리는 실험동물의 건강과 복지뿐 아니라, 동물실험의 신뢰성과 재현성을 가진 연구결과를 도출하는 데 있어 가장 중요한 업무라고 볼 수 있다. 동물 일상 관찰은 생산 분야, 실험 분야에 상관없이 동물을 접할 기회가 가장 많은 연구원과 실험동물 전임수의사가 해야 할 기본적인 업무이다.

(1) 동물시설의 입퇴실

동물시설 내의 동선은 정해진 규칙에 정확히 지켜져야 오염과 질병 발생을 예방할 수 있다. 올바른 동선관리는 청정복도 → SPF 동물사육실 → 오염복도 순으로 반드시 지켜져야 한다. 이 동선에 따라 사람, 동물, 물품, 사체, 오염원 등이 일괄적으로 움직여야 하며, 연구원과 시설 출입자들에게 동선의 의미와 순서를 정확히 이해시키고 숙달시키는 것이 중요하다. 최근에는 각 실험동물센터의 시설교육을 이수하는 것이 센터 이용에 필수사항이 되었고, 교차오염을 예방하는 장비와 시스템을 구축하여 잘못된 동선으로 통행할 수 없도록 만들고 있다.

(2) 기자재의 반입과 보관

배리어 시설을 갖춘 실험동물센터 내부로의 물품반입은 모두 소독 또는 멸균 작업을 거치며, 사육장치 및 실험 장비를 반입하는 경우에도 적용되어야 하며, 이는 동물시설을 효율적이고 안전하게 유지하는 일상관리에 해당한다. 가장 효과적이며 많이 이용되는 멸균방법은 고압증기 멸균법이지만, 적용할 수 있는 물품에 한계가 있다. 고압증기 멸균의 고열에 견딜 수 없는 기자재류를 멸균하는 방법으로는 에틸렌옥사이드(EO 가스, ethylene oxide) 가스가 많이 이용되는데, EO 가스는 발암성을 가진 유해한 화학물질이기 때문에 사용 후 가스 배기 및 환기를 위한 별도의 설비가 필요해 사용하지 않는 추세이다. 전자기기, 실험 장비 등의 소독은 외부 표면을 알코올 등의 소독과 자외선조사 소독을 통해 반입하는 경우가 일반적이다.

노트, 복사용지, 비닐 등의 규격품은 pass box를 이용하여 장시간 자외선조사멸균을 실시하여 반입하는 것이 일반적이다. 그러나 종이류에는 다듬이벌레 등의 해충이 살 수 있고, 실험동물센터 내부에 다량의 기자재가 보관되는 경우 환기 및 반입되는 공기의 기류가 저해되어 구석진 곳에 곰팡이 등이 발생할 수 있어 가급적 지양하는 것이 좋다. 멸균하여 반입한 기자재는 멸균한 날짜를 기입하고 보관기간을 정해두며, 선입선출의 규칙을 적용하는 것이 좋다.

(3) 해충방제

동물시설 주변에 서식하는 해충들이 시설에 침입할 우려가 있다. 들쥐의 경우 작은 틈을 통해 사료 등이 구비된 창고에 서식할 수 있어, 침입을 방지할 수 있도록 습성을 파악하여 위생관리에 신경을 써야 한다. 특히 마우스, 랫드는 들쥐 등과 같은 병원체에 감수성이 있으므로 동물실험센터 내부의 실험동물의 질병 예방을 위해서는 주변의 구서 및 구충 작업이 필수적이다.

동물실험센터 내에서 가장 주의해야 할 해충은 바퀴벌레이다. 바퀴벌레는 종이박스, 봉지류, 케이지 등의 틈이나 선반, 서랍 등에 숨어서 서식하며 2개월에서 반년 정도는 집락을 이룰 수 있다. 바퀴벌레의 유입 경로는 대개 가열 멸균할 수 없는 기자재에 부착되어 들어오는 경우가 많다. 살충제의 사용은 실험동물에게도 영향을 미치기 때문에 사용할 수 없기 때문에, 바퀴벌레의 구제에는 청결한 환경 유지와 정기적인 정리정돈이 가장 효과적이다.

외부에서 유입되는 해충 구제에 가장 효과적인 방법은 배수구의 청결을 유지하는 것과 오염물이 배수구에 쌓여있지 않도록 유지하는 것이다.

(4) 동물시설 소독과 훈증

동물시설 사육실, 전실, 청정복도의 청소와 소독은 위생적인 환경 유지에 매우 중요하다. 월 1회 동물실 내 벽면, 천장, 환기가 이루어지는 급배기구를 소독약으로 표면을 닦아내어 소독해야 한다. 소독약은 분무식은 사육실 내 동물과 연구원에게 영향을 미칠 수 있으므로 사용해서는 안 된다.

소독은 그 효력의 수준에 따라 미국질병통제예방센터(Centers for Disease Control and prevention; CDC)의 가이드라인에서 정리하여 분류되고 있다(표 1-5). 소독약에는 각각 고유한 항미생물 스펙트럼(소독약의 효과가 유효한 범위)을 가지고 있고, 다양한 종류와 특징이 있으므로 사용 목적에 따라 유의하여 선택해야 한다. 미생물이 가지는 소독약에 대한 저항성은 세균아포, 결핵균, 바이러스 순으로 강하다. 가장 높은 소독력을 기대할 수 있는 약제는 아포를 제거할 수 있는 소독제들이고 아포의 살균에는 장시간 처리가 필요하다. 중간 수준의 소독력은 결핵균 등을 제거할 수 있는 소독제들이 있고, 낮은 수준의 소독력을 가지는 약제는 일반 세균을 제거한다.

소독약의 작용기전은 미생물의 세포벽, 세포질막, 세균의 유전물질을 화학적인 반응으로 기능을 제어하여 세균을 제거한다. 소독약의 사용농도, 작용온도, 작용시간, 교차사용하는 소독제 등에 따라 효력이 다르게 나타난다. 소독약의 사용은 효력을 이해하고 적절한 소독법을 선택하여 올바르게 제조하고, 소독하고자 하는 부위를 청결히 한 상태에서 이루어져야 한다. 소독약은 독성과 그에 따른 부작용이 유발될 수 있으므로 사용 시 마스크, 모자, 장갑, 장화 등의 보호장비 착용으로 소독약을 흡입하거나 피부에 묻지 않도록 예방하고, 사용 후에는 물 샤워로 잔여물을 제거한다. 남은 소독약의 보관은 열과 직사광선을 피해 실온에서 보관하고, 희석 후 남은 소독약은 폐기물로 안전하게 처리해야 한다.

훈증은 넓은 공간에 살균가스를 발생시켜 미생물을 살균하는 방법으로, 과산화수소훈증 (Vaporized Hydrogen Peroxide; VHP) 소독 방식은 저온의 과산화수소 증기를 이용한다.

소독작업 후 소독효과를 확인하는 방법은 낙하 세균 수를 측정하는 방법이다. 작업 전 세균 수를 측정해두면 소독 후 효과를 확실히 비교할 수 있어 유용하다.

주요 소독약의 항미생물 스펙트럼(표 1-5)

소독제	소독 대상물				대상 미생물								
	환경	기구	손/피부	점막	일반 세균	MRSA	감수 성균	내성균	결핵균	진균	아포	HIV	HBV
글루타르알데히드	O	O	x	x	O	O	O	O	O	O	O	O	O
엑스포아*	O	O	△	△	O	O	O	O	O	O	O	O	O
차아염소산나트륨	△	O	△	△	O	O	O	O	△	O	△	O	O
소독용 에탄올	△	O	O	x	O	O	O	O	O	O	x	O	x
우에르파스**	x	O	O	x	O	O	O	O	O	O	x	O	x
이소프로판올	x	O	O	x	O	O	O	O	O	O	x	O	x
포비돈요오드	x	x	O	O	O	O	O	O	O	O	△	O	x
묽은 요오드팅크	x	x	O	O	O	O	O	O	O	O	△	O	x
크레놀비누액	△	△	△	△	O	O	O	O	O	△	x	x	x
염화벤잘코늄	O	O	O	O	△	O	x	x	△	x	x	x	x

염화벤제토늄	○	○	○	○	○	△	○	x	x	△	x	x	x
클로로헥시딘	○	○	○	x	○	△	○	x	x	△	x	x	x
양성계면활성제	○	○	○	○	○	△	○	x	x	△	x	x	x

* 이산화염소

** 염화벤잘코늄, 에탄올 등의 복합소독약

(5) 동물실 연구원의 건강

동물실험시설은 폐쇄 환경으로 장시간의 작업 등은 개방 시설과는 다른 건강상의 문제가 발생할 수 있다. 동물시설 내의 고압증기멸균기, 각종 소독약의 사용 등에 대한 충분한 사용 교육과 숙지를 통해 상해 등의 문제가 발생하지 않도록 유의해야 한다. 배리어 시설이 확충된 SPF 동물시설은 인수공통감염병 발생의 위험성이 낮지만, 기타 동물시설과의 교차 출입 등을 통해 발생할 수 있는 다양한 문제에 대해 연구원 자신이 주의를 기울여야 한다. 문제가 생겼을 경우 시설관리 책임자에게 보고한 후, 협의하여 해결한다.

CHAPTER
05
직업보건안전(Occupational Health & Safety; OHS)과 관련법

학습 목표

🧪 국내외 직업보건안전과 관련법에 대해 학습하고 동물실험현장에서 어떻게 적용되고 있는지 확인한다.

🧪 동물실험 시 개인보호장비(PPE)와 안전시설의 올바른 사용법을 학습하고 위험에 대비한다.

실험동물 시설에서 연구자 및 근로자들은 아래와 같은 다양한 위험에 직면할 수 있다.

• 생물학적 위험: 인수공통전염병, 알레르기 반응 등(세부내용 하단 실험동물에 관한 법률 제19조 참고)

• 동물에 의한 부상: 물림, 긁힘 등

• 날카로운 물체에 의한 부상: 주사기, 메스 등

• 알레르기 반응: 동물의 털, 비듬, 배설물 등에 의한 알레르기

• 화학적 위험: 실험에 사용되는 소독제, 마취제 등의 화학물질에의 노출

• 물리적 위험: 무거운 물체 들기, 반복적인 동작 등으로 인한 근골격계 질환

• 광선에 의한 위험: 방사선, 자외선 등에 장기 반복 노출로 인한 위험

• 소음에 의한 위험: 동물과 각종 기기에서 발생하는 소음으로 인한 청각장애 위험

• 심리적 위험: 동물실험으로 인한 스트레스, 안락사로 인한 윤리적 갈등

화학적 위험	생물학적 위험
물리적 위험	작업적 요인 위험

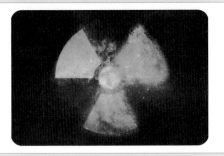

▲ 연구실 위험요소

이러한 위험을 제거하고 예방하기 위해 동물실험과 관련된 직업보건안전(Occupational Health & Safety; OHS)은 실험실에서 동물과 함께 일하는 연구자 및 직원들의 건강과 안전을 보호하기 위한 일련의 과학적 접근법, 윤리적 가치, 신뢰할 수 있는 방법, 그리고 위험에 대한 예방조치를 제공한다. 이는 연구자뿐만 아니라 실험에 사용되는 동물과 실험실 외부의 생명체까지 보호하는 것을 목표로 한다. 우리나라 및 국외에서는 동물실험과 관련된 직업보건안전을 규제하는 다양한 법률과 지침이 존재한다. 이와 관련된 국내외 주요 법률 및 지침은 다음과 같다.

01 국외 법률 및 지침

국제적으로도 동물실험과 관련된 직업보건안전에 대한 다양한 법률과 지침이 존재한다.

• 미국의 OSHA(Occupational Safety and Health Administration): 실험실 안전을 포함한 다양한 작업장의 안전과 보건을 규제한다.

- 유럽의 REACH(Registration, Evaluation, Authorisation and Restriction of Chemicals): 유럽연합(EU)에서 화학 물질의 안전한 사용을 보장하기 위해 제정한 규제 체계이다. 실험실에서의 화학적 위험을 줄이는 데 중점을 둔다.
- 국제실험동물관리평의회(ILAR)의 지침: 실험동물의 윤리적 사용과 관리에 대한 국제적 기준을 제공한다.

동물실험과 관련된 이러한 위협으로부터 위와 같은 국제적 법률, 지침, 가이드라인은 동물실험에 종사하는 연구자들의 건강과 안전을 보호하는 데 중요한 역할을 한다. 이를 통해 연구자들이 안전하게 연구를 수행할 수 있으며, 실험동물의 복지 또한 보장된다. 이러한 안전지침들은 연구자의 건강과 안전을 보호하는 동시에 실험의 신뢰성과 윤리성을 확보하는 데 중요한 역할을 한다. 각 기관은 이러한 기본 지침을 바탕으로 자체적인 안전 프로토콜을 개발하고 엄격히 준수해야 한다. 위에서 언급한 국제 규격의 안전 조치 및 가이드라인의 주요 내용은 다음과 같다.

위험 평가 및 예방	실험동물 시설은 정기적인 위험 평가를 실시하고, 이를 바탕으로 예방 대책을 수립해야 한다.
개인보호구 제공	실험동물을 다루는 근로자에게는 적절한 개인보호구(PPE)를 제공하여 물리적, 화학적, 생물학적 위험으로부터 보호해야 한다. 여기에는 장갑, 마스크, 보호안경, 보호복 등이 포함된다.
교육 및 훈련	실험동물을 다루는 모든 인력은 적절한 교육과 훈련을 받아야 한다. 이는 동물 취급 기술뿐만 아니라 안전 수칙, 응급상황 대처 등을 포함한다.
건강 모니터링	근로자의 건강 상태를 정기적으로 모니터링하고, 필요한 경우 예방접종을 실시해야 한다. 특히 인수공통전염병에 대한 주의가 필요하다.
시설 관리	실험동물 시설은 시행규칙에 명시된 적절한 환기 시스템, 위생 관리, 폐기물 처리 시스템을 갖추어야 한다.
응급처치 및 사고 대응 절차	사고 발생 시 신속하게 대응할 수 있는 절차를 마련하고, 응급처치 키트를 구비한다.
Biosafety Level precautions	생물학적 물질의 위험도에 따라 적절한 생물안전 수준(Bio Safety Level)을 설정하고, 그에 맞는 안전 조치를 취해야 한다.
바이러스 벡터 특별 주의	유전자 편집 기술 등에 사용되는 바이러스 벡터는 인체 및 환경에 미칠 수 있는 영향이 크기 때문에 특별히 주의한다.
동물 취급 주의	동물에 의한 부상(물림, 긁힘 등) 및 동물의 탈출을 예방하기 위한 적절한 취급 방법을 숙지하고 실천한다.

화학물질 안전 관리	실험에 사용되는 모든 화학물질의 안전한 사용과 보관에 대한 지침을 마련하고 준수한다. 특히 모든 화학물질은 OSHA의 위험물질 통신 기준에 따라 라벨링되고 안전 데이터 시트(SDS)가 제공되어야 한다.
방사선 안전	방사성 물질을 사용하는 경우, 방사선 안전 기준을 준수해야 하며, 방사선 노출을 최소화하기 위한 보호 장비와 절차가 필요하다. 방사선 작업자는 정기적인 교육과 훈련을 받아야 한다.
위생 관리	주기적인 소독과 방충 관리 등을 통해 실험실 내 위생 상태를 철저히 관리하여 감염 위험을 최소화해야 한다.
정기적인 안전 점검	실험실 시설, 장비, 안전 절차 등에 대한 정기적인 점검을 실시하여 잠재적 위험을 사전에 파악하고 조치해야 한다.
사고 보고 및 기록 유지	모든 사고나 부상은 즉시 보고되어야 하며, 관련 기록은 철저히 유지되어야 한다.

02 국내 법률 및 지침

우리나라의 실험동물과 관련된 직업보건안전(Occupational Health & Safety; OHS)은 연구자와 실험동물 관리자의 건강과 안전을 보호하기 위한 중요한 분야이다. 실험동물 관련 직업보건안전은 주로 「실험동물에 관한 법률」, 「산업안전보건법」, 「동물보호법」에 근거하고 있다. 이 법들은 실험동물 시설에서 일하는 근로자들의 안전과 건강을 보호하기 위한 기본적인 틀을 제공한다. 동물보호법은 동물실험의 윤리적 기준과 절차를 규정하며, 실험동물의 복지를 보호한다. 관련 내용은 동물실험의 필요성과 동물복지를 포함한 동물실험원칙(3R) 챕터에서 상세히 언급하였다.

실험동물에 관한 법률

「실험동물에 관한 법률」은 실험동물 및 동물실험의 적절한 관리를 통하여 동물실험에 대한 윤리성 및 신뢰성을 높여 생명과학 발전과 국민보건 향상에 이바지함을 목적으로 한다. 실험동물에 관한 법률에서 언급하고 있는 근로자의 안전과 관련된 세부 내용은 다음과 같다.

법 제17조(교육) ① 다음 각 호의 자는 실험동물의 사용·관리 등에 관하여 교육을 받아야 한다.
  1. 동물실험시설 운영자
  2. 제8조 제2항에 따른 관리자

3. 제12조에 따른 실험동물공급자

4. 삭제

② 식품의약품안전처장은 제1항에 따른 교육을 수행하여야 하며, 교육 위탁기관, 교육내용, 소요경비의 징수 등에 관하여 필요한 사항은 총리령으로 정한다.

관련 시행규칙 제20조(교육 등) ① 법 제17조 제1항에 따라 동물실험시설의 운영자, 관리자 및 실험동물공급자는 등록한 날 또는 변경등록한 날(동물실험시설 운영자, 관리자 및 실험동 물공급자가 변경된 경우에 한정한다)부터 6개월 이내에 실험동물의 사용·관리 등에 관한 교육을 받아야 한다.

② 제1항에 따른 교육의 내용, 방법 및 시간은 별표 4와 같다.

③ 식품의약품안전처장은 법 제17조 제2항에 따라 제1항에 따른 교육을 다음 각 호의 어느 하나에 해당하는 기관 또는 단체에 위탁할 수 있다.

1. 법 제23조에 따른 실험동물협회

2. 「한국보건복지인력개발원법」에 따른 한국보건복지인력개발원

3. 실험동물 관련 기관 또는 단체

4. 「고등교육법」 제2조에 따른 학교

④ 식품의약품안전처장은 제3항에 따라 교육을 위탁한 경우에는 그 사실을 홈페이지 등에 게시하여야 한다.

⑤ 제3항에 따라 교육을 위탁받은 기관 또는 단체의 장은 교육에 드는 경비를 고려하여 교육 대상자에게 수강료를 받을 수 있다. 이 경우 그 수강료의 금액에 대하여 미리 식품의약품 안전처장의 승인을 받아야 한다.

법 제18조(재해 방지) ① 동물실험시설의 운영자 또는 관리자는 재해를 유발할 수 있는 물질 또는 병원체 등을 사용하는 동물실험을 실시하는 경우 사람과 동물에 위해를 주지 아니하도 록 필요한 조치를 취하여야 한다.

② 동물실험시설 및 실험동물생산시설로 인한 재해가 국민 건강과 공익에 유해하다고 판단 되는 경우 운영자 또는 관리자는 즉시 폐쇄, 소독 등 필요한 조치를 취한 후 그 결과를 식 품의약품안전처장에게 보고하여야 한다. 이 경우 「가축전염병예방법」 제19조를 준용한다.

③ 동물실험 및 실험동물로 인한 재해가 국민 건강과 공익에 유해하다고 판단되는 경우 운영 자 또는 관리자는 살처분 등 필요한 조치를 취한 후 그 결과를 식품의약품안전처장에게 보고하여야 한다. 이 경우 「가축전염병예방법」 제20조를 준용한다.

법 제19조(생물학적 위해물질의 사용보고) ① 동물실험시설의 운영자는 총리령으로 정하는 생물학적 위해물질을 동물실험에 사용하고자 하는 경우 미리 식품의약품안전처장에게 보고 하여야 한다.

② 제1항의 보고에 관한 사항은 총리령으로 정한다.

관련 시행규칙 제21조(생물학적 위해물질의 사용보고) ① 법 제19조 제1항에서 "총리령으로 정하는 생물학적 위해물질"이란 다음 각 호의 이느 하나에 해당하는 위험물질을 말한다.

　1. 「생명공학육성법」 제15조 및 같은 법 시행령 제15조에 따라 보건복지부장관이 정하는 유전자재조합실험지침에 따른 제3위험군과 제4위험군

「생명공학육성법」 유전자재조합실험지침(제2장 위해성 평가 및 밀폐방법)

제4조(실험의 위해성 평가 등) ① 실험에 적합한 밀폐방법이 결정되도록 실험의 위해성 평가는 다음 각 호의 요소에 따라 종합적으로 실시한다.

　　1. 숙주 및 공여체의 위험군

　　2. 숙주 및 공여체의 독소생산성 및 알레르기 유발성

　　3. 생물체의 숙주 범위 또는 감수성 변화 여부

　　4. 배양 규모 및 농도

　　5. 실험과정 중 발생 가능한 감염경로 및 감염량

　　6. 인정 숙주-벡터계의 사용 여부

　　7. 환경에서의 생물체 안정성

　　8. 유전자변형생물체의 효과적인 처리 계획

　　9. 효과적인 예방 또는 치료의 유효성

② 실험의 밀폐등급은 숙주 및 공여체 중 가장 높은 위험군에 대응하여 결정하는 것을 기본 원칙으로 하되, 제1항 제2호 내지 제9호의 요소에 의한 위해성 평가 결과에 따라 해당 실험의 밀폐등급을 낮추거나 높일 수 있다.

제5조(생물체의 위험군 분류) ① 제4조 제1항 제1호에 따른 숙주 및 공여체의 위험군 분류는 인체에 미치는 위해 정도에 따라 다음의 네 가지 위험군으로 분류하며, 위험군별 해당 생물체 목록은 별표 2와 같다.

　　1. 제1위험군: 건강한 성인에게는 질병을 일으키지 않는 것으로 알려진 생물체

　　2. 제2위험군: 사람에게 감염되었을 경우 증세가 심각하지 않고 예방 또는 치료가 비교적 용이한 질병을 일으킬 수 있는 생물체

　　3. 제3위험군: 사람에게 감염되었을 경우 증세가 심각하거나 치명적일 수도 있으나 예방 또는 치료가 가능한 질병을 일으킬 수 있는 생물체

　　4. 제4위험군: 사람에게 감염되었을 경우 증세가 매우 심각하거나 치명적이며 예방 또는 치료가 어려운 질병을 일으킬 수 있는 생물체

---

1. 세균의 위험군 세부 분류(세부내용 유전자재조합실험지침 별표2 참고)

　(1) 제4위험군: 해당 세균 없음

> (2) 제3위험군: Bacillus anthracis, Bartonella bacilliformis 등 30종
>
> **2. 바이러스의 위험군 분류**
>
> (1) 제4위험군: Chapare virus, Guanarito virus, Junin virus, Lassa virus 등 19종
>
> (2) 제3위험군: Lymphocytic choriomeningitis virus(LCM), Flexal virus 등 55종

2. 「감염병의 예방 및 관리에 관한 법률」 제2조 제2호부터 제5호까지의 규정에 따른 제1급감염병, 제2급감염병, 제3급감염병 및 제4급감염병을 일으키는 병원체

> ### 「감염병의 예방 및 관리에 관한 법률」에 따른 제1~4급감염병
>
> "제1급감염병"이란 생물테러감염병 또는 치명률이 높거나 집단 발생의 우려가 커서 발생 또는 유행 즉시 신고하여야 하고, 음압격리와 같은 높은 수준의 격리가 필요한 감염병으로서 다음 각 목의 감염병을 말한다. 다만, 갑작스러운 국내 유입 또는 유행이 예견되어 긴급한 예방·관리가 필요하여 질병관리청장이 보건복지부장관과 협의하여 지정하는 감염병을 포함한다(세부내용 「감염병의 예방 및 관리에 관한 법률」 제2조 제2~5호 규정 참고).
> : 에볼라바이러스병, 마버그열, 라싸열, 크리미안 콩고 출혈열, 남아메리카출혈열, 리프트밸리열, 두창, 페스트, 탄저, 보툴리눔독소증, 야토병, 신종감염병증후군, 중증급성호흡기증후군(SARS), 중동호흡기증후군(MERS), 동물인플루엔자 인체감염증, 신종인플루엔자, 디프테리아
>
> "제2급감염병"이란 전파가능성을 고려하여 발생 또는 유행 시 24시간 이내에 신고하여야 하고, 격리가 필요한 다음 각 목의 감염병을 말한다. 다만, 갑작스러운 국내 유입 또는 유행이 예견되어 긴급한 예방·관리가 필요하여 질병관리청장이 보건복지부장관과 협의하여 지정하는 감염병을 포함한다.
> : 결핵, 수두, 홍역, 콜레라, 장티푸스, 파라티푸스, 세균성이질, 장출혈성대장균감염증, A형간염, 백일해, 유행성이하선염, 풍진, 폴리오, 수막구균 감염증, b형헤모필루스인플루엔자, 폐렴구균 감염증, 한센병, 성홍열, 반코마이신내성황색포도알균(VRSA) 감염증, 카바페넴내성장내세균목(CRE) 감염증, E형간염
>
> "제3급감염병"이란 그 발생을 계속 감시할 필요가 있어 발생 또는 유행 시 24시간 이내에 신고하여야 하는 다음 각 목의 감염병을 말한다. 다만, 갑작스러운 국내 유입 또는 유행이 예견되어 긴급한 예방·관리가 필요하여 질병관리청장이 보건복지부장관과 협의하여 지정하는 감염병을 포함한다.
> : 파상풍, B형간염, 일본뇌염, C형간염, 말라리아, 레지오넬라증, 비브리오패혈증, 발진티푸스, 발진열, 쯔쯔가무시증, 렙토스피라증, 브루셀라증, 공수병, 신증후군출혈열, 후천성면역결핍증(AIDS), 크로이츠펠트-야콥병(CJD) 및 변종크로이츠펠트-야콥병(vCJD), 황열, 뎅기열, 큐열,

웨스트나일열, 라임병, 진드기매개뇌염, 유비저, 치쿤구니야열, 중증열성혈소판감소증후군(SFTS), 지카바이러스 감염증, 매독

"제4급감염병"이란 제1급감염병부터 제3급감염병까지의 감염병 외에 유행 여부를 조사하기 위하여 표본감시 활동이 필요한 다음 각 목의 감염병을 말한다. 다만, 질병관리청장이 지정하는 감염병을 포함한다.
: 인플루엔자, 회충증, 편충증, 요충증, 간흡충증, 폐흡충증, 장흡충증, 수족구병, 임질, 클라미디아감염증, 연성하감, 성기단순포진, 첨규콘딜롬, 반코마이신내성장알균(VRE) 감염증, 메티실린내성황색포도알균(MRSA) 감염증, 다제내성녹농균(MRPA) 감염증, 다제내성아시네토박터바우마니균(MRAB) 감염증, 장관감염증, 급성호흡기감염증, 해외유입기생충감염증, 엔테로바이러스감염증, 사람유두종바이러스 감염증

② 동물실험시설의 운영자가 법 제19조 제2항에 따라 생물학적 위해물질을 동물실험에 사용하려면 별지 제14호서식에 따른 사용보고서(전자문서로 된 보고서를 포함한다)에 동물실험계획서를 첨부하여 식품의약품안전처장에게 제출하여야 한다.

법 제20조(사체 등 폐기물) ① 삭제
② 동물실험시설의 운영자 및 관리자 또는 실험동물공급자는 동물실험시설과 실험동물생산시설에서 배출된 실험동물의 사체 등의 폐기물은 「폐기물관리법」에 따라 처리한다. 다만, 제5조 제1항 제3호의2에 따른 실험동물자원은행에 제공하는 경우에는 그러하지 아니하다.

법 제21조(기록 및 보고) ① 동물실험을 수행하는 자는 실험동물의 종류 및 수, 수행된 연구의 절차, 연구에 참여한 자, 동물실험 후의 실험동물의 처리 등에 대하여 기록하여야 한다.
② 동물실험시설 운영자는 동물실험에 사용된 실험동물의 종류 및 수, 동물실험 후의 실험동물의 처리 등을 식품의약품안전처장에게 보고하여야 한다.
③ 제1항에 따른 기록 방법, 제2항에 따른 보고의 절차 및 방법 등에 관하여 필요한 사항은 총리령으로 정한다.

관련 시행규칙 제22조(기록 및 보고) ① 동물실험을 수행하는 자는 법 제21조 제1항에 따라 별지 제15호 서식에 따른 동물실험 현황을 전자적 기록매체 등에 기록하고 기록한 날부터 3년간 보존하여야 한다.
② 동물실험시설 운영자는 법 제21조 제2항에 따라 동물실험 현황 등에 대해 별지 제16호서식에 따른 실험동물 사용 · 처리 등 현황보고서를 의약품통합정보시스템을 이용하거나 전자적 기록매체에 수록하여 매년 2월 말까지 식품의약품안전처장에게 보고해야 한다.

위와 같이 「실험동물에 관한 법률」에 따라, 실험동물을 다루는 모든 인력은 적절한 교육과 훈련을 받아야 한다. 이는 동물 취급 기술뿐만 아니라 안전 수칙, 응급상황 대처 등을 포함한다. 또한 근로자의 건강 상태를 정기적으로 모니터링하고, 필요한 경우 예방접종을 실시해야 한다. 특히 인수공통전염병에 대한 주의가 필요하다. 실험동물 시설은 「실험동물에 관한 법률」의 시행규칙에 명시된 적절한 환기 시스템, 위생 관리, 폐기물 처리 시스템을 갖추어야 한다.

직업보건안전(Occupational Health & Safety; OHS)과 관련된 또 다른 법률인 산업안전보건법은 모든 작업장에서의 안전과 보건을 규제하며, 동물실험실의 안전을 포함한다. 한국산업안전보건공단에서는 실험동물의 관리와 사용에 대한 실험동물관리지침을 제공하고 있다. 식품의약품안전청은 실험동물사용 및 사육관리규정을 운영하고 있으며 과학기술정보통신부와 한국생명공학연구원 등에서는 실험동물 취급 연구실 안전 관리 가이드라인을 제시하고 있다. 실험동물과 관련된 직업보건안전은 복잡하고 다양한 위험 요소를 다루어야 하는 분야이다. 관련 법규를 준수하고, 체계적인 안전 관리 시스템을 구축하며, 지속적인 교육과 훈련을 통해 근로자의 안전과 건강을 보호하는 것이 중요하다. 이는 단순히 법적 의무를 넘어, 연구의 질과 윤리성을 보장하는 데에도 필수적인 요소이다.

산업안전보건법

법 제5조(사업주 등의 의무) ① 사업주(제77조에 따른 특수형태근로종사자로부터 노무를 제공받는 자와 제78조에 따른 물건의 수거·배달 등을 중개하는 자를 포함한다. 이하 이 조 및 제6조에서 같다)는 다음 각 호의 사항을 이행함으로써 근로자(제77조에 따른 특수형태근로종사자와 제78조에 따른 물건의 수거·배달 등을 하는 사람을 포함한다. 이하 이 조 및 제6조에서 같다)의 안전 및 건강을 유지·증진시키고 국가의 산업재해 예방정책을 따라야 한다.

  1. 이 법과 이 법에 따른 명령으로 정하는 산업재해 예방을 위한 기준
  2. 근로자의 신체적 피로와 정신적 스트레스 등을 줄일 수 있는 쾌적한 작업환경의 조성 및 근로조건 개선
  3. 해당 사업장의 안전 및 보건에 관한 정보를 근로자에게 제공
② 다음 각 호의 어느 하나에 해당하는 자는 발주·설계·제조·수입 또는 건설을 할 때 이 법과 이 법에 따른 명령으로 정하는 기준을 지켜야 하고, 발주·설계·제조·수입 또는 건설에 사용되는 물건으로 인하여 발생하는 산업재해를 방지하기 위하여 필요한 조치를 하여야 한다.

1. 기계 · 기구와 그 밖의 설비를 설계 · 제조 또는 수입하는 자

2. 원재료 등을 제조 · 수입하는 자

3. 건설물을 발주 · 설계 · 건설하는 자

법 제6조(근로자의 의무) 근로자는 이 법과 이 법에 따른 명령으로 정하는 산업재해 예방을 위한 기준을 지켜야 하며, 사업주 또는 「근로기준법」 제101조에 따른 근로감독관, 공단 등 관계인이 실시하는 산업재해 예방에 관한 조치에 따라야 한다.

법 제25조(안전보건관리규정의 작성) ① 사업주는 사업장의 안전 및 보건을 유지하기 위하여 다음 각 호의 사항이 포함된 안전보건관리규정을 작성하여야 한다.

1. 안전 및 보건에 관한 관리조직과 그 직무에 관한 사항

2. 안전보건교육에 관한 사항

3. 작업장의 안전 및 보건 관리에 관한 사항

4. 사고 조사 및 대책 수립에 관한 사항

5. 그 밖에 안전 및 보건에 관한 사항

② 제1항에 따른 안전보건관리규정(이하 "안전보건관리규정"이라 한다)은 단체협약 또는 취업규칙에 반할 수 없다. 이 경우 안전보건관리규정 중 단체협약 또는 취업규칙에 반하는 부분에 관하여는 그 단체협약 또는 취업규칙으로 정한 기준에 따른다.

③ 안전보건관리규정을 작성하여야 할 사업의 종류, 사업장의 상시근로자 수 및 안전보건관리규정에 포함되어야 할 세부적인 내용, 그 밖에 필요한 사항은 고용노동부령으로 정한다.

법 제26조(안전보건관리규정의 작성 · 변경 절차) 사업주는 안전보건관리규정을 작성하거나 변경할 때에는 산업안전보건위원회의 심의 · 의결을 거쳐야 한다. 다만, 산업안전보건위원회가 설치되어 있지 아니한 사업장의 경우에는 근로자대표의 동의를 받아야 한다.

법 제27조(안전보건관리규정의 준수) 사업주와 근로자는 안전보건관리규정을 지켜야 한다.

법 제29조(근로자에 대한 안전보건교육) ① 사업주는 소속 근로자에게 고용노동부령으로 정하는 바에 따라 정기적으로 안전보건교육을 하여야 한다.

② 사업주는 근로자를 채용할 때와 작업내용을 변경할 때에는 그 근로자에게 고용노동부령으로 정하는 바에 따라 해당 작업에 필요한 안전보건교육을 하여야 한다. 다만, 제31조 제1항에 따른 안전보건교육을 이수한 건설 일용근로자를 채용하는 경우에는 그러하지 아니하다.

③ 사업주는 근로자를 유해하거나 위험한 작업에 채용하거나 그 작업으로 작업내용을 변경할 때에는 제2항에 따른 안전보건교육 외에 고용노동부령으로 정하는 바에 따라 유해하거나 위험한 작업에 필요한 안전보건교육을 추가로 하여야 한다.

④ 사업주는 제1항부터 제3항까지의 규정에 따른 안전보건교육을 제33조에 따라 고용노동부장관에게 등록한 안전보건교육기관에 위탁할 수 있다.

관련 시행규칙 제26조(안전보건교육 교육대상별 교육내용[별표 5]) 중 발췌

특수형태근로종사자에 대한 안전보건교육 (제95조 제1항 관련 최초 교육)	물질안전보건자료에 관한 교육 (제169조 제1항 관련)
• 산업안전 및 사고 예방에 관한 사항 • 산업보건 및 직업병 예방에 관한 사항 • 건강증진 및 질병 예방에 관한 사항 • 유해·위험 작업환경 관리에 관한 사항 • 산업안전보건법령 및 산업재해보상보험 제도에 관한 사항 • 직무스트레스 예방 및 관리에 관한 사항 • 직장 내 괴롭힘, 고객의 폭언 등으로 인한 건강장해 예방 및 관리에 관한 사항 • 기계·기구의 위험성과 작업의 순서 및 동선에 관한 사항 • 작업 개시 전 점검에 관한 사항 • 정리정돈 및 청소에 관한 사항 • 사고 발생 시 긴급조치에 관한 사항 • 물질안전보건자료에 관한 사항 • 교통안전 및 운전안전에 관한 사항 • 보호구 착용에 관한 사항	• 대상화학물질의 명칭(또는 제품명) • 물리적 위험성 및 건강 유해성 • 취급상의 주의사항 • 적절한 보호구 • 응급조치 요령 및 사고시 대처 방법 • 물질안전보건자료 및 경고표지를 이해하는 방법

법 제36조(위험성평가의 실시) ① 사업주는 건설물, 기계·기구·설비, 원재료, 가스, 증기, 분진, 근로자의 작업행동 또는 그 밖의 업무로 인한 유해·위험 요인을 찾아내어 부상 및 질병으로 이어질 수 있는 위험성의 크기가 허용 가능한 범위인지를 평가하여야 하고, 그 결과에 따라 이법과 이 법에 따른 명령에 따른 조치를 하여야 하며, 근로자에 대한 위험 또는 건강장해를 방지하기 위하여 필요한 경우에는 추가적인 조치를 하여야 한다.

② 사업주는 제1항에 따른 평가 시 고용노동부장관이 정하여 고시하는 바에 따라 해당 작업장의 근로자를 참여시켜야 한다.

③ 사업주는 제1항에 따른 평가의 결과와 조치사항을 고용노동부령으로 정하는 바에 따라 기록하여 보존하여야 한다.

④ 제1항에 따른 평가의 방법, 절차 및 시기, 그 밖에 필요한 사항은 고용노동부장관이 정하여 고시한다.

관련 시행규칙 제37조(위험성평가 실시내용 및 결과의 기록·보존) ① 사업주가 법 제36조 제3항에 따라 위험성평가의 결과와 조치사항을 기록·보존할 때에는 다음 각 호의 사항이 포함되어야 한다.

1. 위험성평가 대상의 유해·위험요인
2. 위험성 결정의 내용
3. 위험성 결정에 따른 조치의 내용
4. 그 밖에 위험성평가의 실시내용을 확인하기 위하여 필요한 사항으로서 고용노동부장관이 정하여 고시하는 사항

② 사업주는 제1항에 따른 자료를 3년간 보존해야 한다.

법 제38조(안전조치) ① 사업주는 다음 각 호의 어느 하나에 해당하는 위험으로 인한 산업재해를 예방하기 위하여 필요한 조치를 하여야 한다.

1. 기계·기구, 그 밖의 설비에 의한 위험
2. 폭발성, 발화성 및 인화성 물질 등에 의한 위험
3. 전기, 열, 그 밖의 에너지에 의한 위험

② 사업주는 굴착, 채석, 하역, 벌목, 운송, 조작, 운반, 해체, 중량물 취급, 그 밖의 작업을 할 때 불량한 작업방법 등에 의한 위험으로 인한 산업재해를 예방하기 위하여 필요한 조치를 하여야 한다.

③ 사업주는 근로자가 다음 각 호의 어느 하나에 해당하는 장소에서 작업을 할 때 발생할 수 있는 산업재해를 예방하기 위하여 필요한 조치를 하여야 한다.

1. 근로자가 추락할 위험이 있는 장소
2. 토사·구축물 등이 붕괴할 우려가 있는 장소
3. 물체가 떨어지거나 날아올 위험이 있는 장소
4. 천재지변으로 인한 위험이 발생할 우려가 있는 장소

④ 사업주가 제1항부터 제3항까지의 규정에 따라 하여야 하는 조치(이하 "안전조치"라 한다)에 관한 구체적인 사항은 고용노동부령으로 정한다.

법 제39조(보건조치) ① 사업주는 다음 각 호의 어느 하나에 해당하는 건강장해를 예방하기 위하여 필요한 조치(이하 "보건조치"라 한다)를 하여야 한다.

1. 원재료·가스·증기·분진·흄(fume, 열이나 화학반응에 의하여 형성된 고체증기가 응축되어 생긴 미세입자를 말한다)·미스트(mist, 공기 중에 떠다니는 작은 액체방울을 말한다)·산소결핍·병원체 등에 의한 건강장해
2. 방사선·유해광선·고온·저온·초음파·소음·진동·이상기압 등에 의한 건강장해
3. 사업장에서 배출되는 기체·액체 또는 찌꺼기 등에 의한 건강장해
4. 계측감시, 컴퓨터 단말기 조작, 정밀공작 등의 작업에 의한 건강장해

5. 단순반복작업 또는 인체에 과도한 부담을 주는 작업에 의한 건강장해
6. 환기 · 채광 · 조명 · 보온 · 방습 · 청결 등의 적정기준을 유지하지 아니하여 발생하는 건강장해

② 제1항에 따라 사업주가 하여야 하는 보건조치에 관한 구체적인 사항은 고용노동부령으로 정한다.

법 제40조(근로자의 안전조치 및 보건조치 준수) 근로자는 제38조 및 제39조에 따라 사업주가 한 조치로서 고용노동부령으로 정하는 조치 사항을 지켜야 한다.

법 제107조(유해인자 허용기준의 준수) ① 사업주는 발암성 물질 등 근로자에게 중대한 건강장해를 유발할 우려가 있는 유해인자로서 대통령령으로 정하는 유해인자는 작업장 내의 그 노출 농도를 고용노동부령으로 정하는 허용기준 이하로 유지하여야 한다. 다만, 다음 각 호의 어느 하나에 해당하는 경우에는 그러하지 아니하다.

1. 유해인자를 취급하거나 정화 · 배출하는 시설 및 설비의 설치나 개선이 현존하는 기술로 가능하지 아니한 경우
2. 천재지변 등으로 시설과 설비에 중대한 결함이 발생한 경우
3. 고용노동부령으로 정하는 임시 작업과 단시간 작업의 경우
4. 그 밖에 대통령령으로 정하는 경우

② 사업주는 제1항 각 호 외의 부분 단서에도 불구하고 유해인자의 노출 농도를 제1항에 따른 허용기준 이하로 유지하도록 노력하여야 한다.

관련 시행령 제84조(유해인자 허용기준 이하 유지 대상 유해인자) 법 제107조 제1항 각 호 외의 부분 본문에서 "대통령령으로 정하는 유해인자"란 별표 26 각 호에 따른 유해인자를 말한다.
- 암모니아(Ammonia), 염소(Chlorine), 포름알데히드(Formaldehyde), 일산화탄소(Carbon monoxide) 등 38종

법 제114조(물질안전보건자료의 게시 및 교육) ① 물질안전보건자료대상물질을 취급하려는 사업주는 제110조 제1항 또는 제3항에 따라 작성하였거나 제111조 제1항부터 제3항까지의 규정에 따라 제공받은 물질안전보건자료를 고용노동부령으로 정하는 방법에 따라 물질안전보건자료대상물질을 취급하는 작업장 내에 이를 취급하는 근로자가 쉽게 볼 수 있는 장소에 게시하거나 갖추어 두어야 한다.

② 제1항에 따른 사업주는 물질안전보건자료대상물질을 취급하는 작업공정별로 고용노동부령으로 정하는 바에 따라 물질안전보건자료대상물질의 관리 요령을 게시하여야 한다.

③ 제1항에 따른 사업주는 물질안전보건자료대상물질을 취급하는 근로자의 안전 및 보건을 위하여 고용노동부령으로 정하는 바에 따라 해당 근로자를 교육하는 등 적절한 조치를 하여야 한다.

관련 시행령 제167조(물질안전보건자료를 게시하거나 갖추어 두는 방법) ① 법 제114조 제1항에 따라 물질안전보건자료대상물질을 취급하는 사업주는 다음 각 호의 어느 하나에 해당하는 장소 또는 전산장비에 항상 물질안전보건자료를 게시하거나 갖추어 두어야 한다. 다만, 제3호에 따른 장비에 게시하거나 갖추어 두는 경우에는 고용노동부장관이 정하는 조치를 해야 한다.

1. 물질안전보건자료대상물질을 취급하는 작업공정이 있는 장소
2. 작업장 내 근로자가 가장 보기 쉬운 장소
3. 근로자가 작업 중 쉽게 접근할 수 있는 장소에 설치된 전산장비

② 제1항에도 불구하고 건설공사, 안전보건규칙 제420조 제8호에 따른 임시 작업 또는 같은 조 제9호에 따른 단시간 작업에 대해서는 법 제114조 제2항에 따른 물질안전보건자료대상물질의 관리 요령으로 대신 게시하거나 갖추어 둘 수 있다. 다만, 근로자가 물질안전보건자료의 게시를 요청하는 경우에는 제1항에 따라 게시해야 한다.

관련 시행령 제168조(물질안전보건자료대상물질의 관리 요령 게시) ① 법 제114조 제2항에 따른 작업공정별 관리 요령에 포함되어야 할 사항은 다음 각 호와 같다.

1. 제품명
2. 건강 및 환경에 대한 유해성, 물리적 위험성
3. 안전 및 보건상의 취급주의 사항
4. 적절한 보호구
5. 응급조치 요령 및 사고 시 대처방법

② 작업공정별 관리 요령을 작성할 때에는 법 제114조 제1항에 따른 물질안전보건자료에 적힌 내용을 참고해야 한다.
③ 작업공정별 관리 요령은 유해성·위험성이 유사한 물질안전보건자료대상물질의 그룹별로 작성하여 게시할 수 있다.

관련 시행령 제169조(물질안전보건자료에 관한 교육의 시기·내용·방법 등) ① 법 제114조 제3항에 따라 사업주는 다음 각 호의 어느 하나에 해당하는 경우에는 작업장에서 취급하는 물질안전보건자료대상물질의 물질안전보건자료에서 별표 5에 해당되는 내용을 근로자에게 교육해야 한다. 이 경우 교육받은 근로자에 대해서는 해당 교육 시간만큼 법 제29조에 따른 안전·보건교육을 실시한 것으로 본다.

1. 물질안전보건자료대상물질을 제조·사용·운반 또는 저장하는 작업에 근로자를 배치하게 된 경우
2. 새로운 물질안전보건자료대상물질이 도입된 경우
3. 유해성·위험성 정보가 변경된 경우

② 사업주는 제1항에 따른 교육을 하는 경우에 유해성·위험성이 유사한 물질안전보건자료대상

물질을 그룹별로 분류하여 교육할 수 있다.

③ 사업주는 제1항에 따른 교육을 실시하였을 때에는 교육시간 및 내용 등을 기록하여 보존해야 한다.

법 제115조(물질안전보건자료대상물질 용기 등의 경고표시) ① 물질안전보건자료대상물질을 양도하거나 제공하는 자는 고용노동부령으로 정하는 방법에 따라 이를 담은 용기 및 포장에 경고표시를 하여야 한다. 다만, 용기 및 포장에 담는 방법 외의 방법으로 물질안전보건자료대상물질을 양도하거나 제공하는 경우에는 고용노동부장관이 정하여 고시한 바에 따라 경고표시 기재 항목을 적은 자료를 제공하여야 한다.

② 사업주는 사업장에서 사용하는 물질안전보건자료대상물질을 담은 용기에 고용노동부령으로 정하는 방법에 따라 경고표시를 하여야 한다. 다만, 용기에 이미 경고표시가 되어 있는 등 고용노동부령으로 정하는 경우에는 그러하지 아니하다.

관련 시행령 제170조(경고표시 방법 및 기재항목) ① 물질안전보건자료대상물질을 양도하거나 제공하는 자 또는 이를 사업장에서 취급하는 사업주가 법 제115조 제1항 및 제2항에 따른 경고표시를 하는 경우에는 물질안전보건자료대상물질 단위로 경고표지를 작성하여 물질안전보건자료대상물질을 담은 용기 및 포장에 붙이거나 인쇄하는 등 유해·위험정보가 명확히 나타나도록 해야 한다. 다만, 다음 각 호의 어느 하나에 해당하는 표시를 한 경우에는 경고표시를 한 것으로 본다(* 1.~4. 실험동물 관련 미해당 사항으로 생략).

5. 「화학물질관리법」 제16조에 따른 유해화학물질에 관한 표시

② 제1항 각 호 외의 부분 본문에 따른 경고표지에는 다음 각 호의 사항이 모두 포함되어야 한다.

1. 명칭: 제품명

2. 그림문자: 화학물질의 분류에 따라 유해·위험의 내용을 나타내는 그림

3. 신호어: 유해·위험의 심각성 정도에 따라 표시하는 "위험" 또는 "경고" 문구

4. 유해·위험 문구: 화학물질의 분류에 따라 유해·위험을 알리는 문구

5. 예방조치 문구: 화학물질에 노출되거나 부적절한 저장·취급 등으로 발생하는 유해·위험을 방지하기 위하여 알리는 주요 유의사항

6. 공급자 정보: 물질안전보건자료대상물질의 제조자 또는 공급자의 이름 및 전화번호 등

③ 제1항과 제2항에 따른 경고표지의 규격, 그림문자, 신호어, 유해·위험 문구, 예방조치 문구, 그 밖의 경고표시의 방법 등에 관하여 필요한 사항은 고용노동부장관이 정하여 고시한다.

④ 법 제115조 제2항 단서에서 "고용노동부령으로 정하는 경우"란 다음 각 호의 어느 하나에 해당하는 경우를 말한다.

1. 법 제115조 제1항에 따라 물질안전보건자료대상물질을 양도하거나 제공하는 자가 물질안전보건자료대상물질을 담은 용기에 이미 경고표시를 한 경우
2. 근로자가 경고표시가 되어 있는 용기에서 물질안전보건자료대상물질을 옮겨 담기 위하여 일시적으로 용기를 사용하는 경우

03 동물실험 현장에서 직업안전보건 법률 및 규정의 적용

위에서 언급한 바와 같이 산업안전보건법은 모든 사업장의 안전과 보건에 관한 기본적인 사항을 규정한다. 관련 주요 내용은 사업주의 안전보건 의무, 근로자의 안전보건 권리, 위험성 평가 및 관리, 안전보건교육 실시, 유해인자 및 물질안전보건자료 관련 규정 등이다. 특히 적절한 개인보호구(PPE) 착용과 관련 교육이 의무화되어 있다. 이와 관련된 모든 사항이 실험동물 시설에도 적용되며, 의무사항과 관련하여 실험동물 시설은 정기적인 위험 평가를 실시하고, 이를 바탕으로 예방 대책을 수립해야 한다. 위에서 언급한 법률과 지침을 준수하고 IACUC의 사전심의와 승인이후 절차를 진행한다. 이를 위한 동물실험의 안전 수칙은 다음과 같다.

(1) 개인보호장비(PPE) 구비 및 안전시설 구축

올바른 사용법을 교육하고 훈련을 반복하며 정기적인 점검, 보수를 실시 후 대외 인증을 받는다.

- 실험복 및 방진모: 전신을 덮는 보호복 착용(필요 시 모자까지 착용)
- 장갑: 일회용 라텍스 장갑 착용, 필요시 이중 장갑 사용
- 마스크: N95 또는 PAPR(전동식 호흡보호구) 사용
- 보안경: 눈 보호를 위한 고글 또는 안면 보호구 착용
- 신발 커버: 오염 방지를 위한 신발 커버 사용
- 생물안전작업대(BSC): 적절한 등급의 생물안전작업대 사용
- HEPA 필터: 고효율 공기정화 필터 사용
- 음압 시설: 오염된 공기의 외부 유출 방지
- 오토클레이브: 고압증기멸균기 사용

- UV 살균기: 작업 공간 및 장비 소독 실시
- 화학 소독제: 적절한 소독제 사용 및 관리
- 비상 시 사용할 수 있는 안전 샤워 및 눈세척이 가능한 세안 시설
- 생물학적 위험물 전용 용기: 적절한 라벨링 및 관리
- 의료폐기물 처리 시설: 규정에 따른 폐기물 처리
- 격리 시설: 감염성 동물 분리 관리
- 케이지 및 사육 시설: 안전한 동물 취급을 위한 설비 설치
- 구급상자: 응급처치용 물품 구비
- 화재 진압 장비: 소화기 및 화재 경보 시스템 구축
- 비상 연락망: 긴급 상황 시 연락 체계 구축
- CCTV: 작업 환경 모니터링
- 생체 지표 모니터링: 작업자의 건강 상태 정기 점검
- 유출처리 키트: 유출가능성이 있는 유해물질 및 병원체를 고려하여 유출사고에 신속히 대처할 수 있는 키트

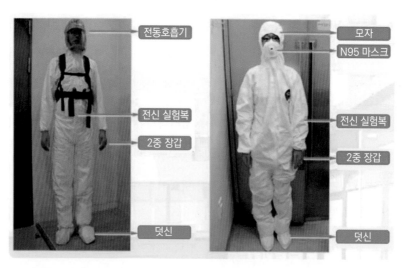

▲ 전동식 호흡보호구　　　　▲ N95 마스크를 포함한 개인보호구 착용

(2) 실험동물의 탈출방지 및 실험도구 취급 주의

실험동물 취급 시 발생할 수 있는 다양한 위험으로부터 작업자와 동물을 보호하는 것은 매우 중요하다. 각 시설의 특성과 취급하는 동물의 종류에 따라 적절한 도구를 선택하고 올바르게 사용하는 것이 중요하다.

- 실험동물 탈출방지: 사육실 출입문에 탈출 방지턱 설치, 동물 이동카트에 탈출방지 가드 설치
- 조직 절편기 사용주의: 조직표본 제작을 위해 절편기 사용, 칼날 교체, 세척 시 칼날에 다치지 않도록 주의하며 사용 후 핸드휠에 락(Lock) 설정
- 보정기구 사용: 가급적 보정기구를 사용하여 움직임이 없도록 확실히 보정한 상태로 처치하여 동물의 통증 최소화
- 마취장비 점검: 기화성 마취제를 사용할 경우 마취제의 누출을 예방하기 위한 마취장비의 정기적 점검 및 환기 실시
- 피펫 팁 사용주의: 위험 물질을 취급할 때 피펫을 사용할 경우 내부 필터가 장착된 팁을 사용하여 물질의 유출 최소화
- 에어로졸(aerosol) 취급 주의: 직경 5μm 이하의 공기를 떠다니는 작은 입자인 에어로졸을 흡입하지 않도록 생물안전작업대 내에서 개인보호 장비 착용 후 작업
- 위생관리: 실험대는 수시로 소독하여 오염물질을 제거하고 실험에 사용하는 체액, 배양액 등의 시료가 새지 않는지 수시로 확인

(3) 동물실험 시 응급상황 대처

동물실험 중 사고발생은 예방이 최우선이지만 사고가 발생할 경우를 대비하여 표준운영절차(Standard Operating Procedure; SOP)를 만들고 수시로 훈련하여 신속히 대응해야 한다.

1) 실험동물에게 물린 경우

상처 부위에서 약간의 피를 짜낸 후 포비돈 아이오딘 등을 이용하여 소독 후 지혈과 파상풍 감염에 대비 항생제 치료 실시

2) 유해물질로 인한 눈 부상

유해물질이 눈에 들어갔을 경우 즉시 눈을 씻을 수 있는 눈 세척기를 사고 발생 위험이 높은 물질 인근에 설치하고 시력이 손상된 상태에서도 즉시 사용할 수 있도록 위치, 사용법, 주의 사항(15분 이상 세척)을 숙지

3) 주사기에 찔린 경우

찔린 부위 보호장비 탈의 후 흐르는 물에 15분 이상 세척과 신속한 의료조치를 위한 신고 실시

4) 화상을 입은 경우

화상 부위를 흐르는 물에 20분 이상 세척 후 물집이 터지지 않도록 주의하며 차가운 물을 적신 거즈 등으로 상처 부위를 감싸고 병원으로 이송

5) 에어로졸 유출

오염된 개인보호 장비를 즉시 탈의 후 의료용 폐기물 봉투에 넣고 오염 부위 세척과 소독을 실시한 후 유출처리 키트를 사용하여 확산을 방지한 뒤 2차 피해 예방을 위하여 접근금지 표시

6) 비상샤워

실험자의 전신에 감염성 물질이 튀거나 옷에 불이 붙었을 경우 사용할 수 있는 비상샤워 시설의 위치와 사용법을 숙지

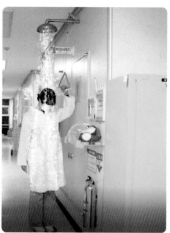

7) 유출처리키트

감염성 물질의 유출 발생 시 대응 가능한 개인보호구, 청소도구, 유출확산 방지도구로 구성된 유출처리키트의 사용법을 숙지하여 신속히 대응

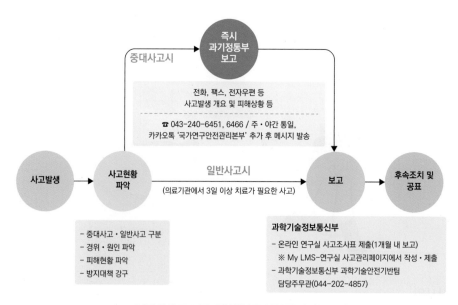

▲ 연구실사고 보고 절차(연구실안전법 제23조)

CHAPTER 01
동물실험 기본기법 - 보정 및 이송, 투여, 채혈

CHAPTER 02
동물실험 기본기법 - 마취, 부검, 안락사

CHAPTER 03
수술적 처치와 수의학적 관리 - 진통, 진정

CHAPTER 04
인도적 종료시점 설정 및 평가

CHAPTER 05
동물실험시설 모니터링 - 환경, 실험동물

CHAPTER 06
비임상시험규정(GLP)과 OECD 대체실험법

실험동물학

동물실험 실무

CHAPTER
01
동물실험 기본기법 - 보정 및 이송, 투여, 채혈

학습 목표

🧪 실험동물(설치류)의 보정 및 이송 방법을 설명할 수 있다.
🧪 실험동물(설치류)의 투여 및 채혈 방법을 설명할 수 있다.

01 보정 및 이송

시험물질을 투여하거나 채혈을 원활하게 하기 위해서 가장 먼저 선행되어야 하는 것이 확실한 보정이다. 사실 정확한 보정만 가능하다면 투여와 채혈은 크게 문제되지 않는다고 봐도 좋다. 또한, 짧은 시간 안에 정확하게 투여하고 채혈을 하는 것이 실험동물의 복지를 고려할 수 있는 가장 좋은 방법이다. 마우스와 랫드를 보정하는 방법에는 손을 이용한 보정과 보정틀이라는 기구를 활용하는 보정법이 있다. 꼬리정맥내 투여 등 소수의 방법을 제외하고 대부분의 투여 및 채혈법은 손만 활용하는 경우가 많으므로 여러 투여 및 채혈법에 대한 충분한 연습이 필요하다.

마우스와 랫드를 이송할 수 있는 방법에는 여러 가지가 있다. ① 꼬리를 잡고 이송하기, ② 목덜미를 잡고 이송하기, ③ 두 손으로 이송하기가 그것인데 꼬리를 잡고 이송할 때에는 꼬리 끝을 잡지 않도록 주의한다. 꼬리 끝을 잡고 이송하면 동물의 무게로 인하여 동물에 고통이 상당히 가해질 수 있기 때문이다. 랫드의 경우에는 케이지에서 케이지로의 이동 등 짧은 거리를 옮길 때 이외에는 꼬리를 잡고 들지 말아야 한다. 꼬리를 오랫동안 잡고 있으면 피부가 벗겨질 수 있기 때문에 오랜 시간 동안 잡고 있어야 할 경우에는 몸체를 잡도록 한다.

꼬리 잡고 이송하기

목덜미 잡고 이송하기

두 손으로 이송하기

▲ 여러 가지 이송 방법

02 투여

동물실험의 목적과 투여하고자 하는 물질의 특성에 따라 여러 가지 투여 경로를 선택할 수 있다. 시험물질의 투여가 정확한 방법으로 수행되지 않는다면 투여한 물질에 의한 영향을 제대로 평가할 수 없을 뿐만 아니라 실험동물의 의미 없는 희생을 야기할 수 있으므로 투여 방법을 충분히 숙달한다.

동물 보정만큼이나 주사기를 잡는 자세도 정확한 투여를 위해선 매우 중요한 부분이다. 평소에 주사침이 없는 주사기로 피스톤을 당겼다가 미는 동작을 반복하여 연습함으로써 어떤 자세에서든 투여가 가능하도록 한다.

동물종과 투여 경로에 따라 투여할 수 있는 시험물질의 총 부피에는 제한이 있다. 아래 표는 마우스와 랫드를 대상으로 시험물질을 투여할 때 권장되는 투여 경로와 투여 부피이다.

투여 경로	투여 부피
위내 투여	5mL/kg
정맥내 투여	최대 5mL/kg(bolus) 시간당 2mL/kg(continuous infusion)
피하 투여	부위당 최대 5mL/kg

피내 투여	부위당 최대 0.05~0.1mL
근육내 투여	부위당 최대 0.05mL/kg
복강내 투여	최대 10mL/kg

(1) 위내 투여(intragastric administration)

실험동물 분야에서는 위내 투여와 경구 투여[oral administration, per os(PO)]를 혼용하여 많이 사용하고 있으나, 엄밀한 의미에서의 경구 투여는 먹는 물이나 사료에 투여 물질을 혼합하여 투여하는 방법을 의미하며, 위내 투여는 경구용 바늘, 일명 존데(zonde)라는 기구를 사용하여 위에 투여 물질을 직접 투여하는 방법을 의미한다.

존데는 스테인리스로 만들어진 존데와 플라스틱으로 만들어진 존데로 나뉜다. 스테인리스 존데는 반영구적으로 사용이 가능하다는 장점이 있으나, 단단하기 때문에 위내 투여가 익숙하지 않은 투여자는 자칫 식도나 위에 천공을 유발하기 쉽다는 단점이 있다. 플라스틱 존데는 잘 구부러지는 성질 때문에 식도나 위에 천공을 유발하는 경우는 적으나, 투여 과정 중에 동물이 씹어서 손상되기 쉽다는 단점이 있다.

경구 투여 방법은 아래와 같다.

① 일회용 주사기와 존데를 준비한다.
② 주사기의 주사침을 제거하고 쇠 또는 플라스틱 존데를 끼운다.
③ 투여 용액을 정해진 양만큼 존데를 끼운 주사기에 충진하여 준비한다.
④ 동물을 보정하는 손 모양은 아래 그림과 같다. 설치류의 피부는 매우 잘 늘어나기 때문에 피부를 양껏 잡아주지 않으면 보정이 제대로 되지 않아 투여가 제대로 되지 않을 뿐만 아니라 동물과 투여자 모두 다칠 우려가 있다. 보정된 동물의 피부가 엄지의 바닥면부터 검지의 옆면에 이르기까지 모두 닿을 수 있도록 한다(아래 그림 중, 파란색으로 표시된 부분).

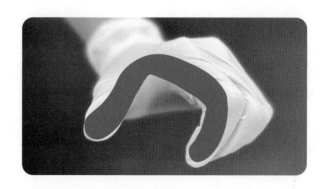

⑤ 케이지 뚜껑에 동물을 올려놓는다. 손으로 꼬리를 잡고 가볍게 당겨 동물의 몸이 신장되도록 한다. 보정하였을 때 몸이 길게 펴지고 머리가 단단히 고정되어야 투여가 가능하다.

⑥ 동물의 엉덩이를 시작으로 얼굴쪽까지 보정할 손을 서서히 이동하면서 손과 동물이 닿는 면적을 최대로 넓힌다. 이때, 동물을 가볍게 눌러주면서 손을 이동하면 동물이 움직이지 않아 보정에 용이하다. 손과 동물의 맞닿는 면적을 최대화해야 보정 후, 동물의 피부를 양껏 잡아당길 수 있어 동물의 움직임을 최소화할 수 있다.

⑦ 엄지를 동물의 뺨에 대고 당겨 잡아 아래 사진과 같이 보정한다. 이때, 얼굴의 피부를 최대한 당겨 잡아야 머리가 하늘을 향하며 움직임을 최소화할 수 있다. 동물의 몸 중앙을 기준으로 피부를 당겨 보정하면 목 부분의 피부가 당겨져 질식하여 사망할 수 있는데 아래 사진과 같이 한쪽으로 치우쳐 보정하면 질식할 위험성을 줄일 수 있다. 특히, 투여 시간이 다소 길어지는 점도가 높은 시험물질을 투여하는 경우에 이 방법이 유용하다.

⑧ 존데의 선단을 보정한 동물의 구강 내에 넣는다. 특히, 플라스틱 존데는 물렸을 경우 손
상되기 쉬우므로 이빨의 오른쪽 또는 왼쪽으로 넣는다.

⑨ 존데를 동물의 몸과 평행하게 넣으면 아무 저항감이 없이 식도로 미끄러지듯이 들어간다. 이때 미끄러지지 않고 저항감이 느껴진다면 기관으로 들어갔을 가능성이 높기 때문에 억지로 힘을 가해 밀어 넣지 않고 존데를 뺐다가 다시 시도한다.

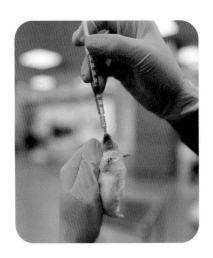

⑩ 피스톤을 잡아당겨 음압이 걸리는지 확인한 다음 피스톤을 밀어 투여한다. 이때 용액이 입이나 코로 흘러나오면 식도가 유착되었거나 구역질에 의한 것이므로 존데를 빼고 투여 물질을 제거한 후 다시 시도한다.

(2) 피하 투여[Subcutaneous(SC) injection]

피부가 잘 늘어나는 마우스와 랫드의 특징을 적극 활용한 투여 경로이며, 진피와 근육 사이에 있는 피하조직에 물질을 투여한다. 보통 등쪽 목덜미에 투여하지만, 등이나 옆구리 등 다른 부위도 투여가 가능하다. 아래 그림은 Masson & Trichrome 염색법으로 염색한 마우스 피부이다. 파란색 화살표로 표시한 부위가 피하 부위이다.

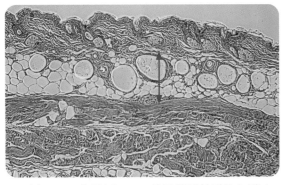

▲ Masson & Trichrome으로 염색한 마우스 피부

피하 투여 방법은 다음과 같다.

① 일회용 주사기에 투여 물질을 채워 넣는다.
② 동물을 보정하는 손 모양은 아래 그림과 같다. 중지, 약지, 소지를 구부려 동물의 등을 살짝 눌러주고, 엄지와 검지로 동물의 목덜미를 잡아당겨 투여 공간을 확보한다.

③ 케이지 뚜껑에 동물을 올려놓는다. 손으로 꼬리를 잡고 가볍게 당겨 동물의 몸이 신장되도록 한다.

④ 중지, 약지, 소지를 구부려 동물 등을 살짝 눌러준다. 살짝 눌러주는 것만으로도 동물의 움직임을 제어할 수 있으므로 너무 세게 누르지 않도록 한다.

⑤ 엄지와 검지를 활용하여 양 귀쪽 뒷목의 피부를 삼각형의 텐트 모양으로 보정한다.

⑥ 삼각형 중앙에 등과 평행하도록 엄지와 검지 사이로 주사침을 꽂는다. 이때, 엄지와 검지로 주사침을 감지할 수 있어야 하며, 투여자의 손가락을 찌르거나 피하가 아닌 근육을 찌르지 않도록 주의한다.

⑦ 피스톤을 잡아당겨 혈액이 주사기 내로 빨려 들어오지 않는 것을 확인한 다음 피스톤을 밀어 물질을 투여한다. 이때, 투여된 물질에 의해 엄지와 검지 사이가 부풀어 오르는 것을 느낄 수 있다. 투여 후, 물질이 새어 나오지 않도록 주사침에 의해 뚫린 구멍을 엄지와 검지로 잡아주면서 주사침을 뺀다.

(3) 복강내 투여[Intraperitoneal(IP) injection]

이 투여법은 주사침이 복강 내 장기를 찌를 수 있기 때문에 세심한 주의가 필요하다. 보정하는 손의 자세는 위내 투여 방법과 동일하다.

복강내 투여 방법은 다음과 같다.

① 일회용 주사기에 투여 물질을 채워 넣는다.
② 위내 투여 시 취하는 손 모양으로 동물을 보정한다.

③ 머리가 바닥을 향하도록 하여 복강내 장기가 머리쪽으로 쏠리도록 한다(head down position). 복강내 장기가 머리쪽으로 살짝 쏠리게 함으로써 주사침이 들어갈 공간을 확보하여 복강 장기가 주사침에 찔리는 현상을 방지할 수 있다.

④ 주사침을 복부 피부와 수평이 되도록 피하로 약 0.5~1.0cm 정도 삽입한다. 이렇게 복강을 바로 뚫지 않고 피부를 살짝 떠주는 이유는 투여한 물질이 주사 부위로 새어나오지 않도록 하기 위함이다.

⑤ 주사기를 45도로 세운 후, 주사침을 전진하여 복강을 뚫는다. 피스톤을 당겨 주사기 내로 혈액이나 장관 내용물이 빨려 들어오지 않는 것을 확인한 후, 투여한다.

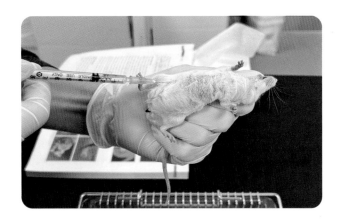

(4) 근육내 투여[Intramuscular(IM) injection]

마우스와 랫드의 경우, 투여 부위로 뒷다리의 근육이 활용된다(아래 그림 참고). 주사 바늘은 23guage보다 얇은 주사바늘이 적절하며, 보통 1명의 연구자가 동물을 단단히 보정하고 다른 1명의 연구자가 뒷다리를 잡고 시험물질을 투여한다. 이때 뒷다리에 좌골신경(sciatic nerve)이 주행하기 때문에 주사바늘이 이 신경을 건드리지 않도록 주의한다.

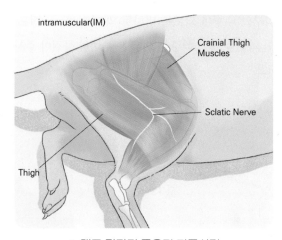

intramuscular(IM)

Crainial Thigh
Muscles

Sclatic Nerve

Thigh

▲ 랫드 뒷다리 근육과 좌골신경

근육내 투여 방법은 다음과 같다.

① 일회용 주사기에 투여 물질을 채워 넣는다.
② 위내 투여 시 취하는 손 모양으로 동물을 보정한다.

③ 1명의 연구자가 동물을 보정하고 다른 1명의 연구자가 동물의 뒷다리를 살짝 잡아당긴다.
   알코올 솜으로 투여 부위를 소독한다.

④ 좌골신경의 위치를 피하여 주사바늘을 뒷다리 근육에 찌른 후, 피스톤을 잡아당겨 혈액이 딸려 오지 않는 것을 확인한다. 혈액이 맺히지 않는 것을 확인한 후에 시험물질을 천천히 투여한다.

⑤ 투여 후, 케이지에 돌려보낸 동물의 보행을 관찰하여 투여에 의한 문제는 없는지 확인한다.

(5) 꼬리정맥내 투여

마우스의 랫드의 꼬리에는 배쪽에 동맥혈이 흐르고 등쪽 그리고 좌측과 우측에 정맥혈이 흐른다. 4개의 혈관 중, 꼬리정맥내 투여는 좌측과 우측 정맥 혈관을 활용한다. 섬세한 투여 기술이 요구되는 투여 방법이기 때문에 동물의 움직임을 최소화하기 위하여 마취하거나 보정틀에 넣어 보정한다. 동물에 보온등을 1분 정도 쬐어주거나 꼬리만 따뜻한 물에 잠시 넣어 두면 혈관이 확장되어 투여에 용이하다.

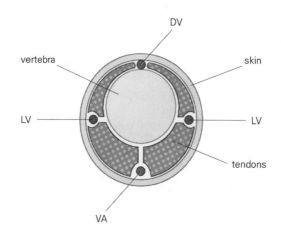

꼬리정맥내 투여 방법은 다음과 같다.

① 일회용 주사기에 투여 물질을 채워 넣는다.
② 동물의 꼬리를 잡고 보정틀에 넣는다. 동물이 보통 보정틀에 잘 안 들어가려고 하므로 강하게 밀어 넣다가 동물이 다치지 않도록 주의한다.

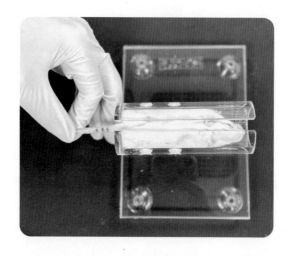

③ 마개에 뚫려있는 숨구멍에 동물의 코가 들어가도록 위치하고 레버를 돌려 단단히 고정한다. 숨구멍에 동물의 코가 제대로 들어갔더라도 마개로 동물을 너무 강하게 압박하면 동물이 숨을 쉬기 어려울 수 있으므로 숨을 제대로 쉬는지 수시로 확인한다. 보정틀의 형태와 사용법이 제조사마다 다양하므로 사용법과 주의사항을 반드시 확인한다.

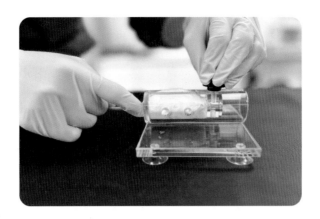

④ 알코올 솜으로 투여 부위를 닦아준 후, 꼬리 끝부분부터 투여를 시도한다. 정맥이 피부 바로 아래에 위치하기 때문에 주사침으로 피부를 얇게 뜨는 느낌으로 시도한다. 주사침을 찌르는 꼬리 부분을 꺾어주고(파란색 점선 동그라미) 꼬리를 팽팽하게 잡아당기면 주사침이 정맥내로 들어가기 용이하다. 만약 첫 번째 시도에서 실패했다면 처음 시도한 위치에서 몸쪽으로 이동하여 재차 시도한다.

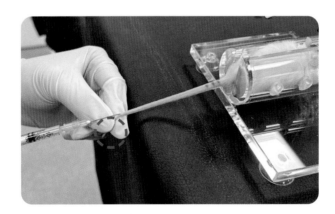

⑤ 피스톤을 살짝 당겨 혈액이 빨려 들어오는 것을 확인한 후(파란색 점선 동그라미), 시험물질을 투여한다. 정맥내가 아닌 다른 부분으로 투여가 되면 투여 부위를 중심으로 피부가 하얗게 부풀어 오르는 것을 확인할 수 있으며, 주사기를 뺀 후 다시 시도한다.

(6) 피내투여[Intradermal(ID) injection]

피내 투여는 tuberculin 반응 등 면역 알레르기 시험에서 많이 활용되는 투여방법이다. 투여 부위로는 주로 등쪽 부위를 활용하며 투여가 제대로 이루어졌는지를 확인하기 위하여 투여 전에 제모기나 제모제로 털을 제거한다. 피내 투여 방법에 익숙한 연구자들은 주사기 이외 의 별도 기구가 없더라도 투여하는 데 문제가 없지만, 포셉을 함께 활용하면 보다 더 쉽게 피 내 투여가 가능하다. 이때, 시험물질 투여 후에 수포가 형성되지 않았다면 피내에 투여된 것 이 아니라 피하 등 다른 부위에 투여된 것이므로 재차 다른 부위에 시도한다.

피내투여 방법은 다음과 같다.

① 호흡 마취나 주사 마취를 통하여 동물을 마취한 후에 제모기나 제모제로 투여 부위의 털 을 제거한다. 제모기만을 활용하면 털이 완전히 제거되기 어려우므로 제모제를 함께 사 용하는 것이 좋다.

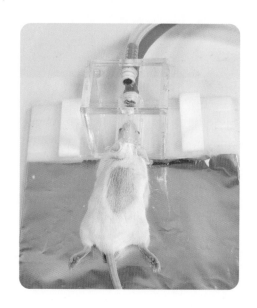

② 투여 부위를 포셉으로 살짝 잡아준다.

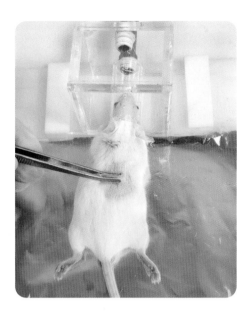

③ 포셉 사이로 잡힌 피부의 표면과 거의 수평하게 3~5mm 정도 주사 바늘을 찔러 넣는다. 주사바늘이 피내에 정확히 삽입이 되면 주사바늘이 통과하는 데 저항감을 느끼게 된다.

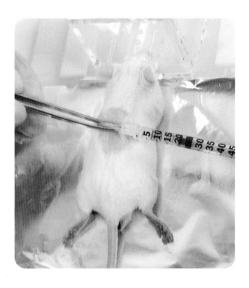

④ 시험물질을 천천히 투여하면서 투여 부위의 피부를 잡은 포셉도 함께 천천히 놓는다. 투여 부위에 수포가 형성되었는지 확인한다.

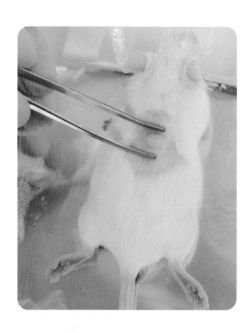

03 채혈

채혈은 동물의 혈액학 및 혈액생화학 정보를 파악하기 위한 목적뿐만 아니라 혈액을 활용하는 여러 동물실험을 수행하기 위하여 반드시 필요한 기본 동물실험법이다. 채혈법은 크게 부분 채혈법과 전(全)채혈법으로 나뉜다. 부분 채혈법은 동물을 희생시키지 않고 소량의 혈액을 반복적으로 채취하여야 할 때 활용하는 방법이며, 전채혈법은 동물을 희생시킬 수 있으며 다량의 혈액이 필요할 때 활용하는 방법이다. 특히, 전채혈법은 동물을 희생시킬 수 있기 때문에 반드시 적절한 마취가 선행된 후에 실시하여야 한다. 부분 채혈법에는 대표적으로 꼬리정맥 채혈법, 안와정맥얼기 채혈법, 경정맥 채혈법이 있으며, 전채혈법에는 심장채혈법과 복대정맥채혈법이 있다.

⚛ 채혈 부위별 채혈량

채혈 부위	마우스	랫드
꼬리정맥	0.03~0.05mL	0.3~0.5mL
안와정맥얼기	0.05~1.0mL	3~5mL

경정맥	0.5~1.0mL	3~5mL
심장	0.5~1.0mL	3~5mL
복대정맥	0.5~1.0mL	5~8mL

많은 양의 혈액을 채취하는 것은 동물복지 측면에서 문제가 될 수 있을 뿐만 아니라 생리학적 변화를 유발하여 실험 결과에도 영향을 미칠 수 있다. 일반적으로 권장최대채혈량은 총 혈액량의 10% 정도이다. 마우스와 랫드의 총 혈액량과 권장최대혈액량은 아래 표와 같다.

⚛ 마우스와 랫드의 총 혈액량과 권장최대혈액량

동물 종(체중)	총 혈액량	권장최대혈액량*
마우스(25g)	1.8mL	0.2mL
랫드(250g)	16mL	1.6mL

* 권장최대혈액량 = 총 혈액량의 10%

채혈 시의 과도한 용혈은 적혈구 관련 수치에 영향을 미칠 수 있으며, 혈액의 응고는 혈소판 관련 수치에 영향을 미칠 수 있다. 채혈 과정 중에 용혈을 방지할 수 있는 가장 대표적인 방법에는 채혈 시에 피스톤을 너무 급하게 당기지 않는 것과 채혈 후에 주사바늘을 제거하고 용기에 혈액을 담는 것이 있다. 또한, 분석 목적에 따라서 적절한 채혈 튜브를 사용하는 것과 각 채혈 튜브의 사용 및 처리 방법을 미리 숙지하는 것도 매우 중요한 부분이다.

채혈 전 절식이 필요할 경우에는 랫드는 12~16시간이 적절하며, 이에 비해 대사속도가 빠른 마우스의 경우에는 3~4시간 정도가 적절하다.

(1) 뒤대(후대)정맥 및 배대동맥 채혈(Caudal vena cava & abdominal aorta blood collection)
채혈방법은 아래와 같다.

① 호흡마취 또는 주사마취를 통하여 동물을 마취한다. 이때 호흡 형태나 toe pinch를 통한 외부 자극에 대한 반응성을 확인하여 마취가 적절히 유도되었는지를 반드시 확인한다. 또한, 동물이 사망하면 혈류가 정지하여 채혈이 불가하기 때문에 동물의 상태를 지속적으로 모니터링해야 한다.

② 동물을 등쪽이 바닥을 향하도록 자세를 취해준다.

③ 포셉과 가위를 활용하여 요도구의 상부로부터 검상돌기까지 피부를 절개하고 좌우로 피부를 절개한다. 이때, 혈관이나 내부 장기를 건드려 다량의 출혈이 발생하지 않도록 주의해야 한다.

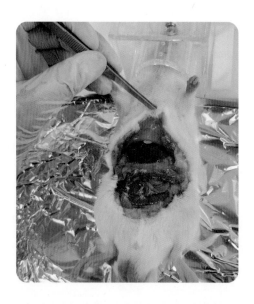

④ 내장 전체를 한 쪽으로 제쳐 놓고 탈지면이나 tissue를 활용하여 지방조직을 좌우로 분리시킨다. 이때 생각보다 센 힘으로 지방조직을 닦아내어야 복부 중앙에 있는 뒤대정맥과 배대동맥이 노출된다(아래 파란색 점선 동그라미).

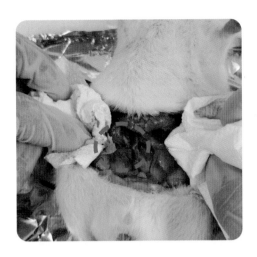

⑤ 주사바늘의 사면을 위로 향하게 하여 노출된 뒤대정맥과 배대동맥에 주사바늘을 삽입한다. 이때, 피스톤을 너무 세게 당기면 혈관벽이 주사바늘의 입구를 막게 되므로 피스톤을 서서히 당겨서 채혈한다.

⑥ 필요한 혈액이 얻어지면 주사바늘을 분리한 후 적절한 채혈 튜브에 혈액을 담는다.

(2) 심장채혈(Cardiac puncture)

개흉하고 심장을 통하여 직접적으로 채혈하는 방법과 개흉을 하지 않고 심장의 위치를 촉진한 후 채혈하는 방법이 있다. 개흉을 하지 않고 심장의 위치를 촉진하여 채혈하는 방법은 아래와 같다.

① 주사마취를 통하여 동물을 마취한다. 이때 호흡 형태나 toe pinch를 통한 외부자극에 대한 반응성을 확인하여 마취가 적절히 유도되었는지를 반드시 확인한다. 또한, 동물이 사망하면 혈류가 정지하여 채혈이 불가하기 때문에 동물의 상태를 지속적으로 모니터링해야 한다.

② 엄지와 검지를 활용하여 목덜미와 등쪽 피부를 바짝 잡는다. 목덜미와 등쪽 피부를 바짝 잡는 이유는 동물을 보정하는 것과 함께 늑골을 통한 심장 촉진과 주사바늘이 피부를 뚫고 심장에 접근하는 데 용이하게 하기 위함이다.

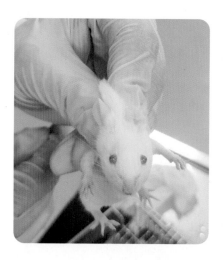

③ 마우스에서는 24~25guage, 랫드에서는 22~23guage 주사바늘의 공기를 모두 뺀 후, 채혈할 동물의 심장을 촉진한다.

④ 주사바늘을 아래 그림의 빨간색 실선 동그라미 위치에 삽입한다는 생각으로 흉강에 수
   직으로 찌른다.

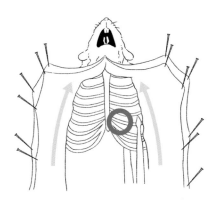

⑤ 피스톤을 서서히 당겼을 때 혈액이 주사기 내로 수월하게 유입되어야 주사침이 정확히 심
   장에 삽입된 것이다. 따라서 혈액이 나오지 않거나 나오다가 유입이 끊긴 경우에는 주사
   침을 빼내서 재시도한다. 특히, 흉강 내에서는 주사침을 좌우로 움직이지 말고 직선 방향
   으로만 삽입하여 채혈한다.

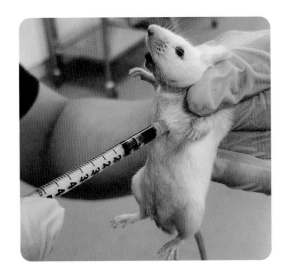

⑥ 필요한 혈액이 얻어지면 주사바늘을 분리한 후 적절한 채혈 튜브에 혈액을 담는다.

(3) 경정맥채혈(Jugular vein blood collection)

경정맥채혈법은 동물을 희생시키지 않고 연속채혈이 가능하며, 꼬리정맥 채혈 시의 혈액학적 지표의 변화나 심장채혈 시의 심장에 대한 영향 등을 배제할 수 있어 가장 좋은 채혈법으로 알려져 있다. 마우스와 랫드의 보정법에 차이가 있으며, 보정법의 가장 중요한 포인트는 쇄골을 노출시키는 것이다. 쇄골의 위치를 확인하면 경정맥의 대략적인 위치 파악이 가능하며, 쇄골의 기시부(붉은색 동그라미)에 주사바늘을 삽입하여 채혈한다.

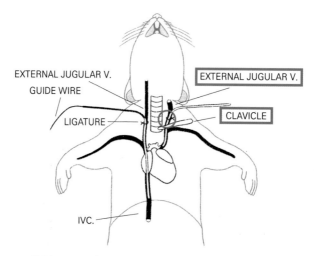

▲ 쇄골(Clavicle)과 경정맥(Jugular vein)의 위치 모식도

1) 마우스

① 위내 투여 시 취하는 손 모양으로 동물을 보정한다.

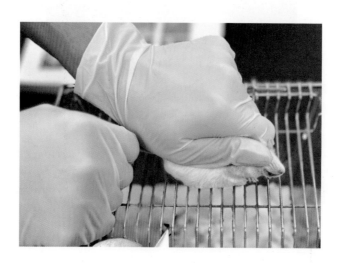

② 중지로 앞발을 뒤로 살짝 젖혀 쇄골(아래 사진의 붉은색 실선)을 노출시킨다.

③ 촉진하여 쇄골의 위치를 확인한다.

④ 주사바늘의 끝을 쇄골의 기시부에 가져다 댄 후, 주사바늘의 길이만큼 간격을 두고 주사
   바늘을 삽입한다. 주사바늘을 쇄골의 기시부까지 밀어 넣는다.

⑤ 피스톤을 서서히 당겨 채혈한다.

⑥ 필요한 혈액이 얻어지면 주사바늘을 분리한 후 적절한 채혈 튜브에 혈액을 담는다.

2) 랫드

① 한 손으로 꼬리를 잡고 다른 한 손의 엄지를 목에 대고 다른 손가락으로 몸통을 잡는다.

② 목에 엄지를 댄 채, 몸 뒤쪽으로 잡아끌어 동물의 머리가 천장을 향하게 한다. 엄지로 잡아끌 때 엄지가 미끄러지지 않아야 동물의 머리가 제대로 천장을 향할 수 있다.

③ 손 모양을 유지한 채, 동물을 들어 올린다. 중지와 약지를 활용하여 앞발을 뒤로 살짝 젖혀 쇄골을 노출시킨다.

④ 촉진하여 쇄골(아래 사진의 붉은색 실선)의 위치를 확인한다.

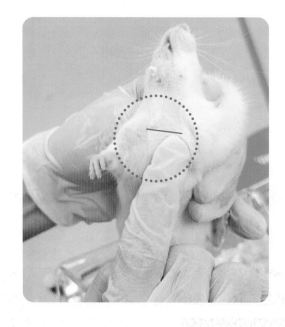

⑤ 주사바늘의 끝을 쇄골의 기시부에 가져다 댄 후, 주사바늘의 길이만큼 간격을 두고 주사
　바늘을 삽입한다. 주사바늘을 쇄골의 기시부까지 밀어 넣는다.

⑥ 피스톤을 서서히 당겨 채혈한다.

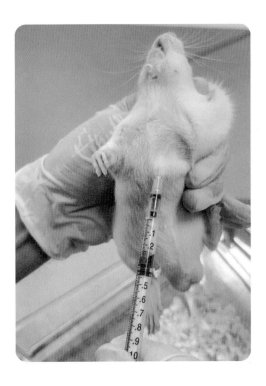

⑦ 필요한 혈액이 얻어지면 주사바늘을 분리한 후 적절한 채혈 튜브에 혈액을 담는다.

동물실험 기본기법 - 마취, 부검, 안락사

학습 목표

- 대표적인 실험동물인 설치류에서 사용하는 마취법에 대하여 안다.
- 대표적인 실험동물인 설치류의 부검 순서에 대하여 안다.
- 실험동물에 적용할 수 있는 적절한 안락사 방법을 선택할 수 있다.

대부분의 동물실험은 이전 챕터에서 기술한 것과 같이 동물을 정확한 방법으로 보정을 한 뒤, 결과를 알고자 하는 시험물질을 실험계획에서 정해진 투여경로로 투여한 다음 혈액학적 또는 혈액화학적 자료를 얻기 위해 적절한 시점에 몸의 표면에서 접근이 가능한 여러 혈관에서 채혈을 하게 된다. 이러한 실험내용은 모두 실험동물이 살아있는 상태에서도 반복적으로 수행이 가능한 처치이다.

채혈으로 얻은 혈액을 분석하여 투여한 시험물질에 대한 목표 장기(target organ)에서의 효과나 변화를 간접적으로 알 수는 있으나 실제 목표 장기의 조직 수준 이상의 변화를 확인하기 위해서는 마취 상태에서 수술적 방법으로 목표 장기의 일부를 생검(biopsy)하거나 실험종료 시점에서 동물을 희생하여 목표 장기를 적출하여 조직병리학적 검사를 수행하여야 한다.

계획한 실험종료 시점뿐만 아니라 인도적인 실험종료 시점에서 동물을 희생하는 방법으로 동물로 하여금 최대한 고통을 느끼지 않게 하면서 죽음에 이르게 하는 안락사(euthanasia)를 선택할 수 있다. 이 챕터에서는 이전 챕터에서 이어지는 동물실험 기본기법에 대한 내용으로 마취, 부검, 안락사를 기술하고자 한다.

01 마취

마취(anesthesia)는 마취제에 의해 신체 일부 또는 전신의 감각을 상실한 상태이다. 마취의 목적은 사람이나 동물에게 통증을 주지 않고 수술을 하기 위한 것으로, 수술을 위해서 반드시 필요한 처치이다. 수술이 가능한 적절한 깊이의 마취 상태가 안정적으로 유지되는 것은 통증을 최소화할 수 있고 수술 중 사람이나 동물의 움직임으로 인해 발생할 수 있는 사고를 예방할 수 있다는 점에서 매우 중요하다.

수술이 가능한 적절한 깊이의 마취 상태는 마취제에 의한 중추신경계(central nerve system; CNS)의 억압에 의해 외부 자극에 대하여 인식을 감소하고 자극에 대한 반사행동이나 근육의 움직임이 사라진 상태이다. 다만 마취의 부작용으로 중추신경계의 억압으로 근육의 움직임 소실뿐만 아니라 호흡과 순환 기능도 억제가 되어 사망에 이를 수도 있으므로 마취 상태의 동물을 주기적으로 관찰하는 것은 반드시 필요하다.

1. 마취 전 고려사항

일반적으로 동물실험에 사용하는 실험동물은 건강한 상태로 사육관리가 된 상태이므로 마취 전에 특별히 고려해야 하는 사항은 많지 않다. 하지만 약물 투여나 수술적 방법 등으로 인위적으로 특정 질환이 발생하도록 유도한 질환모델이거나 감염이나 과도한 스트레스로 정상적인 생리상태가 아닌 동물에서는 마취 중 사고가 발생할 우려가 있으므로 충분히 고려를 해야 한다.

일반적으로 동일한 마취제 성분과 용량을 투여한 경우에도 사용하는 실험동물의 동물종에 따라서 마취의 정도에 차이가 있고, 같은 동물종에서도 상태나 상황에 따라 서로 다른 마취 상태가 나타날 수 있다.

(1) 나이(age)

일반적으로 매우 어린 동물과 나이가 많은 동물에서 마취제에 민감하고, 어리거나 나이 많은 동물은 기초대사율이 낮기 때문에 마취제에 대한 해독능력이 떨어지므로 성체에 비해 적은 양의 마취제를 사용하더라도 같은 깊이의 마취 상태가 될 수 있다.

(2) 성별(sex)

마취제에 따라서 약간의 차이는 발생할 수 있지만 일반적으로 수컷 동물보다 암컷 동물이 마취제에 더 민감한 것으로 알려져 있다. 이는 위에서 나이에서 발생하는 차이와 동일하게 성별에 따른 기초대사율 차이에 의한 것으로 판단한다.

(3) 비만(obesity)

비만 상태의 동물은 크게 두 가지에 의해 마취제에 민감한 것으로 알려져 있다. 첫째, 나이에서 발생하는 차이와 동일하게 기초대사율 차이에 의한 것으로, 비만 상태의 동물은 정상 체중의 동물에 비해 기초대사율이 낮기 때문에 마취 상태의 차이가 발생할 수 있다. 둘째, 대부분의 마취제는 지질 친화력이 높기 때문에 비만 상태의 동물에 투여된 마취제는 지방 조직에 축적되어 있다가 시간이 지나면서 조금씩 지속적으로 분비될 수 있다. 이러한 현상은 마취 상태에서 각성 상태까지의 회복기간이 연장될 수 있고 심한 경우 과마취로 인하여 폐사할 수도 있다.

(4) 유전적 차이

같은 동물종의 동물 중에서도 계통이나 품종에 따라 마취의 정도가 다른 것은 혈액 내 마취제를 운반하는 효소와 간에서 마취제를 해독하는 효소의 기능과 숫자에 대한 유전적 배경 차이에 의한 것으로 알려져 있다.

(5) 건강 상태

폐, 간, 신장의 기능에 영향을 주는 질환에 걸린 경우 마취제의 흡수와 배출에 심각한 영향을 끼치므로 마취 전에 반드시 기능 이상 여부를 확인하고 건강한 상태의 동물만 마취를 실시하여야 한다.

2. 전마취 처치

전마취 단계는 본격적인 마취제를 투여하여 마취 처치를 하는 단계 전에 전마취제에 해당하는 약물을 투여하는 단계이다. 일반적으로 전마취는 동물이 마취 전에 받는 공포감, 불안, 스트레스를 줄여서 마취 도입을 부드럽게 해주고, 마취에 필요한 마취제 용량을 감소시켜 마취제의 부작용을 감소시키기 위해 실시한다. 또한 타액 분비나 구토를 감소시켜 마취 중 동물 상태 관리를 쉽게 해주고 마취에서 회복하는 동안 수술 후 통증을 감소시키는 역할을 한다. 전마취에 사용하는 약물은 항콜린제나 진정제와 같은 전마취제와 마약성 또는 비마약성 진통제가 대표적이다.

(1) 항콜린제(anticholinergics)

항콜린제는 신경전달물질 중 하나인 아세틸콜린(acethylcholine)의 기능을 차단하는 약물로 부교감신경 자극을 억제한다. 대표적인 약물로 atropine, glycopyrrolate로 침 분비를 감소시키고 심박수를 증가시켜 서맥(bradycardia)을 예방한다. 참고로 atropine은 투여 후 1~1.5시간 정도 효과가 지속되고, glycopyrrolate는 2~4시간 정도 효과가 지속된다.

(2) 진정제(sedatives)

진정제는 중추신경계에 작용하여 신경 흥분을 억제함으로써 수면을 유도하거나 긴장을 완화시키는 약물이다. 대표적인 약물로 phenothiazine 계열과 butyrophenone 계열, benzodiazepine 계열, α-2 효현제 계열 약물이 있다.

1) phenothiazine 계열

acepromazine과 같이 "~promazine"으로 끝나는 이름을 가진 약물이 이 계열에 속하고 동물실험에서 주로 사용하는 약물은 acepromazine이다. 투여 후 4~8시간 동안 효과가 지속되는데 간 기능이 감소한 동물에서는 약물 분해력이 떨어지므로 지속효과가 연장되어 전반적인 마취시간이 길어질 수 있으므로 주의해야 한다.

2) butyrophenone 계열

대표적인 butyrophenone 계열 약물은 azaperone으로 특히 돼지에서 많이 사용한다. phenothiazine 계열 약물과 동일하게 간에서 약물이 분해되므로 간 기능에 문제가 있는 동물에서는 마취시간이 연장되는 부작용이 발생할 수 있다.

3) benzodiazepine 계열

진정 효과뿐만 아니라 근육이완 효과가 뛰어나서 사람에서 수면내시경 시술 등을 위해 많이 사용하는 약물로 diazepam, midazolam 등이 benzodiazepine 계열의 약물이다. 다른 진정제에 비해 호흡기계나 순환기계의 억압이 적은 편이고 임신한 동물에도 사용 가능한 장점이 있다.

4) α-2 효현제(agonist) 계열

동물실험에서 사용하는 대표적인 α-2 효현제 계열 약물은 xylazine과 medetomidine이 있다. xylazine은 진정 효과와 근육이완 효과에 더불어 진통 효과까지 가지고 있어 오래 전부터 마취제와 병용하여 사용해 왔다. 동물종에 따라 감수성 차이가 있고 부작용은 심박수나 호흡수 감소와 같은 심폐억압이다. 개와 고양이에 사용할 경우 항상 구토가 발생하므로 xylazine 투여 전에 반드시 절식과 항구토제 투여가 필요하다.

medetomidine은 xylazine보다 강력한 진정 효과와 근육이완 효과를 가지지만 진통작용은 없거나 약한 것으로 알려져 있다.

(3) 진통제(analgesics)

진통제는 통증 자극의 전달을 억제함으로써 통증을 못 느끼게 하거나 완화시키는 약물이다. 크게 중추신경계에 작용하고 진통효과가 뛰어난 마약성 진통제(opioid)와 말초신경계에 작용하고 진통효과는 크지 않은 비마약성 진통제 또는 비스테로이드성 소염제(non-steroid anti-inflammatory drugs; NSAIDs)로 구분한다.

1) 마약성 진통제

마약성 진통제는 투여량에 따라 소량 투여 시에는 일반적으로 중추신경계 억압으로 진통과 진정 효과, 호흡억제 증상이 나타나고, 과량 투여 시에는 오히려 중추신경계 자극으로 흥분과 구토 증상이 나타난다.

① 펜타닐(fentanyl)

작용 지속 시간을 보완하기 위해 패치 형태로 많이 사용되고 강력한 진통 효과가 있는 마약성 진통제이다. 투여 후 효과가 빠르게 나타나고 순환기계 억압은 적으나 호흡기계 억압이 있다. 참고로 가장 초기 형태의 마약성 진통제인 모르핀(morphine)의 진통효과가 1이라면 펜타닐은 100 정도의 효과를 가지고 있다. 관련 국내법에는 "마약"에 속한다.

② 부프레노르핀(buprenorphine)

순환기계와 호흡기계 억압이 적고 작용 지속 시간이 4~6시간으로 긴 편이라서 수술 후 진통을 위해 많이 사용하는 마약성 진통제이다. 관련 국내법에는 "향정신성의약품"에 속한다.

2) 비마약성 진통제

비마약성 진통제는 진통 효과뿐만 아니라 소염 효과도 있기 때문에 염증과 관련한 동물실험에서 진통제로 사용하는 것은 적절하지 않다.

① 카프로펜(carprogen), 케토프로펜(ketoprofen)

예전부터 대부분 실험동물의 동물종에서 많이 사용해 온 비마약성 진통제이다.

② 멜록시캄(meloxicam)

수의임상 분야에서 고양이의 효과적인 진통을 위해 개발된 비마약성 진통제로 경구 투여 또는 피하 투여가 가능하다.

③ 트라마돌(tramadol)

비마약성 합성 오피오이드 작용약으로 멜록시캄과 더불어 수의임상 분야에서 주로 쓰이는 비마약성 진통제이다. 오피오이드 수용체에 작용하기 때문에 비록 비마약성 진통제이지만 진통 효과는 마약성 진통제와 같이 강력하다.

3. 마취 처치

실험동물의 마취방법은 크게 마취의 작용 범위에 따라서 국소마취(local anesthesia)와 전신마취(general anesthesia)로 구분하고, 마취제 투여경로에 따라 주사마취(injected anesthesia)와 호흡마취(gas anesthesia)로 구분한다.

국소마취의 경우 의식 소실 없이 국소적으로 통증감각을 없애는 것을 의미하고, 마취제를 주사기를 사용하여 특정 신경 주변에 투여하여 신경 전달을 차단함으로써 마취효과를 얻는 방법이다. 국소마취의 경우 특정 부위를 한정하여 통증을 차단하는 것이 목적이다. 반면에 전신마취는 마취제를 일반적인 비경구적 투여경로를 통해 주사기로 투여하거나 마취가스를 흡입시켜 의식을 잃게 함으로써 통증감각을 없애는 것이다.

한편 주사마취는 비경구적 투여경로인 피하(subcutaneous), 근육(intramuscular), 복강(intraperitoneal), 정맥(intravenous) 투여를 통해 주사제를 투여하는 방법으로 마취를 위한 특별한 장비 없이 주사기만 있으면 마취가 가능하다는 장점이 있다. 하지만 마취의 깊이를 조절하기 어렵고 대부분의 마취제는 마취 효과를 제거하는 길항제가 없기 때문에 마취제 투여 이후 동물이 스스로 깨어날 때까지 기다려야 하는 단점이 있다. 아래 표는 투여경로별 특징을 정리한 것이다.

주사마취제 투여경로별 특징

	마취제 특성	반응 속도
피하	비자극성, 수용성	+
근육	비자극성, 현탁액	++
복강	비자극성, 현탁액	+++
정맥	비자극성, 자극성, 현탁액	+++

반면에 흡입마취는 휘발성 마취제에서 기화된 마취가스를 흡입하는 방법으로 흡입마취를 위해서는 마취가스로 기화시키는 기화기나 마취상자(chamber)와 같은 장비가 필요하다. 기화

기를 이용한 흡입마취의 경우 마취가스의 양을 조절함으로써 일정한 마취 깊이를 유지할 수 있고 폐를 통한 마취제 배출로 쉽게 각성할 수 있다는 장점이 있다. 마취 유도를 위해 사용하는 아크릴 등으로 제작한 마취상자를 이용할 때 기화기가 없는 상태에서 마취를 해야 할 경우에는 반드시 움직임이나 호흡수 변화를 지속적으로 주의 깊게 관찰하여야 과마취로 인한 사고가 발생하지 않는다.

(1) 주사마취

1) barbiturate 계열

작용 시간에 따라서 초단시간(5~15분), 단시간(45~90분), 장시간(8~12시간)으로 나누고, 각각 대표적인 마취제는 thiopental, pentobarbital, phenobarbital이 있다. 부작용으로 순환기계와 호흡기계 억압으로 부정맥과 호흡곤란 등이 발생할 수 있다. 진통효과가 없기 때문에 진통제와 병용을 해야 하고 안전역이 넓지 않으므로 투여 용량에 주의하여야 한다.

2) 비barbiturate 계열

마취 지속시간이 짧은 마취제이고 순환기계 억압이 적어서 심혈관계 연구에 유용한 마취제이다. etomidate, propofol, α-chloralose가 사용된다. 적절한 근이완 효과와 함께 빠른 회복이 가능한 특징이 있다. 이전에는 urethane을 사용하기도 했는데 발암물질로 알려져서 더 이상 사용하지 않는다.

3) 해리성 마취제

근육의 긴장도가 유지되어 마치 깨어있는 것처럼 보이나 실제로는 의식이 없는 상태인 해리성 마취를 일으키는 마취제이다. 대표적인 해리성 마취제는 케타민(ketamine)과 틸레타민(tiletamine)이 있다. 다른 마취제들과 달리 근육 이완이 충분하지 않기 때문에 전마취제로 근육 이완을 해주는 약물을 함께 사용한다. 케타민은 오래 전부터 동물실험에 많이 사용해 온 마취제로서 참고할 수 있는 자료가 매우 많고 효과적인 마취효과를 위해 다양한 종류의 전마취제와 병용한 프로토콜이 있다. 참고로 향정신성의약품으로 지정되기 전에 수의임상 분야에서 많이 사용한 주사마취제인 상품명 zoletil은 해리성 마취제인 틸레타민과 진정제인 zolazepam을 1:1 비율로 미리 혼합한 약물이다.

(2) 흡입마취

흡입마취제의 마취 효과를 나타내는 것 중에 가장 대표적인 것은 최소폐포내농도(minimal alveolar concentration; MAC)이다. 최소폐포내농도는 1기압에서 통증 자극이 있는 동물의 절반이 통증을 느끼지 않는 마취가스의 농도이고, 수치가 높을수록 마취 효과를 위해 더 많은 마취가스가 필요한 것을 의미하므로 최소폐포내농도 수치가 낮을수록 좋은 흡입마취제라고 할 수 있다.

1) 아이소플루란(isoflurane)

현재 동물실험에서 가장 많이 사용하고 있는 흡입마취제이다. 이전에 사용해왔던 흡입마취제에 비해 순환기계 억압이 적고 간에서 대사가 적게 일어나는 장점이 있다. 최근 아이소플루란 마취가 뇌, 심장, 신장의 허혈성 손상을 억제하는 효과가 있다고 알려져 허혈성 손상 모델을 제작할 때 마취제 선택을 고려할 필요가 있다.

2) 할로탄(halothane)

아이소플루란을 사용하기 전에 가장 많이 사용했던 흡입마취제 중 하나이다. 흡입마취제 중에서 최소폐포내농도가 가장 낮아서 좋은 마취제로 사용해왔으나 사람과 동물에서 간부전을 일으키는 것으로 알려져 더 이상 생산되지 않는다.

3) 디에틸에테르(diethtyl ether)

기화기 없이 사용 가능한 흡입마취제로서 오래 전부터 사용해 왔지만 사람과 동물에게 자극성이 강하고 마취 회복 후에도 정상적인 생리학적 기능을 억제할 뿐만 아니라 암을 일으키는 것으로 알려져 있어서 사용하지 않는 것을 권고한다. 아울러 화학적 특성상 인화성, 폭발성 액체로 낮은 온도에서도 기화되어 쉽게 화재나 폭발이 발생할 수 있으므로 마취제로서 더 이상 사용을 하지 않는 것이 좋다.

4) 아산화질소(nitrous oxide, N_2O)

아산화질소 자체로는 마취작용이 약하지만 다른 흡입마취제와 혼용할 경우 사용하는 마취제 용량을 절반 정도 감소시킬 수 있다. 흡입마취 시 아산화질소 단독 사용보다는 호흡기계와 순환기계뿐만 아니라 신장과 간 기능에도 거의 영향을 주지 않으므로 흡입마취 시 보조적인 방법으로 사용한다. 아산화질소 사용에서 주의할 사항은 마취 회복 시에 산소 부족으로 인해 호흡곤란이나 심할 경우 폐사할 수 있으므로 충분한 산소 공급을 해야 한다.

(3) 마우스, 랫드 마취 프로토콜

우리나라에서 실험동물로 가장 많이 사용하는 동물종인 설치류인 마우스와 랫드에서 주로 사용하는 마취 프로토콜을 소개하고자 한다. 해당 프로토콜은 일반적으로 자주 사용하는 마취제를 기준으로 제공하는 자료로서 동물실험의 특성과 실험에 사용하는 동물의 나이,

성별, 계통(strain) 등에 따라 달라질 수 있으므로 최적의 마취 효과를 위해서는 수의사와 충분히 논의 후 결정하여야 한다.

1) 주사마취

마우스와 랫드는 실험동물로 사용하는 동물종 중에서 상대적으로 근육량이 적은 동물이다. 따라서 주사마취제 투여 경로로 근육 투여는 권장하지 않으며, 일반적으로 복강 투여를 가장 많이 선택한다. 또한 체중도 적게 나가는 동물이기 때문에 주사마취 시 대부분 마취제를 주사용수나 생리식염수에 희석하여 사용하는데 희석 시 비율 등 계산을 정확히 하여야만 과량 투여가 일어나지 않고, 권장투여량을 바탕으로 주사기로 투여할 수 있는 적절한 희석용량으로 계산해야 정확한 마취제 용량을 투여할 수 있음을 유의해야 한다.

> **TIP**
>
> 예전에는 상품명 Avertin®으로 판매된 tribromoehtanol의 경우 더 이상 생산, 판매되지 않는 비의약품 등급의 화학물로서 자극성이 강하여 복강 투여 시 장기 유착 등이 발생할 수 있고 반복투여 시 간독성과 신독성이 있다고 알려져 있기 때문에 사용하지 않는 것이 좋다.

⚛ 마우스 주사마취 프로토콜

마취제	투여경로	투여량(mg/kg)	마취 시간(분)
ketamine + xylazine	IP	60~90(K) + 6~9(X)	30~45
ketamine + medetomidine	IP	75(K) + 0.5(M)	20~30
tiletamine/zolazepam + xylazine	IP	40~50(T/Z) + 5~10(X)	30~45
pentobarbital	IP	40~60	300

⚛ 랫드 주사마취 프로토콜

마취제	투여경로	투여량(mg/kg)	마취 시간(분)
ketamine + xylazine	IP	40~90(K) + 5~10(X)	45~90
ketamine + medetomidine	IP	40(K) + 0.5(M)	30~40
tiletamine/zolazepam + xylazine	IP	60(T/Z) + 5	45~90
pentobarbital	IP	37	60~90

2) 호흡마취

가장 많이 사용하는 호흡마취제인 아이소플루란을 기준으로 기화기가 있는 흡입마취장비를 사용하는 경우와 마취상자를 사용하는 경우로 나누어 아래 표와 같이 정리하였다.

마취상자를 사용할 경우 마취상자의 재질은 투명한 재질을 사용하여 마취상자 안에 있는 동물의 변화를 즉각적으로 관찰하기 쉽게 하여야 한다. 또한 흡입마취제를 거즈에 적셔서 마취상자에 넣어주는데 흡입마취제가 동물의 털이나 몸에 직접 묻지 않도록 조치를 해야 한다.

🜛 마우스, 랫드 호흡마취 프로토콜

	흡입마취장비	마취상자
마우스	• 4~5%(유도) • 1~2%(유지)	600μL/1L 상자
랫드		

4. 마취 모니터링

마취제에 따라 그 정도에서 차이는 있지만 모든 마취제에서 부작용으로 순환기계와 호흡기계 억압이 있다. 또한 마취제의 사용량이 많아지고 마취의 깊이가 깊어질수록 순환기계와 호흡기계의 억압이 심해지므로 마취를 할 때는 반드시 동물의 상태를 지속적으로 관찰하는 모니터링이 필수적이다. 아래는 마취 모니터링에서 반드시 확인해야 하는 항목이다.

(1) 체온(temperature)

일반적으로 전신마취를 할 경우 체온이 떨어지게 되므로 체온이 유지될 수 있도록 주기적인 체온 측정과 적절한 가온 또는 보온 조치를 해야 한다.

체온 측정은 일반적으로 알려진 직장 온도를 측정할 수 있으나 만약 직장 내에 대변이 있으면 정확한 체온 측정이 어려우므로 체온 측정 전에 대변을 제거할 필요가 있다.

마취 중 또는 마취에서 깨어나는 동안 가온 또는 보온 조치를 위해 열이 발생하는 패드를 사용할 수 있는데, 이때 동물이 패드에 직접 닿아 화상을 입지 않도록 패드와 동물 사이에 멸균포 등을 깔아 놓으면 좋다. 또한 마취에서 깨어나는 동안 온열등을 사용할 경우 적당한 거리를 두어서 너무 뜨겁지 않도록 하지 않으면 아직 움직일 수 없는 동물이 화상을 입을 수 있으므로 주의하여야 한다.

(2) 호흡수(respiration rate)

호흡수는 동물이 스스로 호흡을 하는 경우에 숨을 들이쉬고 내쉴 때마다 흉곽의 움직임 또는 동물에 연결해 둔 상태 모니터링 장비를 통해서 알 수 있다. 앞서 기술한 것과 같이 마취의 깊이가 깊어질수록 호흡수가 점차 줄어들고 호흡과 호흡 사이 시간이 늘어나는데 실제 산소 공급과 가스 교환은 호흡수만으로 알 수는 없기 때문에 산소포화도(saturation pulse oxygen; SpO_2)나 호기말이산화탄소농도(end tidal CO_2; $EtCO_2$)도 같이 측정하는 것이 필요하다.

(3) 심박수(heart rate)

심박수는 청진기를 이용하여 직접 심장의 박동을 측정하거나 동물에 연결해 둔 심전도 장비를 통해서 알 수 있다. 만약 심박수를 측정할 수 없거나 어려울 경우에는 사지의 동맥을 촉진하여 맥박수(pulse rate)를 측정할 수 있으나 마취의 깊이가 깊어지는 경우 맥박이 약해져서 촉진으로 측정하기 어렵거나 측정되지 않을 수 있다는 점을 유의하여야 한다.

(4) 통증 반사

마취의 깊이를 간접적으로 알아보는 방법으로써 일부러 통증 자극을 주어 동물의 반사반응을 확인할 수 있다. 마취의 목적은 수술이 가능하도록 통증을 차단하고 움직임이 없는 상태를 유지하는 것이기 때문에 적절한 마취의 깊이를 유지하는 것이 중요하다. 만약 통증 자극을 주었을 때 움찔하는 등 반사반응이 일어난다면 마취의 깊이가 얕아졌다는 것을 의미하고 현재의 마취 상태에서 시간이 경과할 경우 마취 상태에서 회복할 수 있다는 것을 의미하므로 주사마취제를 추가로 투여하거나 호흡마취가스 농도를 높여야 한다.

02 부검

부검(necropsy)은 종종 해부(autopsy)와 동일한 의미로 사용되는데 전통적으로 해부는 사람을 대상으로 하는 사후 검사로 한정되어 사용해 왔고 부검은 동물을 대상으로 하는 사후 검사를 통칭하였다. 하지만 최근 "One Health" 개념이 적용되면서 동물에서도 부검 대신 해부를 사용하자는 의견이 늘어나고 있는 추세이다.

부검은 단순히 체강(body cavity)을 열어서 장기나 조직을 적출하는 것만이 아닌 부검 과정에서 외관과 내부 장기의 육안검사를 통해서 자료를 얻는 것도 포함한다.

1. 부검 전 고려사항

부검 전에 육안검사를 통해서 동물의 전체적인 모습과 상태를 정확히 관찰하는 것은 추후 조직병리학적 진단과 결과 해석에 중요한 정보를 제공할 수 있다. 따라서 육안검사의 결과도 부검 기록으로 남기는 것이 중요하다.

특히 실험 종료 시 안락사 처치로 죽은 지 얼마 지나지 않은 상태가 아니라 실험 도중에 어떠한 연유로 폐사한 것을 발견한 경우 발견한 시점에 따라 다양한 자연적인 사후 변화가 일어난다. 실험에 의한 변화인지 정상적인 사후 변화인지 확실하게 진단을 내릴 때도 부검 전 육안검사는 중요한 정보를 제공할 수 있다. 보통 폐사한 동물을 8시간 이상 냉장 보관할 경우 장기에 손상이 발생한다. 이때 폐사한 동물을 냉동 보관할 경우 나중에 조직병리학적 검사를 할 때 장기나 조직에 있던 수분이 얼었다 녹으면서 생기는 가짜 병변(artifact)이 생길 수 있으므로 절대로 폐사한 동물을 냉동해서는 안 된다.

1) 일반상태

체중 변화(정상범위, 과다 또는 미달), 기형이나 결손 부위

2) 털, 피부

윤기나 광택 여부, 탈모, 피부 병소의 여부와 위치

3) 눈

각막의 혼탁도, 분비물 여부

4) 입

궤양 등 병변 여부와 위치, 토사물이나 분비물 흔적, 치아 형태와 상태

5) 코

궤양 등 병변 여부와 위치, 삼출물이나 분비물 흔적

6) 항문

궤양 등 병변 여부와 위치, 분변 흔적, 종창 여부

7) 외부생식기

수컷은 고환의 수, 크기, 분비물 유무 등을 확인하고, 암컷은 외음부 종창, 분비물 유무 등을 확인

2. 방혈 처치

실험종료 시 안락사를 했거나 실험 진행 중 폐사한 동물을 발견한 경우가 아니라면 추후 조직병리학적 검사 시 정확한 진단을 위해서 장기를 적출하기 전에 방혈을 실시한다. 일반적인 방혈은 복강을 개복한 후 후대정맥과 복대동맥을 절개하는 방법을 사용한다. 다음은 설치류를 기준으로 방혈 처리를 하는 순서를 정리하였다.

1) 배의 털을 삭모 또는 제모하거나 소독용 알코올로 적신다.
2) 포셉으로 복부의 정중선과 양쪽 고관절이 만나는 지점을 잡고 피부를 살짝 들어올린다.
3) 가위로 가로로 조금 자른 뒤 머리쪽으로 가위를 진행시켜 피부를 절개한다.
4) 피부를 처음 자른 부위의 복벽을 포셉으로 잡고 살짝 들어올린다.
5) 다시 가위로 조금 자른 후 머리쪽으로 가위를 진행시켜 복벽을 절개한다.
6) 소장을 생리식염수를 적신 거즈를 사용하여 왼쪽이나 오른쪽으로 밀어낸다.
7) 마른 거즈를 사용하여 후대정맥과 복대정맥이 잘 보이도록 노출시킨다.
8) 가위를 사용하여 후대정맥과 배대정맥을 동시에 절개한다.
9) 방혈되는 혈액은 거즈를 사용하여 흡수한다.
10) 방혈되는 동안 개방된 장기나 조직이 너무 마르지 않도록 생리식염수를 뿌리거나 생리식염수를 적신 거즈를 덮어둔다.

3. 부검 순서

일반적으로 정해진 부검 순서가 있는 것은 아니지만 최대한 사후 변화의 영향을 받지 않도록 신속하게 조직과 장기 적출이 진행되어야 하므로 일정한 방향을 정해서 부검을 진행하는 것이 좋다. 다음은 설치류를 기준으로 부검을 하는 순서를 정리하였다.

1) 방혈을 위해서 잘랐던 피부 절개를 위쪽으로는 아래턱 끝까지, 아래로는 외부 생식기까지 진행한다.
2) 목 부위에서 턱밑샘, 귀밑샘, 국소림프절을 노출시킨 뒤 육안검사 후 적출한다.
3) 배 부위에서 피부와 유선을 함께 적출하여 육안검사 후 보관한다.

4) 칼돌기연골에서 치골까지 정중선을 따라서 복벽을 세로로 절개하고 마지막 갈비뼈를 따라서 가로로 복벽을 절개한다.

5) 췌장과 비장을 적출하여 육안검사 후 보관한다.

6) 비뇨생식기 적출

① 수컷

• 고환주머니를 절개하여 고환을 노출시킨 뒤 부고환 바로 윗부분에서 절제하여 보관한다.

• 전립샘은 치골결합부를 가위로 자른 후 벌려서 방광과 함께 적출한다.

• 실로 요도와 방광하부를 묶은 뒤 주사기로 고정액을 넣어 방광을 팽창시킨다.

• 정낭샘을 적출하여 보관한다.

② 암컷

• 치골결합부를 가위로 자른 후 벌려서 방광을 적출한다.

• 실로 요도와 방광하부를 묶은 뒤 주사기로 고정액을 넣어 방광을 팽창시킨다.

• 질을 절개하고 자궁뿔과 난소를 복벽과 지방에서 분리하여 함께 적출한다.

• 난소를 절제하여 보관한다.

7) 부신과 신장을 후복강에서 분리하여 적출한다.

• 왼쪽 신장은 세로로 이등분하고, 오른쪽 신장은 가로로 이등분한다.

• 고정액이 잘 침투할 수 있도록 신장의 막을 분리하여 보관한다.

8) 소화기 적출

① 간은 횡격막과 복강장기에서 분리하여 육안검사 후 적출한다.

② 위의 분문부에 있는 식도와 십이지장과 연결되어 있는 유문부를 실로 묶은 뒤 주사기로 고정액을 넣는다.

• 고정액 주입 1분 정도 뒤에 위의 대만부를 따라 가위로 절개한다.

- 위 내용물을 살피고 내용물을 제거한 뒤 점막을 육안검사하고 적출한다.
③ 장간막을 먼저 분리시킨 후 장간막 림프절을 찾아서 적출한다.
④ 장간막이 제거된 장은 부위별로 나눠서 각각 1.0cm 길이로 절제하여 보관한다.
- 맹장은 분리해서 가위로 절개하여 열고 내용물은 생리식염수로 씻은 뒤 보관한다.
- 결장은 육안검사 후 길이 방향으로 가위로 절개하고 1.5 cm길이로 절제하여 보관한다.

9) 칼돌기연골을 포셉으로 잡고 갈비뼈의 연골접합부를 따라서 가위로 절개한다.

10) 목 부위에 있는 흉골을 가로 방향으로 가위로 절개하여 흉골과 갈비뼈 전체를 적출한다.

11) 목에서 혀, 후두, 갑상샘, 부갑상샘, 기관, 식도, 심장, 가슴샘을 분리하고 함께 적출한다.
① 구강, 인두, 후두 부위를 육안검사한다.
② 가슴샘을 분리하여 적출한다.
③ 심장에서 대동맥궁과 폐정맥을 절제하고 육안검사 후 보관한다.
④ 기관에서 기관지로 나눠지는 부위에서 5mm 윗부분을 절개하여 기관을 적출한다. 적출하는 기관은 갑상연골 부위를 포함하여 갑상샘과 부갑상샘이 함께 적출되도록 한다.
⑤ 식도는 0.5~1.0cm 길이로 절제하여 보관한다.
⑥ 폐는 적출 후 육안검사를 하고 기관 절단부위에 주사기로 고정액을 넣어 팽창시켜 보관한다.
⑦ 혀의 앞쪽 부위를 절제하여 육안검사 후 보관한다.

12) 뒷다리는 무릎관절을 포함한 대퇴골을 적출한다.

13) 대퇴근육과 좌골신경 일부를 함께 적출한다.

14) 두개골과 얼굴 부위 피부를 박리하고 안구를 적출한다.
① 안구는 특수고정액인 Davidson 용액에 따로 보관한다.
② 안구 적출 시 하더샘(Harderian gland)과 시신경도 함께 적출한다.

15) 머리를 살짝 눌러서 구부린 후 후두공과 환추 접합부를 가위로 절개한다.

16) 후두공에서 양쪽 안와까지 골절단가위를 사용하여 뇌가 다치지 않게 조심해서 절개한다.

17) 양쪽 안와 사이를 골절단가위로 가로로 절개한 후 두개골을 제거한다.

18) 뇌수막을 포셉으로 조심스럽게 뇌에서 벗겨내어 분리한다.

19) 뇌가 다치지 않게 조심스럽게 뇌신경을 돌아가면서 절개한 뒤 뇌를 적출한다.

20) 두개골바닥에 있는 뇌하수체는 주사바늘의 날카로운 부분을 이용하여 막을 벗기고 적출한다.

21) 흉복부의 척추를 1.0cm 길이로 잘라서 적출하고 골절단가위로 신경궁을 절개하여 척수를 적출한다.

4. 조직 처리

장기를 적출하면서 피나 다른 조직 등이 묻은 경우 생리식염수에 넣어서 조심스럽게 흔들어 세척한다. 이후 보통은 가장 많이 사용하는 10% 중성 완충 포르말린(Neutral Buffered Formalin; NBF) 고정액에 넣어서 처리한다.

조직병리학적 분석 방법에 따라서 고정액에 보관하는 대신 장기를 적출하자마자 냉동절편용 최적 절편 온도 화합물(Optimal Cutting Temperature compound; O.C.T compound)에 처리하여 냉동 보관할 수도 있다. 특히 뇌는 폐사 후 사후 변화로 액화 괴사가 진행되므로 최대한 빨리 조직처리를 하는 것이 중요하여, 일반적으로 좌우 반구 중 한쪽은 고정액에 보관하고 다른 한쪽은 냉동 보관하여 처리한다.

필요에 따라서 10% 중성 완충 포르말린 대신 4% 파라포름알데히드(formaldehyde)를 사용하는 경우도 있고, 에탄올이나 메탄올과 같은 알코올에 고정하는 경우도 있다.

03) 안락사

안락사(euthanasia)는 동물이 고통이나 통증, 스트레스를 느끼지 못하도록 최대한 빠른 시간에 의식을 소실시킨 뒤 죽음에 이르게 하는 방법이다. 안락사의 기준은 동물이 아니라 사람의 입장에서 인도적인 처치(humane process)로서 설정되었지만 동물의 물리적 고통과 통증을 고려해야 할 뿐만 아니라 동물의 안락사를 실시하는 사람의 정신적인 부분도 고려를 해야 한다.

1. 안락사 조건

안락사를 실시해야만 하는 조건으로는 인도적인 처치로써 동물을 희생하는 것으로 아래와 같이 정리할 수 있다.

① 실험 계획이 종료되는 경우
② 살아있는 동물에서 내부 장기 전체 또는 일부를 얻어야 하는 경우
③ 실험에 사용하지 않지만 과잉 생산된 동물을 도태하는 경우
④ 실험 이전 상태로 정상적인 기능을 회복할 수 없는 상태인 경우

또한 적절한 안락사 방법인지를 평가하는 기준도 필요한데 미국수의사회(American Veterinary Medical Association; AVMA)의 안락사처치검토위원회 지침에서는 아래와 같이 적절한 안락사 방법인지 평가하는 항목을 정리하고 있다.

① 통증 없이 동물이 죽을 수 있는 방법일 것
② 의식을 소실하는 데 걸리는 시간이 짧은 방법일 것
③ 죽음에 이르는 데 걸리는 시간이 짧은 방법일 것
④ 확실히 죽음에 이르는 방법일 것(다시 살아나지 못하는 방법일 것)
⑤ 안락사를 하는 사람이 안전한 방법일 것
⑥ 안락사를 하는 사람이 심리적 스트레스가 적은 방법일 것
⑦ 실험목적의 결과 획득에 적절한 방법일 것
⑧ 안락사를 하는 사람 외 주변사람에도 정서적 영향이 적은 방법일 것
⑨ 경제적으로 합리적인 방법일 것
⑩ 병리조직학적 평가에 적합한 방법일 것
⑪ 사용하는 약물의 효과와 부작용을 고려하는 방법일 것

2. 안락사 방법 선택

국내 동물실험과 관련된 법령에는 안락사 방법이 따로 명시되어 있지 않지만 농림축산검역본부와 식품의약품안전처에서 편찬한 동물실험과 관련한 가이드라인에는 위에서 기술한 미국수의사회의 동물의 안락사 가이드라인(guidelines for the euthanasia of animals)을 준용하여 소개하고 있다.

안락사 방법은 크게 물리적 방법과 화학적 방법으로 나눌 수 있는데 물리적 방법은 동물을 희생하는 가장 빠른 방법이고 훈련된 사람에 의해서 제대로 수행될 경우 즉시 의식을 소실하기 때문에 고통 없이 죽음에 이를 수 있는 방법이다. 다만 비록 매우 짧은 시간이긴 하지만 의식 소실과 죽음에 이르기 전까지 동물이 불안과 스트레스를 느낄 수 있고 안락사를 수행하는 사람과 주변 사람이 심리적으로 불편하거나 혐오감을 느낄 수 있다. 화학적 방법은 심폐정지를 위해서 마취제 등 화학물질을 투여하는 방법으로 주사나 흡입 방법을 사용하는 것으로 물리적 방법보다 시간이나 비용이 더 발생한다. 하지만 물리적 방법보다는 안락사를 수행하는 데 물리적, 심리적 거리가 있다는 점에서 불편하거나 혐오감을 덜 느낄 수 있다.

(1) 물리적 방법

1) 경추탈골법(dislocation)

손이나 도구를 이용하여 순간적인 강한 힘을 이용하여 경추 부위를 분리하는 것으로 척수 손상을 유발하여 죽음에 이르게 하는 방법이다. 미국수의사회의 가이드라인에서는 마우스와 200g 미만의 미성숙한 랫드, 1kg 미만의 토끼에서 허용하고 있다. 유럽연합의 가이드라인도 유사하게 마우스와 150g 미만의 랫드에서 허용하고 있고, 1kg 미만의 토끼에서 안락사 전 진정제를 투여한 후 허용하는 방법이다. 숙련된 사람이 단 1회에 실시하여 죽음에 이르게 하더라도 조직병리학적의 진단에 영향을 끼칠 수 있는 목과 식도의 출혈과 타박상이 발생할 수 있다.

2) 단두법(decapitation)

특별히 어떠한 화학물질에도 오염되지 않은 장기나 조직을 획득하고자 할 때 사용할 수 있는 방법으로 안락사를 수행하기 위한 특별한 장치와 더불어 경험이 많고 숙련된 사람이 실시해야 한다. 미국수의사회의 가이드라인에는 마우스와 랫드와 같은 설치류에서만 허용하고 있고, 토끼는 허용하지 않는 방법이다. 유럽연합의 가이드라인에는 설치류에서도 다른 방법을 사용하는 것을 권고하고 있고, 1kg 미만의 토끼에서 다른 안락사 방법을 쓸 수 없을 때 허용하는 방법이다.

(2) 화학적 방법

1) 이산화탄소 흡입법

특정 공간 안에 동물을 넣고 빠른 속도로 이산화탄소를 공급하여 일정 농도 이상이 초과하게 되면 동물이 의식을 잃고 호흡중추가 마비되며 마지막으로 심폐정지를 일으켜 폐사하는 원리이다. 미국수의사회의 가이드라인에는 가스용기에 들어있는 압축된 가스를 주입속도를 정확하게 알 수 있는 계량기가 설치된 설비를 갖추고 마우스나 랫드는 1분당 동물이 들어있는 상자의 30~70%가 채워질 수 있는 조건에서, 토끼는 1분당 50~60%가 채워질 수 있는 조건에서 허용하고 있다. 유럽연합 가이드라인도 마우스나 랫드는 가스용기에 들어있는 압축된 가스를 안락사 상자의 70% 이상으로 채울 경우 허용하고 있고 토끼는 이산화탄소가 채워지면서 스트레스를 받기 때문에 안락사 방법으로 다른 방법을 사용하는 것을 권고한다.

2) 마취제 투여

마취제를 과량 투여하여 일반적인 마취 상태보다 더 깊은 상태로 유도하여 오히려 마취제의 부작용인 순환계와 호흡계의 억압을 이용하는 방법으로, 마취 상태에서 의식도 없고 통증과 스트레스도 없는 상태에서 폐사에 이르게 하는 방법이다. 아이소플루란과 같은 흡입마취제를 사용하거나 바르비탈 계열 주사마취제를 사용하는 방법이 주로 사용된다. 미국수의사회와 유럽연합 가이드라인 모두 적절한 방법은 바르비탈 계열 주사마취제를 과량으로 투여하는 것으로 명시하였다. 다만 미국수의사회의 경우 호흡마취제를 단독으로 사용할 경우 과량 투여까지 오랜 시간이 걸리고 그 시간 동안 마취가스 특유의 향 등으로 인하여 동물이 스트레스를 받기 때문에 과량의 주사마취제 투여 후 흡입마취제를 공급하는 조건에서 허용한다. 유럽연합의 경우 적절한 가스 제거 장치가 있는 호흡마취기를 사용하여 높은 농도로 공급할 경우에 허용한다.

3. 안락사 처치 시 주의사함

이미 위의 내용을 통해서 기술한 내용이지만 안락사는 실시하였을 때 확실하게 죽음에 이르러야 하기 때문에 확실하고 안정된 기술이 몸에 익은 사람이 실시하여야 한다. 특히 과량의 마취제를 투여하거나 공급하는 방법은 원칙적으로 수의사의 지도와 감독이 있는 상태에서 실시하거나 마취제에 대한 충분한 지식과 기술을 가지고 있는 숙련된 사람이 실시하여야 한다.

안락사를 실시할 때는 실험동물의 고통과 통증, 스트레스를 최소화하는 만큼 실시자의 안전과 심리상태도 중요하다. 안락사는 절대로 다른 동물이 보고 있는 환경에서 실시해서는 안 되고 동물실험과 관련이 있는 사람 외에 다른 사람이 보는 장소에서 실시하는 것도 피해야 한다.

안락사 실시 후 동물의 죽음을 확인하는 방법은 숨을 쉬지 않는 것만이 아닌 심장이 뛰는 것도 멈췄는지, 즉 심폐정지 상태를 확인하는 것이다. 특히 CO_2 가스 흡입법을 사용할 경우 호흡은 정지하였지만 심장 박동은 계속 유지하여 시간이 경과하였을 때 죽지 않고 다시 살아날 수 있다.

> **TIP**
> 안락사를 실시한 뒤 동물 사체를 보관하는 냉동고에서 살아있는 동물이 종종 발견되는 것은 바로 이러한 CO_2 가스 흡입법으로 안락사를 실시한 후 심폐정지를 확실히 확인하지 않았을 경우 발생할 수 있으므로 항상 주의하여야 하고, 진정한 인도적인 처치와 동물복지 차원에서 바라봤을 때 비단 CO_2 가스 흡입법 외에 다른 방법의 안락사를 실시하더라도 안락사의 마지막 단계에서 심폐정지를 반드시 확인하는 습관을 길러야 한다.

CHAPTER

03
수술적 처치와 수의학적
관리 - 진통, 진정

학습 목표

🧪 실험동물 연구에 수반되는 수술과 관련 도구와 기자재에 대해 학습한다.
🧪 실험동물 수술 시 필요한 절차와 수술, 마취에 대해 학습한다.

01 수술적 처치

수술은 실험동물을 이용한 연구에서 널리 시행하는 방법 중 하나로 가장 침습적인 과정을 동반한다. 실험동물의 수술적 처치는 치료의 개념과 다르고, 적절한 관리를 하지 않을 경우 실험동물에게 통증과 고통 및 감염을 유발할 수 있고, 이는 실험결과에 부정적인 결과를 도출할 수 있으므로 심의가 필요하다. 마취 및 수술 후에 요구되는 모니터링 과정은 마취 후와 처치 후의 두 가지이며, 매년 발행되는 동물실험윤리위원회 표준가이드라인에 근거하여 실시된다.

1. 마취 후 모니터링(monitoring post anesthesia)

마취 후 모니터링은
✔ 마우스와 랫드의 자발 호흡 능력 호흡을 회복했는지의 여부 확인
✔ 심부 체온 유지가 가능한지 여부 확인

즉, 마취에서 완전히 회복될 때까지의 충분한 모니터링이 요구된다.

2. 처치 후 모니터링(monitoring post procedure)

처치 후 모니터링은

- ☑ 마우스와 랫드의 외모, 행동 및 자세에 대한 관찰
- ☑ 통증과 불편함을 나타내는 육체적 통증, 활동성, 행동 변화 평가
- ☑ 사료 및 음수 섭취 확인
- ☑ 수술 후 음수 섭취에 통증이 동반되는 경우 사료 및 음수 섭취가 용이하도록 바닥 등에 접근성을 확대하여 제공
- ☑ 수술 부위의 회복 정도 평가(간단한 무균 수술의 경우 항생제 사용을 권장하지 않음)

등을 확인하는 등의 절차가 요구된다.

수술적 처치는 수술로 인한 외상을 최소화하기 위해 연구에 참여하는 연구원의 역량과 숙련여부 등을 철저히 고려하여야 하며, 이와 함께 실험동물 종에 맞는 적절한 수술 기구 및 장비 선택, 멸균 및 소독 등의 수술을 위한 사전 준비가 필요하다. 수술적 처치는 동물실험계획서에 수술절차, 실험방식, 중요도 등을 기재하여야 하며, 심의과정에서 그 적합성을 검토하여야 한다. 수술 과정과 관련된 심의사항은 ① 수술 전·후 처치, 무균적 시행, 다양한 수술의 연속적 실시여부 등의 세부사항, ② 실험목적과 동물종의 적절성 여부, ③ 수술과정을 시행하는 연구자의 역량, ④ 동물종과 수술과정에 특이적인 시설 구비, ⑤ 수술 중과 수술 후에 환축에 대한 모니터링 장비, ⑥ 연구원 건강과 안전성에 대한 부분 등이 된다.

동물실험윤리위원회는 수술 전후 관리에 대한 사항을 심의할 때 수술계획, 수술 후 모니터링 항목, 동물관리 및 기록정리와 함께 이러한 업무를 수행할 연구원이 명기되어 있는지 다음의 내용을 확인해야 한다.

① 수술 전 평가
② 수술 중 마취의 깊이와 항상성에 대한 확인
③ 수행 공급, 보온, 환기에 대한 확인
④ 수술 후 처치에 대한 세부사항

연구원은 수술을 진행 시 동물의 회복과 진통제의 투여, 항생제의 투여, 기본 생체 신호, 감염의 감시, 상처 치유 등의 수의학적 관찰 사항에 대한 정보를 기록하여야 한다.

실험동물의 수술은 실험동물 전임수의사와 충분히 상의해야 하며, 실험목적에 따른 올바른

수술방법을 실시해야 한다.

실험동물의 다양한 수술은 다음과 같다.

각종 장기의 적출술	부신, 림프절, 신장, 고환, 난소, 췌장, 가슴샘, 갑상샘
각종 장기의 부분절제술	뇌하수체, 간, 자궁, 위, 장 등
관 장착 및 고정술	담관카테터 고정술, 위관고정술 등
기타	혈관 및 신경결찰술, 연골 및 골전달술 등

3. 수술 절차

체강의 노출 여부에 따라 대수술과 소수술로 구분한다. 대수술(major surgery)은 체강을 통하거나 노출시키고 체내 상태를 물리적, 생리적으로 방해할 수 있는 수술에 해당한다. 소수술(minor surgery)은 체강을 노출시키지 않고 체내 약간의 불균형을 유발할 수 있는 경우에 해당한다.

실험방식은 수술적 마취로부터 회복하는 생존 수술과 수술적 마취에서 안락사로 이어지는 비생존 수술이 있다. 생존 수술 중 대수술에 해당하는 개복술, 개흉술, 개두술, 관절 치환술, 사지 절단술 등은 미국의 실험동물의 관리와 사용에 관한 지침(ILAR Guide)에서는 엄격히 금지되고 있다. 소생존수술은 창상 봉합, 말초혈관 삽관법, 동물의 일상적인 거세·제각(발톱, 뿔 등의 제거)·탈출된 장기의 복원, 수의임상 현장에서 외래 환축의 일상적인 수술 등의 경우를 말한다.

수술과 수술 후 과정에 관련된 부분은 반드시 수의사의 감독 및 참여가 필요하며, 수술과정과 수술 환경에서의 특정 주제에 관한 판단에 대해서는 참고문헌을 바탕으로 전문가적 판단을 받아야 한다.

02 수술 기구

1. 일반적인 수술 도구

(1) 수술칼(blade)과 손잡이(scalpel handle)

수술칼은 연부 조직을 절개하는 데 사용하는 절단 도구로 일회용으로 사용하며, 칼날과 손잡이가 일체형과 재사용이 가능한 손잡이에 끼워서 사용할 수 있는 종류가 있다. 수술칼은 다양한 수술 목적에 맞게 사용할 수 있으며 일반적으로 10·11·15번의 수술칼은 3·7번 손잡이에, 20·21·22번 수술칼은 4번 손잡이에 끼워서 사용한다. 수술칼의 사용은 엄지와 가운데 손가락으로 손잡이를 잡고 검지를 수술칼의 등쪽을 누르듯 절개하는 방법과 연필을 쥐듯 잡고 절개하는 방법이 있다.

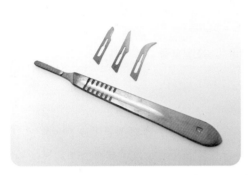

▲ 수술칼 손잡이, 수술칼 종류 및 10·11·15번 수술칼과 3·7번 손잡이

▲ 20·21·22번 수술칼과 4번 손잡이

▲ 절개방법 - 칼날 쥐는 방법

(2) 겸자(forceps)

1) 조직겸자(tissue forceps)

조직겸자는 수술하는 동안 조직을 잡거나, 당기거나 고정시키는 목적으로 사용하는 기구이다. 기구 끝의 형태에 따라 다양한 종류가 있는데, 기구 끝에 큰 톱니 모양이 있어서 조직을 미끄럼 없이 잡을 때 사용하는 것, 톱니 모양이 작거나 없어 조직 손상을 최소화 할 때 사용하는 것 등이 있어 조직의 종류 및 상태, 실험동물 종에 따라 선택하여 사용한다.

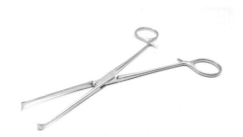

▲ 조직겸자의 종류 - 톱니 확대해서 사용방법 표기

2) 지혈겸자(hemostat forceps)

지혈겸자는 수술 중 혈관을 잡아서 지혈을 목적으로 하는 기구이다. 지혈을 실시할 위치 및 범위, 장기 등에 따라 모양 및 크기가 끝이 곧은 형태(straight type)와 구부러진 형태(curved type)로 나뉘어져 있다. 사용 원칙은 지혈할 부위의 조직을 최소한의 부위로 잡고, 지혈겸자의 끝 부분만을 사용한다. 실험 생쥐 등의 소형 설치류 수술 중 생기는 소량 출혈은 지혈겸자의 사용보다 멸균된 거즈 또는 면봉을 이용한 압박 지혈이 더 효과적이다.

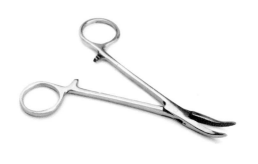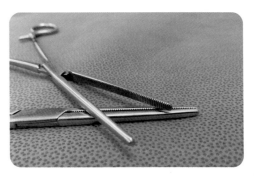

▲ 지혈겸자 - 구부러진 모양, 곧은 모양 구분 측면으로 구분할 것

▲ 멸균 거즈, 면봉 사진

(3) 가위(scissors)

수술용 가위는 조직 절개에 사용되는 가위(Metzenbaum scissors, Mayo scissors)로 절개하는 목적에 따라 선택하여 사용한다. 가위 양쪽의 끝이 모두 뾰족한 형태, 한쪽만이 뾰족한 형태, 그리고 양쪽 모두 둥근 형태의 가위가 있으며, 가위의 날 부위가 곧은 형태와 휘어져 있는 형태가 있다. 끝이 둥근 형태의 가위는 근육과 지방을 분리할 때 조직 손상이 최소화되도록 분리하는 둔성 분리에 주로 사용된다. 곡선 모양의 가위는 수술 중 조직의 부위가 잘 보이는 가시성이 좋고, 직선형의 가위는 단단하거나 두꺼운 조직을 절단하는 데 주로 사용된다. 수술 부위를 봉합할 때 봉합사를 절단하는 가위(suture cutting scissors)의 종류도 있다.

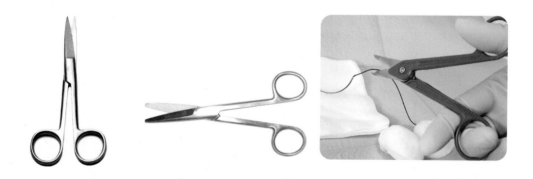

(4) 바늘 잡개(needle holder)

바늘 잡개는 봉합 바늘을 잡고 조직에 밀어넣는 기구이다. 봉합하려는 조직의 위치 및 봉합 바늘의 특성에 따라 바늘 잡개의 크기와 형태가 결정된다. 바늘 잡개는 손가락이 위치하는 부분에 톱니 모양의 잠금 장치를 가지고 있는 것(Mayo-Hegar)과 가위와 바늘 잡개가 함께 달려 있는 것(Olsen-Hegar)이 있다.

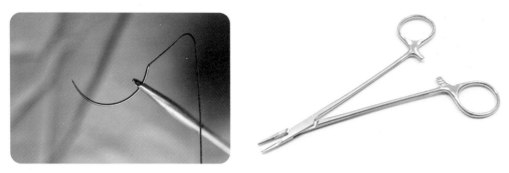

▲ 바늘 잡개와 사용방법

(5) 견인기(retractor)

견인기는 수술 시야를 충분하게 확보하기 위하여 사용되는 기구이다. 종류는 수동 형태[기구를 잡고 손의 힘으로 견인하는 종류(hand-held)]와 고정 형태[지속적으로 수술 부위를 견인할 수 있는 종류(Self-Retaining)]가 있다. 중대형 동물의 흉복부 장기 수술 시 자동 형태의 견인기가 권장된다.

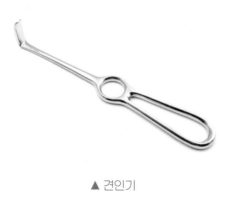

▲ 견인기

2. 미세수술용 수술 기구

미세수술용 수술 기구는 현미경 하에서 실시되는 수술에 사용되는 기구로, 마우스, 랫드와 같은 소형 설치류 수술에서도 사용된다. 일반 수술 기구에 비해 특수하게 제작된 기구로 고가이며, 사용 중 또는 보관상 주의하지 않을 경우 쉽게 손상될 수 있다.

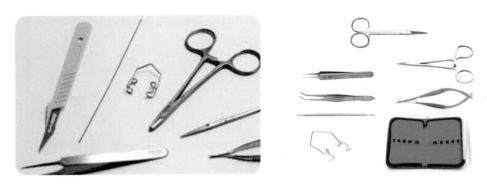

▲ 미세수술용 도구들

03 수술을 위한 장비 및 기타 기자재

(1) 수술대 및 고정 기구

소형 설치류의 수술대는 수술 시 체온 저하를 방지하기 위해 온도 조절기와 동물을 고정하는 지지대가 부착되어 있어야 한다. 토끼보다 큰 동물에서는 다양한 크기의 금속으로 된 수술대에 전지와 후지를 고정할 수 있는 장치가 부착되어 있고, 그 밖에 높낮이와 전후 각도가 조절되는 수술대 등 동물과 수술자의 편의를 생각한 장비들도 있다.

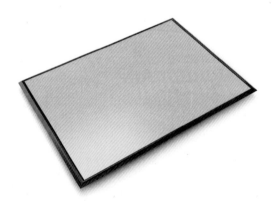

▲ 마우스 랫드 해부판

▲ 수술 시 팔 고정-핀

(2) 무영등

무영등은 수술 부위에 빛을 주어 수술 부위를 보다 정확히 볼 수 있게 하는 장비로 동물의 종류와 수술대의 크기 등에 따라 결정할 수 있다. 천장에 고정할 수 있는 형태 또는 세워 놓는 형태가 있다. 마우스와 랫드는 이동과 각도가 미세하게 조절되며 휴대가 간편한 제품이 권장된다. 수술용 목적으로 생산되는 제품을 사용하는 것이 수술 부위를 건조하지 않게 하고 열로 인한 손상을 최소화할 수 있다.

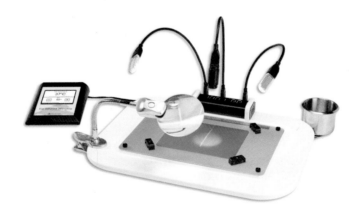

(3) 전기 소작기

소작기는 고주파의 전기적 에너지를 이용하여 생체를 절개, 지혈시키는 장비이다. 이 장비를 사용하여 수술할 때 출혈량을 감소시킬 수 있다. 사용 중 주의사항으로는 전기 소작기 판을 수술 대상 동물의 몸에 완전하게 밀착하는 것이 중요하며 동물 종 및 목적에 맞는 강도를 설정해야 한다. 그렇지 않을 경우 지혈 또는 절개가 잘 안 될 수 있거나 동물이 화상을 입을 수 있다. 소형 설치류의 수술에서 혈관 지혈 등의 목적으로 고열을 이용하는 소작기를 사용할 수도 있다.

(4) 흡입 마취기

장시간에 걸친 수술이나 약물 마취가 어려운 경우 또는 흉부 수술 등 호흡 마취를 실시해야 하는 수술에 사용되는 장비이다. 동물의 크기 및 실험 목적에 맞는 마취기의 선택이 중요하다.

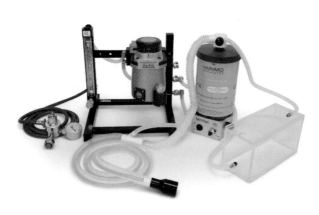 

(5) 보온 장치

보온 장치는 마취 또는 수술 중 출혈, 수분의 발산 등으로 나타날 수 있는 체온 저하를 방지하는 기구이다. 저체온증은 소형 설치류에서 사망의 주요 원인이 될 수 있으므로 적절한 보온 장치가 필요하다. 보온 장치는 보온용 매트, 이불 등의 장비가 있으며 체온을 측정해서 온도가 조절되는 장비 등이 있다.

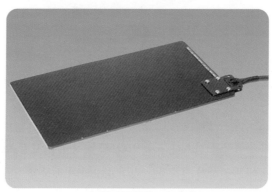

▲ 보온 유지되는 수술대

(6) 흡인기(suction, 석션)

흡인기는 수술 중 혈액 및 기타 분비물을 흡인하는 장비로 고정형 또는 이동형이 있다.

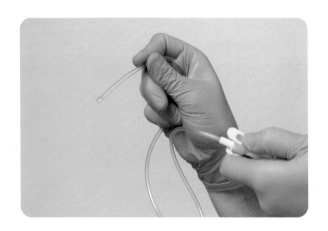

(7) 제모기(clipper)

제모기는 동물의 수술 부위에 있는 털을 깨끗하게 제거하는 기구로, 제모 과정은 술부(수술 부위) 소독의 용이 및 감염 예방을 위해서 반드시 필요하다. 제모기는 실험동물 종에 따른 털의 상태를 고려하여 적당한 크기와 날을 선택하여 사용하고, 제모기로 인해 피부에 상처가 발생하지 않도록 제모 시 유의하여 다루어야 한다.

▲ 소형 제모기

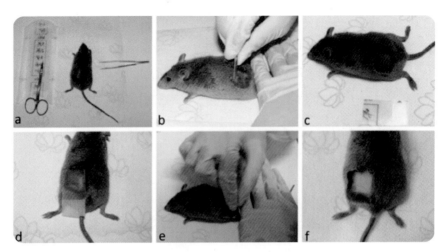
▲ 털 제모 전, 제모 후 비교 사진

(8) 봉합사

봉합사는 수술로 절개된 부위를 봉합하는 실이다. 봉합사는 수술 목적에 따라 적합한 제품을 선택해서 사용하여야 하고, 이상적인 봉합사는 조직에 비반응하고 취급이 용이하며 매듭 시 미끄러지지 않고 경제적이어야 한다. 봉합사의 종류에는 조직 내에서 흡수가 되지 않는 비흡수성 봉합사(예: silk, nylon 등)와 흡수가 되는 흡수성 봉합사(예: cat gut, polydioxanone, polyglycolic acid 등) 등이 있다. 비흡수성 봉합사는 주로 피부의 봉합에 사용되고 일정 시간 후 제거해주어야 하며, 일부 특수 목적 수술(예: 혈관 문합, 뼈 연결 등의 수술)에서도 사용된다. 흡수성 봉합사는 수술 후 치유과정에서 조직에 흡수되는 봉합사로 내부 장기의 봉합 등에 사용되며 수술의 종류 및 흡수 기간 등을 고려하여 수술 목적에 맞는 제품을 사용한다.

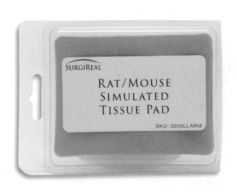
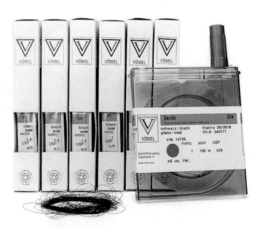

04 소독 및 멸균법

(1) 소독과 멸균의 차이

① 소독(disinfection): 병원성 미생물(질병을 유발하는 미생물)의 제거를 목적으로 하는 화학적 또는 물리적 과정을 말하며, 포자를 생성하는 병원성 미생물의 경우 포자의 제거는 제외 될 수 있다.

② 멸균(sterilization): 살아있는 모든 미생물을 제거하는 과정이다.

③ 무균(asepsis): 미생물이 없는 상태를 무균 상태라고 한다.

(2) 수술 장소의 소독

수술실은 세균 등의 오염 방지를 위해 실험동물센터에서 양압을 유지하는 곳으로, 수술실 내부는 헤파필터를 거친 공기의 유입이 필요하다. 또한 수술실 내부는 소독이 용이한 구조 로 되어 있는 설비를 갖추어야 한다. 만일 수술이 수술실 설비가 없는 환경에서 시행해야 한 다면 소독을 사전에 실시할 수 있는 청결한 장소에서 실시해야 한다.

수술 장소의 소독에는 여러 약제를 목적에 따라 사용할 수 있고, 약제를 이용하여 실내 및 수술대의 소독을 실시할 수 있다.

소독약의 종류

종류	예	유의사항
알코올	• 70% 에틸알코올 • 85% 이소프로필알코올	15분간의 접촉 시간이 요구됨
4가 암모니움	• 버콘 • 저맥스	• 유기물질을 빠르게 불활성화함 • 플라스틱 계열의 제품 소독 시 끈적거림이 발생할 수 있음
염소계	차아염소산	부식성이 강함
알데하이드	글루타 알데하이드	• 빠른 소독력을 보임 • 독성이 있어서 세척이 필요함

(3) 멸균법

수술에 사용될 모든 기구는 멸균 상태를 유지하여야 하며 멸균법에는 고압증기멸균법, 가스 멸균법, 플라즈마이온법 등이 있다. 멸균을 하기 전 유의해야 할 사항은 수술기구 및 관련 기 자재의 세척과 건조가 잘 되어 있어야 한다. 그렇지 않은 경우 멸균 효과를 얻지 못할 수 있다.

1) 고압증기멸균법

고압증기멸균법은 가장 많이 사용되는 멸균법으로 고압증기멸균기를 이용한다. 온도(121℃) 및 압력(15lb psi), 노출 시간(15~20분)이 멸균에 가장 중요한 조건이다.

2) 가스멸균법

에틸렌옥사이드(ethlyne oxide gas, EO 가스)를 이용한 가스멸균법으로 열과 습기에 민감한 기구와 기기를 멸균하는 데 이용한다. EO 가스는 고압증기멸균기구를 이용할 수 없는 전자제품, 실험 기구 및 소모품의 소독에 사용되고, 독성이 있으므로 멸균이 끝난 후 공기를 충분히 주입하여 가스가 완전히 제거된 후 사용하여야 한다.

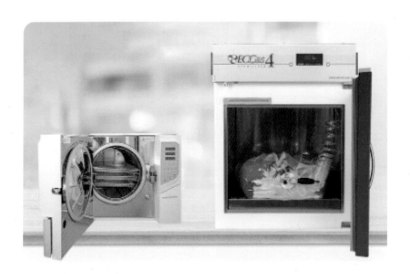

3) 플라즈마멸균법

과산화수소를 이용하는 플라즈마멸균법은 저온에 민감한 기구 및 제품의 소독에 사용된다. 플라즈마멸균법은 기화된 과산화수소를 사용하는 것과 달리, 전자기 복사에 의해 생성된 플라즈마를 이용하는 멸균법으로 부산물과 잔류물을 남기지 않아 안전하여 사용 후 환기가 필요하지 않다. 그러나 강력한 산화제의 성질을 가지기 때문에 특정 유형의 수술 기구와 재료에는 적합하지 않을 수 있어 이 점을 고려해서 사용하여야 한다.

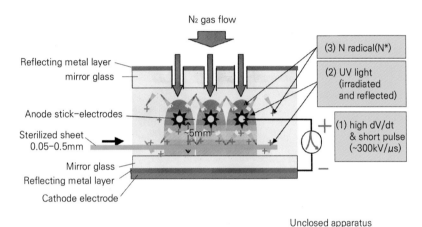

▲ 과산화수소 기화된 경우 전자기 복사에 의한 플라즈마 생성원리

프리컨디셔닝	살균	환기
공기 온도, 압력 및 습도는 안정적이고 반복 가능한 성능을 위해 멸균 챔버 내부에 최적화되어 있다.	사전 조절된 공기는 플라즈마에 의해 활성 산소 및 질소 종으로 전환되어 기기 표면의 미생물을 빠르게 죽인다.	멸균 가스는 촉매와 흡착 물질을 통해 펌핀되어 가스를 다시 무해한 호흡 가능한 공기로 변환한다.
15~20분	3시간	45분

4) 비드멸균법

비드멸균법은 열전도멸균법으로 수술 가위, 포셉 등의 금속으로 된 수술 기구의 빠른 멸균이 필요한 경우에 이용된다. 비드는 직경 1~2mm의 작은 구슬이며, Bead sterilizer에 넣어

240~280℃로 가열한 후 금속으로 된 수술 기구를 꽂아서 빠른 시간 안에 멸균하고, 멸균 된 생리식염수로 열을 식혀서 사용한다. 주로 소형 설치류 동물의 수술 시에, 동일한 기구로 여러 마리를 수술해야 하는 경우(batch surgery)에 이용하는 멸균법이다.

(4) 멸균의 확인

멸균을 확인하는 방법은 멸균 지표를 이용한다. 각 멸균법마다 멸균을 확인하는 지표들이 화학적, 생물학적 지표로 있으며, 가장 확실한 멸균 지표는 생물학적 지표(Biological Indicator; BI)이다.

⚛ 멸균 비교

멸균 방법	고압증기멸균법	EO가스	플라즈마멸균법	비드멸균법
원리	고온, 고압을 이용한 멸균	산화에틸렌가스의 반응성을 이용한 세균 멸균법	• 58% 과산화수소 기화 • 저온 멸균이 가능	스테인리스 재질의 수술 기구의 고열처리 멸균법
장점	멸균의 효과가 가장 좋음	열, 습기에 민감한 기구/기기 멸균 가능	열에 약한 기구에 적용	단시간, 다회 이용 가능한 멸균법
단점	적용 가능 범위가 한정적임	유독성 가스로 환기 필요	강력한 산화제로 부식 유발 가능성 있음	넓은 장소나 다수의 수술 도구에는 적용이 불가함

05 수술

(1) 수술 전 준비

1) 준비

수술부위에 대한 실험동물의 종별 해부학적인 구조를 수술 전에 확인하고, 수술을 위한 각종 기구와 장비의 준비 상태를 점검한다. 실험계획서 및 수술계획서에 따라 수술 전에 투약할 약물(예: 항생제, 진통제, 부교감신경차단제 등)이 있다면 투약한다. 수술과정에서 사용되는 재료를 선택하고, 멸균이 필요한 물품은 멸균 및 건조를 완료한다.

수술 과정에는 수술을 하는 연구자와 수술 과정과 물품 준비를 돕는 보조연구원 등의 최소 2인이 참여하는 것이 좋다.

2) 제모와 보정

적절한 마취를 실시한 후에 제모와 보정을 실시하는 것이 용이하나, 비글견과 같이 마취를 실시하지 않고도 제모가 가능한 경우에는 그대로 실시하여 마취시간을 최소화하는 것이 좋다. 기본적으로 전기제모기와 면도기를 이용하여 수술부위의 털을 확실하게 제거하거나 제모크림을 발라 털을 제거할 수도 있다. 제모가 완료되면 수술이 가장 용이한 자세로 동물을 보정한다.

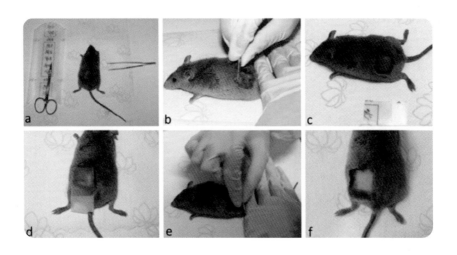

3) 수술부위 소독

수술과정 중에 감염을 막기 위해 반드시 소독을 실시한다. 일반적으로 사용되는 소독약으로는 알코올, 요오드화제(10% povidone-iodine), 클로르헥시딘(2%, chlorhexidine gluconate), 클로르헥시딘-알코올 혼합용액(2% chlorhexidine gluconate + 70% ethyl alcohol)이 수술부위의 감염률을 감소시키는 것으로 알려져 있다.

소독 방법은 소독약을 적신 솜으로 수술부위를 중심으로 바깥쪽으로 동심원을 그리면서 최소 3회 이상 실시하며, 한번 동심원을 그린 솜은 폐기하고, 수술 후 피부 봉합부위를 소독솜으로 1회 소독한다. 수술을 하는 연구원은 수술 전 손톱과 손을 충분히 씻어서 수술 중 수술장갑이 찢어지는 사고가 생기게 되어도 감염을 최소화할 수 있도록 대비한다.

(2) 수술

1) 수술에 의한 창상

수술창상은 상피표면에 수술에 의한 절개창을 말한다. 이 창상이 복구되는 과정을 치유라고 한다. 수술에 의한 절개창은 세균감염이 없고, 육아조직(granulation tissue, 치유 과정 중 상처 표면에 형성되는 새로운 연결조직이자 미세 혈액 조직)의 형성 없이 가벼운 부종과 분비물로 원래의 조직으로 치유되어야 한다.

2) 수술법

수술자의 손 크기에 맞는 수술 장갑을 착용한다. 수술 장갑을 착용한 수술자는 1회용 수술포 또는 멸균 수술포를 실험동물의 소독된 수술부위에 덮고, 수술 도구들을 정리한다. 피부절개는 소형 설치류는 조직가위를 이용하는 것이 용이하며, 토끼보다 큰 실험동물의 경우 수술칼을 이용한다. 수술칼로 절개하는 경우 수술칼을 잡지 않은 손의 엄지와 검지를 이용하여 절개할 피부에 충분히 장력을 주고, 피부에서 30~45° 각도를 유지하여 한 번에 피부를 절개한다.

수술에 의한 출혈은 전기 소작기, 고주파지혈기 등을 이용하여 충분한 지혈을 실시한 후에 실험목적에 따른 수술을 실시한다. 지혈겸자 및 결찰(상처를 매듭짓는 것)에 의한 지혈도 가능하나, 중대형 실험동물에서는 지혈기의 사용으로 출혈량과 수술시간을 크게 줄일 수 있다. 소형 설치류의 복부수술에 있어 복막과 복근이 얇기 때문에 부적절한 조직가위의 사용은 복강장기에 손상을 줄 수 있어 복부 피부 아래 조직이 둔성분리를 실시하기도 한다. 둔성분리 후 안전하게 복강에 도달하기 위해서는 복부근육의 중심부로써 혈관의 분포가 적은 백선부를 확인한 후, 집게로 백선을 들어 올려 복강장기의 복벽을 분리한 후 실시한다.

3) 봉합법

봉합의 원칙은 절개한 곳을 원래대로 되돌리는 것으로 수술부위에 혈액이나 체액이 모이는 공간을 형성시키지 않으며, 절단면끼리 맞닿게 하여 결합하도록 일정 기간 충분한 힘을 유지하는 것이 중요하다. 봉합할 부위에 따라 다양한 봉합법이 있으나, 일반적으로 실험동물에서는 연속봉합과 단순결절봉합을 주로 사용한다. 연속봉합은 한 부분에 결찰을 실시한 후에 계속적으로 봉합을 실시하고 마지막에 다시 한 번 결찰을 실시하는 봉합법으로, 봉합 시간을 단축시키는 장점을 가지고 있으나 한 곳에서 끊기면 모두 풀리는 단점이 있다. 단순 결절봉합은 매번 결찰을 실시하는 방법으로 봉합 간격은 5mm 정도가 적당하다. 봉합사는 대부분의 실험동물에서 실크를 사용하며, 3-0에서 7-0크기의 봉합사를 이용한다. 봉합사와 연결되는 봉합침은 끝부분의 모양에 따라 각침(cutting형)과 환침(round형)으로 나눌 수 있다 (그림 2-1). 주로 각침은 치밀한 조직인 피부나 힘줄 등을 봉합할 때 사용하며, 환침은 연한 조직인 복강 장기, 결합조직 등을 봉합할 때 사용한다. 봉합사의 제거는 피부 봉합의 경우 봉합 후 7일 이후에 실시하나, 수술부위의 상태에 따라서 제거 시기는 변동될 수 있다. 실험동물에 따라 봉합사가 피부 밖으로 노출되면 물어뜯는 경우가 있으므로, 절개 피부의 내측에서의 봉합(피하직 봉합)을 실시하여 봉합사를 노출시키지 않을 수 있다(그림 2-2).

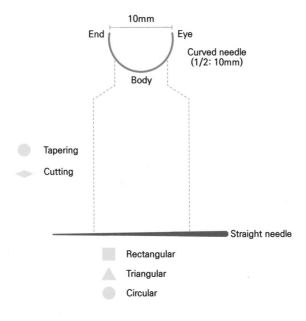

▲ 봉합침 명칭과 봉합법(그림 2-1)

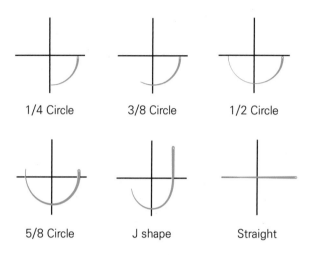

| 1/4 Circle | 3/8 Circle | 1/2 Circle |
| 5/8 Circle | J shape | Straight |

▲ 각도에 따른 봉합침 모양(그림 2-2)

(3) 수술 후 처치

동물은 수술에 따른 출혈과 마취약에 의한 작용으로 체온이 떨어지게 되며, 상당한 수술 스트레스 상태에 있으므로, 따뜻하고 조용한 공간을 마련해주고, 완전히 마취에서 각정을 시킨 후에 사육실로 운반한다. 특히 흡입마취를 실시하여 기관튜브를 장착했던 동물에서는 마취가스의 공급을 차단한 후에 충분한 산소를 공급시켜주고, 자발호흡 및 의식이 완전히 돌아온 것을 확인하는 시점에서 기관튜브를 제거하는 것이 중요하다. 동시에 실험계획서 및 수술계획서에 따라 적절한 수술 후 진통제와 항생제를 투여한다.

(4) 수술 후 통증 관리

1) 고통 징후

수술 후 동물의 통증관리는 동물실험이 윤리적 의무이나, 통증을 완화하기 위한 약물의 사용이 실험결과에 영향을 미칠 수 있는 우려로 인해 적극적인 진통제 사용을 기피하고 있는 실정이다. 실험동물은 포유류가 가진 동일한 통각경로와 통증신호전달체계를 가지고 있고, 통증에 대한 정서적 및 인지적 처리가 일어나고 있다.

⚛ **수술 처치 후 고통 징후와 정도 및 기간**

수술 부위	통증 징후	통증 정도	통증 지속기간
머리/눈/귀/입	문지르거나 긁기, 자해(mutilation), 머리를 흔들거나 식음을 거부하고 움직이지 않으려고 함	중 → 상	간헐적 → 연속적

항문 주변	문지르기, 핥기, 물기, 비정상적인 배변/배뇨 활동	중 → 상	간헐적 → 연속적
뼈	움직이지 않으려고 하고, 보행장애, 비정상적인 자세, 방어적 자세(guarding), 핥기, 자해	중 → 상: 중축골격의 위쪽 부분(상완골, 대퇴골)의 통증이 더 큼	간헐적
복부	비정상적 자세(구부림), 식욕부진, 방어적 자세(guarding)	불분명 → 중간 정도	짧음
흉부	움직이지 않으려고 함, 빠르고 얕은 호흡, 침울	중 → 심각	연속적
경추	머리와 목의 비정상적 자세, 움직이지 않으려 하거나 보행 이상(walking on eggs)	중 → 심각	연속적
흉추와 요추	증상 거의 없음	가벼움	짧음

2) 통증관리

실험동물에서의 일관된 통증관리는 연구결과를 중대형동물 및 영장류 실험에 적용시키는 데에 나타날 수 있는 격차를 해소하는 중요한 과정이 될 수 있다. 실험동물들에 관한 동물윤리 및 동물복지적 실험방법을 연구하는 연구자들의 연구논문 메타분석(meta-analysis) 결과, 통증에 관한 적극적인 처치는 실험과정과 실험결과 도출에 별개의 변수가 아니고 오히려 동물실험에서 나타나는 편향된 결과를 감소시킬 수 있는 중요한 처치임을 강조하고 있다.

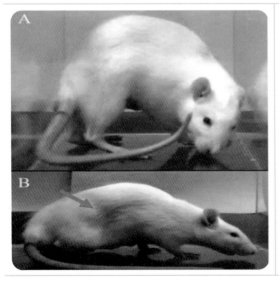

개복술 이후 통증을 느끼는 Sprague-Dawley 랫드의 행동

(A) 통증으로 고양이 등처럼 굽은 모양을 하고 있음
(B) 개복술로 인한 배 근육의 수축을 느끼고 극심한 고통으로 몸을 비트는 모습을 보임

3) 그리마스 척도(The mouse Gremace scale)

실험동물의 수술 후 통증 여부는 표정 및 행동특성 등으로 확인할 수 있는데, 국제실험동물 3R 센터에서는 그리마스 척도(The mouse Grimace scale)를 이용하고 있다. 그리마스 척도는 2010년에 캐나다 토론토 대학의 연구팀이 실험쥐의 얼굴 표정을 통해 통증을 평가하는 방법을 체계화하여 제안한 방법이다. 이후 여러 연구 결과를 통해 실험동물의 통증을 정량적으로 평가할 수 있어, 소형 설치류(생쥐, 랫드)뿐만 아니라 토끼 등의 여러 실험동물종에서 통증을 평가하는 수단으로 사용되고 있다. 실험동물의 얼굴 표정은 눈을 뜬 모양, 코와 뺨의 돌출 정도, 귀의 위치, 수염의 상태 변화 등을 관찰하여 변화의 상태를 정상 '0'에서 고통이 있는 '1', 고통이 심한 '2'의 등급 수치로 표현한다(그림 2-3).

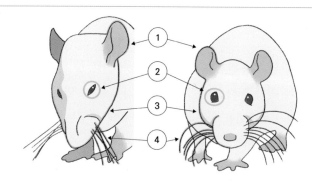

▲ 통증에 따른 실험쥐의 안면부위 변화(그림 2-3)

통증의 상태	척도	정상 상태
귀가 접힌 상태로 뒤쪽으로 기울어 있음	① 귀의 위치	귀가 앞을 향하고 있음
눈을 감은 상태로 눈꺼풀이 눈을 덮고 있는 상태	② 눈의 상태	눈을 감지 않음
주름이 없고 코가 처져 있음	③ 코, 뺨의 주름	뺨과 코가 둥근 형태를 유지함
수염이 뭉쳐 있음	④ 수염의 상태	수염이 부채꼴로 늘어져 있음

그리마스 척도는 여러 연구 그룹에서 진행한 결과를 분석한 결과 신뢰도가 '매우 좋음'으로 평가되었는데, 이는 일반적으로 조사된 결과와 실험생쥐가 보이는 척도와의 오류가 적음을 의미한다. 그리마스 척도는 소형 설치류의 대장염 유발 모델(덱스트란 황산나트륨 투여로 대장염을 유발한 모델), 경부근병증 모델(외과적 압박을 통한 수술 동반 실험), 구안면통증(운동과 부하를 통해 유발한 통증 유발 모델), 척수 손상(물리적 손상 유도 모델), 편두통 모델(니트로글리세린 투여를 통한 편두통 유발 모델) 등에서 통증 여부를 조사한 연구에서 이용되었다.

그리마스 척도 Grimace scale	정상상태 '0'	통증이 있는 상태 '1'	통증이 심한 상태 '2'
눈의 모양 눈꺼풀을 꼭 감거나 찡그리는 현상이 나타나는 상태에 따라 통증 정도 파악			
코의 주름 코 주변 주름 정도와 부어오르는 상태에 따라 통증 정도			
뺨의 주름 뺨의 근육 수축/이완 상태에 따른 통증 정도			
귀의 위치 귀 사이와 얼굴의 간격에 따른 통증 정도			
수염의 변화 수염 방향과 간격에 따른 통증 정도			

4) 둥지 형성 평가(assessment of nesting building)

실험동물이 통증에 대한 반응을 보이는 것을 측정하는 다른 방법으로는 행동 평가가 있다. 행동 평가에는 설치류의 행동 습성을 이용하여 평가하는 방법으로 둥지 형성(nesting building), 굴 파는 행동(burrowing behavior), 그루밍 행동(grooming bevior)을 척도에 따라 점수를 매기는 방식으로 평가한다. 설치류가 둥지를 형성하는 습성(nesting)은 열 보존과 번식 및 은신처 확보에 중요한 역할을 한다. 여러 연구 결과에서 둥지 형성 행동은 뇌 병변이 있을 경우, 약리 작용에 문제가 있을 경우, 유전자 돌연변이가 있는 실험쥐에서 민감한 반응을 나타 내는 것으로 나타났다. 실험동물이 통증을 느끼는 경우 둥지 형성 행동 습성이 줄어드는 경 향을 둥지를 형성한 상태를 점수로 산정하여, 수술 혹은 처치 후 실험동물에게 감작되는 통 증의 유무를 평가하는 방법이다.

① 평가 방법
• 전날 밤 둥지를 형성할 수 있는 압착면 둥지 재료(네슬렛, nestlet) 3g을 제공한다.
• 다음 날 오전 둥지 및 남은 둥지의 재료의 무게를 잰다(측정 시 깔짚 등의 이물은 털어서 제거한다).
• 준비 절차는 둥지 형성 확인 및 남은 둥지 재료 측정하는 단계로 케이지당 3~5분을 넘지 않도록 한다.
• 평가 절차는 둥지 형성 상태 확인 단계로 케이지당 1분을 넘기지 않는다.

등급 척도	둥지 형성 상태	평가 척도 점수
5단계		둥지 형성에 재료를 90% 이상 사용했고, 둥지 둘레 가 쥐의 몸높이보다 높은 벽을 형성한 상태 5점
4단계		둥지 재료가 90% 이상 찢어져 있고 케이지 바닥 면 적의 1/4 이내로 형성되어 있으나 둥지가 편평하고, 벽이 쥐의 몸높이보다 높지 않은 부분이 50%일 경우 4점
3단계		둥지 재료가 대부분 찢어져 있지만, 둥지 형성이 제대 로 이루어지지 않은 경우 3점
2단계		둥지 재료가 부분적으로 찢어진 상태로, 재료의 50~90%가 손상되지 않은 상태 2점

1단계	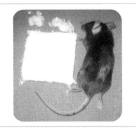	둥지 재료가 거의 손상되지 않은 상태 1점

▲ 둥지 형성 평가

② 굴 파는 행동 평가

실험쥐는 적절한 양의 재료가 주어졌을 때 완전한 돔 모양과 둥지 형태가 갖추어진 굴을 형성하는 습성을 가진다. 실험쥐가 굴 짓는 재료를 활용하여 형성한 굴 형태의 완전함을 점수로 표기하여 통증의 유무를 평가할 수 있다.

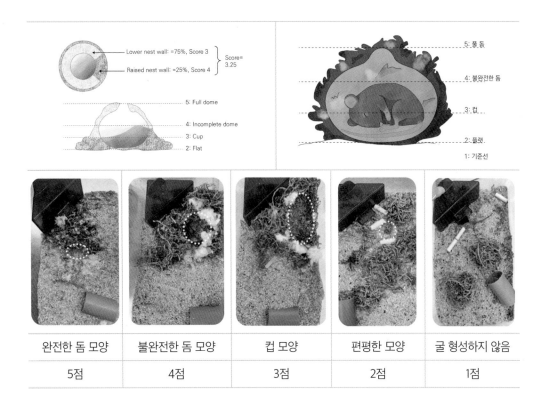

완전한 돔 모양	불완전한 돔 모양	컵 모양	편평한 모양	굴 형성하지 않음
5점	4점	3점	2점	1점

(5) 진통제 투여

수술 후에는 실험동물의 복지와 윤리에 따라 적절한 진통제를 선택하여 2~3일간 투약해야 한다. 동물실험윤리위원회에서 고시한 표준운영가이드라인에 의하면 동물실험 시에는 적절한 진통제와 마취제를 사용하여 실험동물이 동물실험 중 받는 진통을 감소하는 노력을 해야 할 것을 명시하고 있다. 최적의 진통제와 용량은 동물의 품종과 수술 후 상태에 따라 다르므로 반드시 수의사의 처방을 받고 결정하여 사용하여야 한다.

1) 진통제(Analgesics)

진통제에는 마약성(opioid) 계열과 비마약성(non-opioid) 계열, 비스테로이드(NSAID) 계열이 사용되고 있다. 강한 진통효과를 보이는 마약성 계열로는 몰핀(morphine), 부토판올(butophanol), 부프레놀핀(buprenorphine) 등이 많이 사용된다. 마약성 계열 약품은 향정신성의 약품 관리법에 따라 실험동물센터 전임 수의사 혹은 연구책임자와 지정 실무자가 식품의약품안전청에 허가를 받아야 하며, 소속 지자체에서 매년 보수교육을 받아야 한다.

비스테로이드성 계열 진통제는 카프로펜(carprofen), 멜록시캄(meloxicam), 케토프로펜(ketoprofen), 이부프로펜(ibuprofen), 아세트아미노펜(acetaminophen) 등이 사용된다. 진통제의 작용시간은 소형 설치류에서 4시간에서 12시간, 경구 투여 시 24시까지 효능이 지속되고, 작용시간을 고려한 투여 간격은 1일 1회이다. 효용 용량은 비교적 고용량 투여가 진통 효과를 보였으며, 설치류 통증의 임상적 관리에 따르면 수술 직후 12~24시간 내에 가장 심각한 통증 징후가 나타났고, 진통제를 수술 직후 6시간 이후에 투여한 경우 진통효과는 미미한 것으로 나타나, 수술 직후 술부에 국소마취제를 처리하고 실험동물에게 진통제를 처리하는 것이 진통에 효과적인 것으로 나타났다.

소형 설치류에게 진통제를 투여하는 경우 설치류의 작은 체구, 취급과 관련된 스트레스, 약물의 반감기, 생체이용률, 투여방법의 어려움, 약물 투여에 필요한 시간, 진통에 효과적인 투여 횟수 등을 고려해야 한다. 효율적인 진통제 투여방법은 사료 및 음수에 진통제를 처리하여 지속적으로 경구 투여하는 방법이 선호된다. 비경구 투여는 실험동물에게 가장 일반적인 투여 경로로, 피하 및 근육에 주사하는 방법은 흡수율에서 가장 안정적이고 일관되는 결과를 보이며, 실험동물에게 최소한의 취급으로 비교적 쉽게 투여가 가능하고, 빠른 진통 효과를 보이는 복강내 주사에 비해 장기 주입이나 복강 투여로 우려되는 복막염 등의 부작용이 적다.

소형 설치류에 사용되는 진통제 투여 요법

진통제 종류	용량(mg/kg)/ 경로			
	쥐	랫드	기니피그	빈도
부프레노르핀	0.05-0.1(SC)	0.01-0.1(SC, IM)	0.05(SC)	6-12h
트라마돌	5-40(SC, IP)	5-20(SC, IP)		ND
카프로펜	2-5(SC)	2-5(SC)	2-5(SC, IM)	12-24h
멜록시캄	1-5(SC, PO)	1-2(SC, PO)	0.1-0.3(SC, PO)	12h
케토프로펜	2-5(SC)	2-5(SC)		24h
이부프로펜	30-40(PO)	15(PO)	10(PO)	4h
아세트아미노펜	200(PO)	200(PO)		ND

※ SC(subcutaneous, 피하주사), IM(Intramuscular, 근육 내 주사), IP(intraperitoneal, 복강 주사), PO(Per oral, 경구 투여), ND(not detected, 확인되지 않음)

진통제는 약제가 가진 구조와 화학적 특성 및 작용기전으로 인해 발생하는 고유한 부작용이 반드시 존재하며, 고용량 또는 표시된 용량을 초과하여 투여할 경우의 부작용이나 실험동물의 폐사가 일어날 수 있으므로 주의해서 투여해야 한다. 정확한 용량의 진통제라도 동물의 상태에 따라 다른 반응을 보일 수 있으며, 수술 후 실험동물을 적절히 관리하지 않으면 실험의 목적과 상관없는 부작용이 발생할 수 있다. 부작용의 예로는 장기의 궤양, 장 천공, 급성 신장 독성 유발 등이 유발될 수 있고, 구토를 할 수 없는 소형 설치류는 진통제 처치 후에 급격한 체중 감소 등으로 부작용이 나타날 수 있다. 진통제의 부작용은 용량을 줄이고 국소마취제를 사용하고, 보조적인 치료(예: 외부 열을 제공하여 체온을 보존하는 데 도움을 주거나, 깔짚을 편안한 제품으로 교체하는 등의 관리)를 통해 줄일 수 있다.

실험동물은 포유류로 통증 감각과 지각을 가진 종이므로 통증과 고통을 최소화하기 위해 수술 전후의 처치는 반드시 필요하다. 효과적인 통증을 관리하는 방법은 임상 시험의 적용 및 다음 단계로의 발전과도 관계가 있다. 실험결과에 미칠 잠재적인 오류를 최소화한다는 이유로 실험동물에게 진통제 투여 및 통증 처치에 관한 부분을 보류할 수 있으나, 대부분의 연구 결과를 통해 진통제 투여가 더욱 오차가 적은 연구 결과를 도출하고 있음을 알 수 있다. 특정 진통제와의 상호작용이 알려지지 않은 경우, 연구자와 수의사가 협력하여 파일럿 연구를 설계하고 진통제 투여가 실험 결과에 미치는 영향이 있는지를 확인한 후에 연구를 설계하도록 해야 한다. 모든 실험동물의 통증 관리는 연구 설계 과정에서 반드시 고려해야 하는 변수이다.

06 마취(anaesthesia)

마취는 일시적으로 신체의 일부 또는 전신의 감각상실 상태를 말하며, 실험동물에게 통증의 경감 또는 차단을 위해 실시한다. 마취는 실험동물의 움직임이 없이 수술하는 과정을 통해 이상적인 실험결과를 얻는 데 목적이 있으며, 마취 상태가 안정적으로 유지되는 것이 중요하다. 검역을 거친 실험동물은 수술 과정에서 마취를 실시하는 동안 문제를 유발할 수 있는 질병이 거의 없는 상태이나, 질병모델 동물이나 약물 처리를 통해 질병을 유발한 동물에서는 수술 전과 수술 동안 마취에 특별한 주의를 기울여야 한다. 수술이 가능한 마취상태는 중추신경계를 억제하는 약물 주입을 통해 외부자극에 대한 인식이 감소된 무의식 상태로 근육이완, 반사활동과 골격근 움직임이 억제되어 있다. 마취는 호흡·심혈관계 및 다른 주요 중추신경을 억제하기 때문에 실험동물의 종, 나이, 수술의 종류, 수술 시간 등과 마취약물의 대사 차이 등을 고려하여 약제의 종류를 적절하게 선택해야 부작용 혹은 동물의 폐사를 예방할 수 있다. 소형 설치류는 체중과 크기가 작지만, 대사율이 높은 특징으로 인해 마취제의 용량이 높다.

동물실험윤리위원회는 마취방법을 심의할 때에 마취의 목적인 수술 등 외과적 처치와 함께 충분한 진통작용이 유발되는지를 고려해야 한다.

(1) 마취의 준비

실험동물의 건강상태를 확인하고 마취방법을 결정한다. 소형 설치류 마취 시에는 소화관 수술 및 연구의 목적상 절식이 필요한 경우를 제외하고는 절식이 요구되지 않는다. 절식이 필요한 경우 소형 설치류는 대사가 빠른 특징을 가지기 때문에 2~3시간으로 제한하고, 물은 절대로 제한하지 않는다. 특정병원체부재 동물(SPF animal)은 수술 후 감소된 면역으로 인해 사망 가능성이 증가하므로 전마취제 투약을 통해 마취를 해야 한다.

추가적으로 실험동물의 안구 건조를 방지하기 위해 마취 또는 진정 중 비의료용 안과 연구를 바른다.

(2) 마취방법

소형 설치류를 기준으로 호흡 속도는 70~110회/분을 유지해야 하며, 호흡수가 50% 감소하는 경향은 정상일 수 있다. 호흡패턴은 마취 시 모니터링의 중요한 관찰부분이며 심호흡이 분당 70회 미만은 호흡이 마취가 너무 깊은 상태이며, 분당 110회로 얕은 호흡의 경우 마취가 가벼운 상태로 볼 수 있다. 마취 중 실험동물의 맥박수는 분당 260~500회, 정상 체온 범위는 35.9~37.5℃이며, 점막색은 분홍색이어야 한다. 점막색이 옅은 흰색이나 파란색은 매우 위험한 상태를 의미한다.

(3) 마취 회복

마취 회복은 실험동물이 완전히 보행할 수 있을 때까지를 말하며, 마취제가 제거된 후 15분마다 동물을 육안으로 관찰하고 모니터링해야 한다. 한 케이지에서 마취에서 오랫동안 깨어나지 않는 경우에 동족포식이 일어날 수 있으므로 개별적으로 격리하는 것이 좋고, 깔짚을 청결한 것으로 교체해주는 것이 좋다.

(4) 마취약의 종류

미국실험동물과학협회(Americal Association for Laboratory Animal Science; AALAS)에서 정하는 마취제의 종류는 다음과 같다.

1) 진통, 진정 및 마취

① 진통제(Analgesia)

진통제는 마약성 진통제(opioids)와 비스테로이드성 항염증 약물(Nonsteroidal anti-inflammation drugs; NSAID)이 사용된다. 설치류는 빠른 대사율로 인해 체내에서 약물이 빠르게 제거되는 생리학적 특징을 가지고 있어 적절한 약물선택과 정확한 투여용량과 방법 및 투여 빈도에 대한 설정이 중요하다.

② 진정제(Sadatives)

진정제는 의식 둔화에 효과적인 약물로, 마취제와의 병용을 통해 근육 이완, 의식 소실, 진통 작용의 강화에 이용된다. 균형마취(balanced anesthesia)는 진정제의 이러한 작용을 강화하여 안정적인 마취 방법을 이용하는 것을 말한다.

③ 진정제+진통제(Sedatives+Analgesia)

진정제와 진통제 복합 투여는 진정제가 가진 진통효과를 진통제 병용 사용으로 균형마취를 유지하는 방법이다.

④ 마취제(Anesthetics)

빠른 대사를 가진 마우스의 특징으로 인해 마취 약물들의 작용 시간이 큰 동물종에 비해 상대적으로 짧은 편이다. 약물 효과 지속시간을 고려하여 수술 시간에 따른 적절한 마취제 및 투여 방법을 선택해야 한다. 마취제 중 지속 시간이 짧은 마취제는 실험 조건에 따라 마취 연장이 필요할 경우 반복 투여가 이루어질 경우 혈액 내 마취제 농도가 균일하게 유지되지 않게 되면서 부적절한 마취 상태를 야기할 수 있다. 흡입 마취는 수술 시간이 긴 실험의 경우 일정한 마취를 일정하게 유지하는 데에 가장 효율적인 방법이 될 수 있다.

2) 동물실험에 사용되는 대표적인 마취제

종류	약제	비고
흡입 마취제	이소플루란(Isoflurane)	• 마취의 유도, 각성이 빠르고 마취의 심도 조절이 용이함 • 인화성, 폭발성이 없고 순환기 억제 작용이 적음
	엔플루레인(Enflurane)	• 이소플루란에 비해 마취 유도, 각성 작성 작용은 느림 • 할로테인에 비해 간독성작용이 적음 • 심근의 카테콜아민 감수성이 증대됨
	할로테인(Halothane)	• 간독성 작용이 있음 • 국내 시판 중지된 약물
	에테르(Diethyl ether)	• 기화가 용이하여 마취 관리가 간단함 • 인화성, 폭발성이 있음 • 자극성 취기 및 타액 분비 항진
	아산화질소(N_2O)	• 진통 효과 • 단독 사용으로는 마취가 유도되지 않으므로 다른 마취제와 병용해야 함
주사마취제	**해리성 마취제**	
	졸레틸(Zoletil)	• 작은 설치류에서 사용을 추천 • 마취 중 반사반응이 다양하게 나타나서 마취심도 판정이 어려움 • 향정신성 의약품 허가 필요
	염산케타민 (Ketamine, HCL)	• 타액 분비와 기관지 분비 증가로 항콜린제제(아트로핀) 병용 사용 추천 • 마취 상태에서 기침, 삼키기 등의 방어적 반사기능 유지 • 향정신성 의약품 허가 필요 • 해리성 마취제인 틸레타민(tiletamine)과 벤조다이아제핀 계의 졸라제팜(zolazepam)의 혼합약제
	Barbiturate	
	펜토바비탈 소듐	• 작용시간이 짧으며, 피하주사 외의 모든 경로를 통해 빨리 흡수되나 진통 효과가 미비함 • 호흡 중추억제 및 혈압 강화 부작용 있음 • 향정신성 의약품 허가 필요

주사마취제	티오펜탈 소듐	• 초단시간 작용, 정맥 주사 시 약물이 혈관 외 조직으로 주입되면 자극이 심함 • 향정신성 의약품 허가 필요
	수면마취제	
	프로포폴(Propofol)	• 약제의 발현이 빠르고 마취 회복도 부드럽고 신속하게 진행됨 • 향정신성 의약품 허가 필요
	트리브로모에탄올 (tribromoethanol Avertin)	• 마우스, 랫드에서 주로 사용 • 복강 투여 시 염증, 복막염 유발 가능성 있음 • 비생존 수술 시 사용 권장
	우레탄(Urethane)	• 주사제 제조 시 가루제제는 흄후드에서 취급 • 돌연변이 유발성 및 발암성 보고
	알파클로랄로즈 (a-chloralose)	• 비생존성 수술 시 사용 권장 • 향정신성 의약품 허가 필요

⚛ 진정 · 진통 · 마취 전 투약 등 수의학적 처치 관련 약물 제재

종류	약제	비고
마취전 투약	아트로핀(atropine sulfate)	타액 및 기관지 분비물 억제 효과, 평활근 이완
	자일라진(Xylazine) 럼푼(Rompun)	• 진정·진통제, 골격근 이완제 • 가벼운 외과적 처치 또는 마취 전 투약 용도 • 근이완, 진정작용으로 케타민, 졸레틸 등의 마취제와 병용하여 사용 • 다량 투여 시 과다한 타액 분비 작용
	다이아제팜(Diazepam)	가벼운 진정제
	아세프로마진(Acepromazine maleate)	• 정신안정제, 작용 빠르고 구토 억제 효과 • 바비투르산염 약제와 병용 시 효과 증강 및 사용시간 연장
	클로로프로마진(Chloropromazine)	중추신경억제제, 대뇌 중추에 선택적으로 작용
근이완제	석시닐콜린(Succinylcholine chloride)	탈분극성 근이완제, 야생동물 포획 시
	판크로니움(pancronium bromide)	비탈분극성 근이완제
	베큐로니움(Vecuronium bromide)	판큐로니움에 비해 작용 지속시간이 짧으며, 심혈관계에 비교적 안정적

	비마약성 진통제	
항염 및 진통제	아세트아미노펜(Acetaminophen) 아스피린(Aspirin) 이부브로펜(Ibuprofen)	• 약한 통증 완화, 해열 작용, 아스피린보다 부작용 적 지만 다량 복용 시 간 손상 • 살리신산 유도체, 위장관계 자극 • 비스테로이드성 소염제, 프로스타글란딘 합성 억제
	마약성 진통제	
	부토판올(Butophanol) 부프레노르핀(Buprenorphine) 펜타닐(Fentanyl)	• 몰핀보다 4~7배 강한 작용, 부교감신경억제 작용으 로 심장 억제와 호흡 감소 • 마약성 진통제 • 임상에서 사용되는 강력한 진통제 • 몰핀보다 50~100배 강한 작용

🔬 마우스에서 진정, 진통, 마취제 투여 권장량

	약제	투여량	투여 경로	참고문헌
주사 마취제	Pentobarbital	30~70	IP	Russel & David(1977)
		40	IP, IV	Flecknell(1987), Wixson(1990)
		40~90	IP	Hughes(1981), Clifford(1984)
	Thiopental	25~50	IV	Hughes(1981), Clifford(1984)
		50~90	IP	Wixson(1990)
	Ketamine	100~200	IM	Flecknell(1987), Wixson(1990)
	Ketamine + Xylazine	100+10	IM+IP	Flecknell(1987), Wixson(1990)
	Ketamine_Diazepam	200+5	IM+IP	Flecknell(1987), Wixson(1990)
	Tribromoethanol(Avertin 2.5%)	125	IP	Wixson(1990), Green(1979)
	Propofol	12~24	IV	Wixson(1990)
마취전 투약	Chloropromazine	12.5/25	IP/SC	Barnes & Etherington(1973)
		50	IM	Russel & David(1977)
	Atropine	0.04	SC, IM	Flecknell(1987)
항염 및 진통제	Butophanol	5.4	SC	Harvey & Walberg(1987)
	Acetaminophen	300	IP	Jenkins(1987)
	Aspirin	120~300	PO	Jenkins(1987)
	Ibuprofen	7.5	PO	Jebkins(1987)

※ IV(정맥 내), IP(복강 내), IM(근육 내), SC(피하), PO(경구)

CHAPTER
04
인도적 종료시점 설정 및 평가

학습 목표

▮ 인도적 종료시점의 정의와 설정 기준을 설명할 수 있다.
▮ 고통 평가 지표를 설명할 수 있다.

01 인도적 종료시점의 정의

동물실험을 수행하는 많은 연구자들이 '인도적 종료 시점'과 '실험 종료 시점'의 차이점을 정확히 모르는 경우가 많다. '실험 종료 시점'이란, 연구 목적을 달성하기 위해서 설정해 놓은 동물실험을 수행하는 기간 중, 마지막 날을 의미한다. 즉, 실험 종료 시점은 연구 목적 달성에 초점을 둔 동물실험 종료 시점이다. 하지만, 인도적 종료 시점은 실험동물의 상태에 초점을 둔 동물실험 종료 시점이다. '인도적 종료 시점'이란 실험동물이 겪게 되는 고통을 피하거나 최소화하기 위하여 동물실험을 일찍이 종료하는 시점을 의미한다. 따라서, 어떤 질환 동물 모델을 사용하는지, 어떤 효과를 보이는 시험물질을 투여하는지에 따라서 인도적 종료 시점을 달리 설정할 필요가 있다.

02 고통 평가 지표

인도적 종료시점이란, 실험동물이 겪게 되는 고통을 피하거나 최소화하기 위하여 동물실험을 일찍이 종료하는 시점을 뜻한다. 따라서, 인도적 종료시점을 정확히 설정하기 위해서는 동물이 느끼는 고통이 어느 정도인지를 분명하게 판단할 줄 아는 것이 매우 중요하다.

사람은 고통이나 불편함을 느꼈을 때 그 정도를 말로 표현할 수가 있고 듣는 사람이 고통을 덜어줄 수 있는 조치를 취할 수가 있지만 동물의 경우에는 동물이 표현하는 비언어적 정보만을 가지고 판단할 수밖에 없다. 때문에 동물의 고통과 관련한 비언어적 표현을 제대로 알고 있는 것이 매우 중요하다. 아래와 같이 고통 평가 지표를 활용하면 인도적 종료 시점 기준을 정하는 데 큰 도움이 된다.

2010년에 Dale J Langford 외 18인은 마우스의 표정 변화를 바탕으로 고통의 정도를 판단할 수 있는 Mouse Grimace Scale(MGS)을 발표하였다.

⚛ 마우스 Grimace Scale

그리마스 척도 Grimace scale	정상상태 '0'	통증이 있는 상태 '1'	통증이 심한 상태 '2'
눈의 모양 눈꺼풀을 꼭 감거나 찡그리는 현상이 나타나는 상태에 따라 통증 정도 파악			
코의 주름 코 주변 주름 정도와 부어오르는 상태에 따라 통증 정도			
뺨의 주름 뺨의 근육 수축/이완 상태에 따른 통증 정도			

| 귀의 위치
귀 사이와 얼굴의 간격에 따른 통증 정도 | | | |
| 수염의 변화
수염 방향과 간격에 따른 통증 정도 | | | |

눈꺼풀이 닫히는 정도, 코 부분이 부푸는 정도, 볼이 부푸는 정도, 귀가 뒤로 젖혀지는 정도, 코 수염의 상태를 기준으로 고통이 없을 때를 0점, 고통이 중간 정도일 때를 1점, 고통이 심할 때를 2점으로 설정하였다.

마우스뿐만 아니라 랫드용으로 개발된 Grimace scale도 있다. Sotocinal SG 외 11인은 2011년에 랫드의 표정 변화를 관찰하여 고통의 정도를 판단할 수 있는 Rat Grimace Scale(RGS)을 발표하였다.

랫드 Grimace Scale

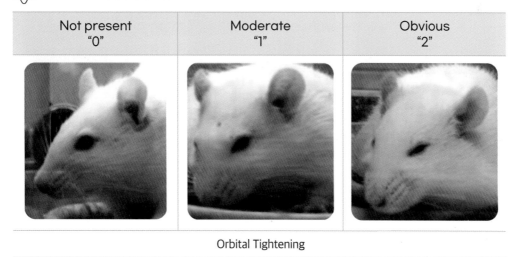

Not present "0"	Moderate "1"	Obvious "2"

Orbital Tightening

Nose/Cheek Flattening

Ear Changes

Whisker Change

마우스 Grimace Scale에서 활용된 고통 평가 기준과 마찬가지로 눈꺼풀이 닫히는 정도, 코 부분이 부푸는 정도, 볼이 부푸는 정도, 귀가 뒤로 젖혀지는 정도, 코 수염의 상태를 기준으로 고통이 없을 때를 0점, 고통이 중간 정도일 때를 1점, 고통이 심할 때를 2점으로 설정하였다.

마우스와 랫드는 발을 활용해서 수시로 그루밍을 한다. 몸 상태가 좋지 않을 때는 그루밍을 하는 횟수가 줄어드는데 이를 활용해서 간접적으로 고통을 느끼거나 스트레스를 받는 정도를 평가할 수 있다. 2018년에 Vanessa L Oliver 외 2인은 이를 활용한 Grooming Transfer

Test(GTT)를 개발한 논문을 발표하였다.

⚛ Grooming Transfer Test

Score	Descripiton	Example Image	
		CD1	C57BL6
1	A strong fluorescent signal is present at the application site on the forehead between the ears.		
2	Fluorescence present at the application site as well as the front and/or rear nails.		
3	Fluorescence present at the application site and the ears. Front and/or rear nails may also fluoresce.		
4	Fluorescence is absent from the nails and ears but remains present in trace amounts at the application site.		
5	Fluorescence is no longer detected.		

그루밍에 의하여 목 뒤쪽에 묻힌 형광물질이 남아있는 정도를 확인하여 1~5점의 점수를 책정하였다. 그루밍을 전혀 하지 못한 상태는 1점에 해당하며, 그루밍을 활발히 하여 형광 물질이 남아있지 않은 상태는 5점에 해당한다. 실제로 해당 연구에서 복부쪽 수술을 받은 마

우스의 GTT 점수는 높았던 반면에 수술을 받았지만 진통제를 투여 받아 고통이 다소 경감된 동물은 GTT 점수가 낮은 것을 확인하였다.

둥지 만들기는 아주 오래 전 야생 마우스부터 잘 보존해온 본능이다. 둥지를 만드는 재료를 케이지에 넣어줌으로써 동물이 받는 스트레스를 경감시킬 수 있으며, 특히 출산을 앞둔 임신 마우스가 있는 케이지에 둥지를 만드는 재료를 넣어주면 어미 마우스의 심리적 안정감뿐만 아니라 출산한 새끼 마우스의 체온을 유지할 수 있는 공간도 마련해 줄 수 있다.

▲ Nesting material

2018년에 Vanessa L Oliver 외 2인은 이를 활용하여 수술 후에 고통의 수준을 평가할 수 있는 Nest Consolidation Test(NCT)를 개발한 논문을 발표하였다.

Nest Consolidation Test Scoring

(A)

Score	Description	Example Image(s)
Single or Pair Housed		
Start	Mice begin assessment with clean cage containing one-half square of cotton nesting material in each corner.	

1	No cotton pieces grouped together.	
2	Cotton pieces paired together in one or two pairs.	
3	3 cotton pieces grouped together.	
4	All cotton pieces grouped together.	
5	All 4 cotton pieces grouped together and completely shredded.	

(B)

Single with Nest		
Start	Mice begin assessment with clean cage containing 4 half square cotton pieces placed at the lixit end of the cage and an Enviropak at the opposite end.	

1	1 cotton pieces is within a 1-inch perimeter of the Enviropak.	
2	2 Cotton pieces are within a 1-inch perimeter of the Enviropak.	
3	3 Cotton pieces are within a 1-inch perimeter of the Enviropak.	
4	All 4 Cotton pieces are within a 1-inch perimeter of the Enviropak.	
5	All 4 Cotton pieces are within a 1-inch perimeter of the Enviropak and have evidence of shredding and incorporation with crinkle paper.	

단독 또는 합사의 경우(A)와 Enviropak을 공급한 단독 사육(B)으로 구분하여 1~5점으로 scoring 하였다. 1점은 케이지에 둔 cotton을 동물이 거의 건들지 않았을 경우이며, 이는 수술 후의 통증이 회복되지 않았음을 의미한다. 동물이 cotton과 Enviropak에 관심을 보여 적극적으로 둥지를 만들수록 더 높은 점수를 부여한다. 실제로 수술 직후에 통증이 상당히 남아있을 경우에는 2점 수준이었던 동물이 만 하루가 지나 통증이 많이 감소하게 되면서 4~5점 수준에 달하는 것을 확인할 수 있다.

03 동물실험별 인도적 종료 시점의 설정 기준

동물모델마다 동물이 느끼는 고통의 부위와 정도가 천차만별이기 때문에 동물실험별로 인도적 종료 시점의 기준이 다양하다. 물론 아래의 표(표 2-1)와 같이 일반적으로 통용될 수 있는 scoring을 바탕으로 한 인도적 종료 시점 기준은 있으나, 각 동물실험별로 고통의 부위와 정도를 반영한 인도적 종료 시점은 반드시 설정할 필요가 있다. 특히 체중 변화의 경우 0점에 해당하는 '정상 체중'이라는 표현이 다소 기준이 모호할 수 있기 때문에 '시험물질 투여 전' 혹은 '질환 모델 유도 전' 혹은 '대조군 평균 체중 대비' 등으로 구체적으로 명시하는 것이 좋다.

⚛ Scoring system을 이용한 인도적 종료시점(표 2-1)

점수* 기준	0	1	2	3
체중 변화*	정상체중	10% 감소	20% 감소	30% 감소
털	정상	털 상태 거칢	• 털 상태 거칠고 단정하지 않음 • 탈모	-
눈과 코	정상	실눈을 뜨거나 눈이 감겨 있음	• 실눈을 뜨거나 눈이 감겨있음 • 눈 주변이 부풀어 있음 • Porphyrin staining이 발견됨	-
움직임	정상	약한 자극에 대한 반응 및 활동성 감소	자극에 대한 반응 및 움직임 없음	-
자세	정상	자세가 굽은 상태로 앉음	• 굽은 상태로 바닥에 앉음 • 머리가 바닥에 위치	바닥에 자주 누워 있음

* 점수 총합이 3점 이상일 경우, 안락사를 통한 인도적으로 동물실험 종료

(1) 종양 연구의 인도적 종료시점

종양세포를 활용하는 연구의 특성상, 생검(autopsy)을 포함한 사전 연구(pilot study)를 통하여 종양세포가 동물에 이식되어 자라는 성상을 미리 확인하면 앞으로 나타날 임상증상을 예측하고 인도적 종료 시점을 설정하는 데 도움이 된다.

특히, 종양 발생의 위험성을 확인하는 종양원성(Tumoriogenecity) 연구의 경우에는 동물의 이상 상태 여부와 관계없이 종양의 성장이 확인되는 즉시 실험을 종료할 수 있다. 이에 반하여

발암물질로 유도한 피부 유두종(papilloma) 연구에서는 종양세포가 악성으로 변하는 데 시간이 오래 걸리기 때문에 인도적 종료 시점을 늦게 설정하는 것이 가능하다. 효능 연구의 경우에는 투여 약물의 효과가 유의미하게 확인된다면 그 즉시 실험을 종료하는 것이 바람직하다.

종양 연구에서 활용이 가능한 인도적 종료시점의 예시는 아래 표와 같다.

⚛ 종양 연구의 인도적 종료시점 예시

기준		인도적 종료 시점
Tumor size	표재성 단일종양	• 마우스: 직경 1.2cm • 랫드: 직경 2.5cm
	치료 연구	• 마우스: 직경 1.5cm • 랫드: 직경 2.8cm
	다발성 종양	• 마우스: 직경 < 1.2cm • 랫드: 직경 < 2.5cm
Clinical sign	식음	야윔 및 탈수로 인한 24~48시간 절폐
	체중	• 종양 모델 유도 전 또는 대조군 대비 20% 감소 • 종양 모델 유도 전 또는 대조군 대비 15% 감소(72시간 지속)
	체온	저체온증
	출혈	눈, 코, 입 등에서의 출혈
	호흡	청색증을 동반한 호흡곤란
	비장, 림프절	비장 또는 림프절의 종대
	움직임	뒷다리 마비
	혈액	창백한 피부와 혈액학적 변화를 동반한 빈혈
	복부	복부 팽대 또는 대조군 체중 대비 10%를 초과하는 복수
	배설물	48시간 이상의 설사

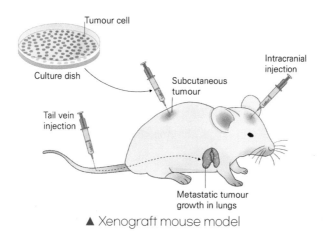

Tumour cell

Culture dish

Tail vein
injection

Subcutaneous
tumour

Intracranial
injection

Metastatic tumour
growth in lungs

▲ Xenograft mouse model

종양 연구에서 'Xenograft'란 면역결핍 동물에 암세포를 배양하여 이식하는 것을 의미한다. 이식한 암세포가 자리를 잡고 어느 정도 자라면 효능을 평가하기 위한 항암제를 투여하고 항암제에 의하여 암세포의 크기가 얼마나 줄어드는지를 평가한다. 이때, 누드 마우스를 면역결핍 동물로 많이 사용하는데 누드 마우스는 T림프구가 성숙하는 곳인 흉선(Thymus)이 없어서 암세포를 이식하였을 때 거부 반응이 적다. 또한, 다른 면역세포들에 의한 거부반응을 줄이기 위하여 T림프구와 B림프구뿐만 아니라 NK cell과 대식세포가 모두 결핍되어 있는 NOD(Non-obese Diabetic)-SCID(Severe Combined Immunodeficiency) 마우스도 항암연구에 널리 활용된다.

(A)   (B)

▲ 누드 마우스(A)와 NOD-SCID 마우스(B)

(2) 감염 연구의 인도적 종료 시점

체온이 급격하게 떨어지는 현상은 동물의 몸 상태가 급격히 나빠졌다는 것을 보여주는 대표적인 기준이다. 감염이 심해져 패혈증에 이환된 동물은 정상 체온을 유지하기 어렵다. 또한, 감염 동물 모델의 체온이 정상 체온보다 4~6℃ 낮다면 죽음이 임박한 상태임을 나타낸다.

그렇기 때문에 체온을 인도적 종료 시점의 기준으로 삼을 수 있으며, 실험 방법에도 체온 측정 주기를 명시하는 것이 필요하다.

감염 동물 모델에서 분비되는 싸이토카인이 식욕부진을 유발한다는 것은 이미 널리 알려져 있는 사실이다. 모델 유도 전 대비 혹은 대조군 대비 20%를 초과하는 체중 감소를 인도적 종료 시점으로 설정할 수 있다. 그렇기 때문에 체중을 인도적 종료 시점의 기준으로 삼을 수 있으며, 실험 방법에도 체중 측정 주기를 명시하는 것이 필요하다.

감염 동물 모델에서 분비되는 싸이토카인은 식욕부진뿐만 아니라 동물의 움직임을 저하시키는 데 영향을 미치는 것으로 알려져 있다. 섭식 활동을 포함한 움직임의 저하는 먹이 섭취량의 저하로 이어지기 때문에 결과적으로 체중 저하로 이어질 수 있다. 섭식활동을 전혀 보이지 않는 움직임의 저하는 인도적 종료 시점으로 설정할 수 있으며, 움직임을 관찰할 수 있는 주기를 실험 방법에도 명시하는 것이 필요하다.

(3) 단일클론 항체 생산의 인도적 종료시점

항체 생산 시에 차오르는 복수는 동물에게 상당히 큰 고통을 유발한다. 보통 일반적으로 통용될 수 있는 인도적 종료시점(표 2-1)을 활용하여 기준을 정할 수 있으나 특히 주의 깊게 고려해야 하는 사항은 다음과 같다.

① 복수 추출은 최대 2회까지 허용되며, 두 번째 복수 추출은 동물을 전신마취한 상태에서 추출한다.
② Hybridoma 세포 주입 후, 복수가 차기 전 첫 주에는 동물의 상태를 매일 1회씩 관찰하며, 복수가 차오름에 따라 복부 부종이 관찰되면 매일 최소 2회씩 동물의 상태를 관찰한다.
③ 체중 변화를 확인할 때에는 늘어난 복수의 무게와 복수를 제외한 동물의 체중을 고려하여야 한다. 복수가 늘어났음에도 동물의 체중이 감소하여 전체 체중이 늘어나지 않고 유지되고 있다거나 오히려 조금씩 증가하고 있다고 오해할 수 있다.
④ 복수가 차오르는 부위인 복부쪽에 고통이 유발되기 때문에 동물이 취할 수 있는 행동으로는 대표적으로 몸을 잔뜩 웅크린다거나 복수가 흉부를 압박하여 숨을 쉬기가 어려워 호흡이 거칠다거나 고통으로 인하여 움직임이 현저히 줄어드는 현상이 있다.

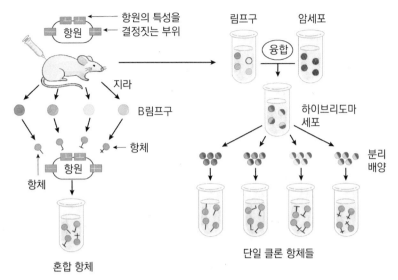

▲ 단일클론항체 생산 과정

단일클론항체 생산 과정은 아래와 같다.

① 특정 항원을 동물에 투여한 후 항원에 대한 항체가 생성되면 동물의 비장에서 B림프구를 분리한다. 하나의 항원은 여러 종류의 항체와 결합할 수 있는 항원 결정기를 가지고 있기 때문에 여러 종류의 B림프구가 만들어진다.

② 비장에서 분리한 B림프구는 생체 밖에서는 배양되지 않는 단점이 있기 때문에 생체 밖에서도 분열하여 항체를 생산할 수 있는 암세포와 B림프구를 융합시켜 hybridoma 세포를 만든다.

③ 여러 종류의 hybridoma 세포를 종류별로 분리하여 각각 따로 배양한다.

④ 각각 따로 배양한 hybridoma 세포로부터 단일 클론 항체를 대량으로 생산한다.

(4) 고통 유발 연구의 인도적 종료 시점

고통을 유발하여 동물에게 의도적으로 통증을 일으키는 연구의 경우에는 특히 더 엄격한 인도적 종료시점의 기준이 필요하다. 일반적으로 통용될 수 있는 인도적 종료 시점(표 2-1)을 활용하여 기준을 정할 수 있으나 특히 주의 깊게 고려해야 하는 사항은 다음과 같다.

① 실험 목적에 부합하는 최소한의 고통에만 노출시킨다.

② 실험기간과 동물의 수를 최소화한다.

③ 최소한의 고통을 유발하기 위하여 역치(threshold)를 적용한다.

④ 급성 통증 모델의 경우에는 결과를 얻은 후에 가능한 한 빠르게 실험을 종료한다.

⑤ 고통이 가해졌을 때 동물이 스스로 피할 수 있는 회피시험 외 다른 고통 유발 연구는 권장되지 않는다.

⑥ 만성 통증 시험 시에는 적절한 진통제를 계속 투여한다.

⑦ 연구자는 동물 종마다 보이는 정상 행동과 표정을 숙지하여 고통이 가해졌을 때 보일 수 있는 행동과 표정 변화와의 차이점을 빠르게 인지할 수 있도록 한다.

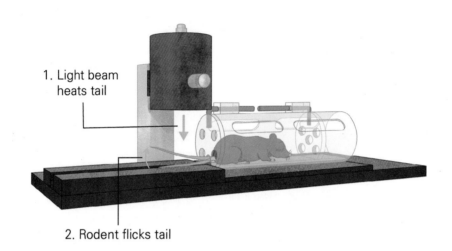

1. Light beam heats tail

2. Rodent flicks tail

▲ 회피시험의 일종인 Tail Flick test

Tail Flick test는 hot plate 등에 동물의 꼬리를 올려놓고 열을 가해주었을 때 동물이 고통을 느껴 꼬리를 표면에서 뗄 때까지의 시간을 측정하는 시험이다. 고통에 대한 역치를 평가할 수 있으며 동물이 스스로 고통을 피할 수 있기 때문에 회피 시험에 해당한다. 이에 반하여 시험 결과 값을 얻었음에도 동물에게 고통이 지속적으로 가해져 동물이 스스로 고통을 회피할 수 없는 시험의 경우에는 시험이 종료됨과 동시에 인도적인 안락사를 수행하는 것이 적절하다.

▲ 시험이 종료되었음에도 동물의 고통이 지속될 수 있는 writhing test

동물에게 고통을 유발할 수 있는 acetic acid와 같은 자극성 물질을 동물의 복강 내에 투여한다. 동물이 통증을 느끼면 몸을 뒤트는 행동(writhing reflex)을 보이는데 일정 시간 동안 이러한 행동을 보이는 횟수를 측정하여 고통을 완화시킬 수 있는 진통제 등의 효능을 평가하는 시험이다.

CHAPTER

05

동물실험시설 모니터링 -
환경, 실험동물

학습 목표

▯ 적절한 동물실험시설의 사육관리환경을 유지하기 위한 모니터링 내용을 안다.

▯ 동물실험시설의 미생물 관리등급과 각 등급별 특징에 대하여 안다.

▯ 실험동물의 건강 상태를 유지하기 위한 모니터링 방법을 안다.

01 환경 모니터링

동물의 사육관리환경은 크게 두 가지로 나눌 수 있는데, 하나는 동물을 직접적으로 둘러싸고 있는 물리적 환경인 미시환경(microenvironment)이고, 다른 하나는 미시환경을 둘러싸고 있는 또 다른 물리적 환경인 거시환경(macroenvironment)이다. 예를 들어 사육실 안에 케이지 선반(rack)을 두고, 그 선반 중 한 케이지에서 마우스를 사육관리하고 있다면, 미시환경은 마우스가 사육관리 중인 케이지이고, 거시환경은 마우스 케이지와 케이지 선반이 있는 사육실이다.

이전 PART 01의 "동물실험시설 기준과 운영" 부분에서 동물실험시설에서 사육관리환경의 중요성을 이미 한 번 기술하였다. 동물의 사육관리환경은 동물 건강상태와 직결되는 요인으로 작용하고 동물의 건강상태는 해당 동물을 사용한 실험에서 얻은 결과의 신뢰성과 재현성에 중대한 영향을 끼친다. 따라서 이 챕터에서는 각각의 동물을 둘러싸고 있는 환경에 대하여 주기적으로 측정하고 관리에 대한 부분을 기술하고자 한다.

(1) 온도와 습도

비단 실험동물로 사용하는 동물종 중에서 어류, 양서류, 파충류와 같은 변온동물 (poikilothermal animals)뿐만 아니라 조류, 포유류와 같은 정온동물(homeothermal animals)에서도 정상 범위의 체온을 유지하는 것은 동물의 신체적 건강과 정신적 건강인 웰빙(well-being)에도 반드시 필요하다.

일반적으로 아래 표와 같이 동물종마다 대사 열 생산 증가나 활성 증발 열 손실이 없이 체온이 조절되는 중간온도 구역(thermoneutral zone)이라고 불리는 온도가 정해져 있다. 중간온도 구역 범위보다 낮은 온도에서는 체온 유지를 위하여 여러 마리가 모여서 웅크리고 움직임을 최소화하여 최대한 에너지 손실을 막으려는 행동을 보이는 등 생리학적, 행동학적 변화가 발생한다. 반대로 중간온도 구역 범위보다 높은 온도에서는 체온 유지를 위하여 숨을 헐떡이는 등 행동으로 체열을 최대한 발산하려는 현상이 나타난다. 보통 고온 환경에서 발생하는 열 스트레스를 받지 않도록 하기 위하여 사육실의 건구온도(dry-bulb temperature)를 중간온도 구역 범위의 낮은 온도인 최저 임계 온도(Lower Critical Temperature; LCT)보다 낮게 유지한다.

⚛ 대표적인 실험동물 동물종의 중간 온도 구역 범위

동물종	마우스	렛드	토끼	개, 고양이
중간 온도 구역 범위(℃)	26~34	26~30	15~20	20~25

사육관리환경에서 습도는 상대습도(relative humidity)로 온도와 밀접하게 연관되어 있다. 온도에 비해서 습도는 동물종별 차이가 많이 나지 않을 뿐만 아니라 적정 온도 범위도 보통 30~70%로 상당히 넓은 편이다. 다만 마우스 사육관리환경에서 비정상적인 높은 습도 또는 낮은 습도에서 새끼동물의 이유기 전 폐사율이 증가하는 것으로 알려져 있고, 렛드 사육관리환경에서 특히 고온 상태에 낮은 습도가 유지될 경우 꼬리에 허혈성 괴사(ischemic necrosis)가 일어나는 "ringtail"이 발생한다고 알려져 있다.

▲ 성체 랫드(왼쪽)와 새끼 랫드(오른쪽)에서 발생한 꼬리 괴사(ring tail)

대부분 동물실험시설에서 그 중요성에 따라 온도와 습도는 매일 측정하여 확인하는 항목
으로 관리하고 있다. 사육실에 아날로그 또는 디지털 방식의 온습도계를 비치하여 온도와
습도를 확인할 수도 있으나 전통적으로 아래 그림과 같은 아날로그 방식의 자기온습도계
(automatic thermo-hygrometer)를 사육실 내부에 설치하여 온도와 습도를 확인하여 왔다. 아날
로그 자기온습도계는 정해진 시간 동안 한 바퀴가 도는 기록지에 연속으로 온도와 습도가
기록되는 방식이 대표적이다. 측정 시간은 동물실험시설의 환경이나 조건에 따라 하루나 일
주일과 같이 짧게 정하거나 한 달 단위로 길게 정할 수 있다. 최근 지어진 동물실험시설 경우
디지털 센서가 실시간으로 온도와 습도를 측정하여 알려주는 방식을 기본으로 사용하고
있다.

아날로그 방식의 경우 온도와 습도 측정을 위한 초기 비용뿐만 아니라 유지 비용이 적게 들
고 측정 장비 관리가 쉽다는 장점은 있으나, 온도와 습도를 확인하기 위하여 사육실을 직접
출입해야 한다는 점과 실시간으로 온도와 습도를 확인하기는 어렵다는 단점이 있다. 반면에
디지털 방식의 경우 사육실 출입 없이 센서가 측정한 온도와 습도 수치를 장소에 구애를 받
지 않고 확인할 수 있는 장점이 있으나, 센서 설치와 통제 시스템 설치와 같은 초기 비용이
비싸고 측정 장비 관리가 어렵다는 단점이 있다. 아날로그 방식과 디지털 방식 모두 정확한
온도와 습도 측정을 위해서는 주기적인 검정(verification)과 교정(calibration)이 필요하다.

온도와 습도의 측정은 되도록 동물이 사육관리되고 있는 위치에서 여러 번 실시하여 평균
값을 구한다. 사육실 환기를 위해 공기가 들어오는 급기구 주변이나 공기가 나가는 배기구
주변에서 측정은 피하여야 하고 공간 내 기류 변화가 생기면 믿을 수 있는 온도와 습도 측정
이 되지 않으므로 측정 시에는 되도록 사육실 출입을 자제하여야 한다.

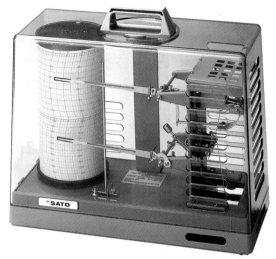

▲ 자기온습도계

(2) 차압과 환기횟수

차압(different pressure)은 서로 다른 힘을 받는 곳에서 발생한 두 압력 사이의 차이를 말하는데 동물실험시설에서의 차압은 특별히 서로 인접한 두 공간에서의 기압(air pressure)의 차이를 말한다. 공기는 기압이 높은 곳에서 낮은 곳으로 이동하면서 일정한 방향으로 바람을 만들게 된다.

차압은 오염물질 유입이나 미생물 전파와 밀접한 관련이 있는데, 일반적으로 공간을 청정하게 유지하기 위해서는 해당 공간을 양압(positive pressure)로 유지하고, 반대로 외부로 오염물질 배출을 막기 위해서는 해당 공간을 음압(negative pressure)로 유지한다. 동물실험시설에서 대표적인 예로 특정병원체부재(Specific Pathogen Free; SPF) 상태로 관리 중인 사육실은 양압으로 유지하고, 검역실은 음압으로 유지하는 것을 들 수 있다.

차압은 동물실험시설 설계 단계부터 반드시 고려해야 하는 부분으로 사육실의 미생물 관리 수준, 실험물질 중 동물과 사람에게 영향을 끼칠 수 있는 물질의 사용 여부, 동물실험시설 주변에 인접한 다른 일반 시설 유무 등을 반영하여 설정하여야 한다.

차압을 생성하고 조정하는 방법은 일반적으로 공간으로 들어오는 공기의 양과 나가는 공기의 양을 조절하는 것과 환기횟수를 조절하는 것이 있다. 차압은 서로 연결된 두 공간 사이에서 발생하는 기압의 차이이기 때문에 공기의 양이 많은 쪽이 상대적으로 기압이 높고 반대로 공기의 양이 적은 쪽이 상대적으로 기압이 낮은 상태가 되면서 공기의 양이 많은 쪽에서 적은 쪽으로 공기가 이동하면서 기류가 형성된다.

차압을 유지하는 주된 목적이 동물실험시설 밖에서 시설 안으로 오염물질이 유입되는 것을 방지하고 동물실험시설 내부에서 발생한 감염원이 확산되는 것을 차단하기 위한 것이라면, 환기 횟수는 동물실험시설 외부와 내부 사이의 공기 교환과 순환을 조절함으로써 공기의 질(air quality)을 유지하고 시설 내부의 온도와 습도를 조절하는 것이 목적이다.

일반적으로 공기의 질을 유지하기 위한 적정 환기 횟수는 시간당 10~15회 신선한 외부 공기를 유입하는 것으로 알려져 있다. 실제 동물실험시설의 적정 환기횟수를 정할 때에는 사육 관리되고 있는 동물종, 사육 규모, 생리학적 상태 등을 고려해야 하고, 시설 자체의 규모와 공기조화장치 능력 등을 반영하여야 한다.

열에너지 손실에 따른 비용을 우선으로 하여 공기 순환양이나 횟수를 너무 줄이게 되면 오히려 오염물질의 축적과 미생물 증식 가능성이 증가하는 문제가 발생할 수 있으므로 주의해야 한다. 또한 100% 시설 외부 공기를 공급하는 것이 아니라 시설 내부의 공기를 순환하여 공급하는 경우 에너지 손실을 최소화하고 에너지 비용을 절감할 수 있는 방법이지만 공기를 통해 전파될 수 있는 병원성 미생물의 전파 가능성이 높아진다. 만약 시설 내부의 공기를 재순환하는 방법을 사용할 경우 미생물과 암모니아 가스를 여과할 수 있는 필터를 반드시 설치하여야 한다. 특히 동물의 사육관리구역에서 나가는 공기를 사람들이 지내는 공간에서 재사용할 경우 또는 반대로 사람들이 지내는 공간에서 나가는 공기를 동물의 사육관리구역에서 재사용할 경우 인수공통감염병(zoonosis)에 대한 관리와 암모니아 가스 외에 불쾌한 냄새가 나지 않도록 추가적인 여과와 확인이 반드시 필요하다.

차압은 보통 동물실험시설의 제일 안쪽부터 바깥쪽 방향으로 나오면서 측정하거나 제일 바깥쪽부터 안쪽 방향으로 한 방향으로 정하여 실제 서로 다른 두 공간의 연결지점에서 차압계를 이용하여 측정한다. 환기 횟수의 경우 공기조화장치의 통제 시스템에서 급기와 배기 횟수를 확인하는 것이 일반적이다.

(3) 분진과 낙하균

분진(dust)는 크기에 따라 분진 자체가 호흡기를 자극하여 사람이나 동물의 건강에 직접적으로 영향을 미칠 뿐만 아니라 미생물을 전달하는 매개체로서 간접적으로 영향을 미칠 수 있다는 점에서 동물실험시설에서 관리가 필요한 요소이다. 동물실험시설에서 분진이 가장 많이 발생하는 곳은 사육실과 세척실로, 사육실에서는 사육실 청소와 깔짚 교체, 사료 급여 시에 분진이 발생하게 되고 세척실에서는 깔짚 공급과 폐기 시에 분진이 발생하게 된다.

특히 사육실에서 사육실 청소 시에 동물의 털이나 비듬, 건조되어 가루 형태가 된 대소변은 병원성 미생물 전파도 위험하지만 실험동물에 의한 알레르기(Laboratory Animal Allergy; LAA)의 원인이 되므로 각별히 주의해야 한다. 따라서 사육실 청소 시에는 적절한 호흡기 보호구 착용을 해야 하고, 진공청소기는 분진을 더욱 공기 중으로 부유시키기 때문에 사육실 청소에는 사용해서는 안 된다.

낙하균은 보통 동물실험시설 내부의 공기의 질을 확인하기 위하여 실시하는 검사로 확인할 수 있다. 대부분의 동물실험시설에서 공기의 경우 고효율 미립자 공기 필터(High Efficiency Particular Air; HEPA) 필터를 통해서 공급되는데, 고효율 미립자 공기 필터는 직경이 0.3㎛인 입자를 99.9% 제거할 수 있으므로 이론적으로는 거의 대부분의 세균이나 바이러스와 같은 미생물이 동물실험시설 내에서 발견되지 않아야 한다. 하지만 실제 미생물은 동물이 동물실험시설로 반입될 때 동물과 함께 유입되거나 사료나 깔짚 같은 사육관리에 필요한 물품이 반입될 때 물품과 함께 유입될 수 있다. 또한 사람이 실험동물의 사육관리와 동물실험을 수행하면서 함께 유입될 수 있다.

위와 같이 동물실험시설 운영과 관리에 의해 유입된 미생물의 경우 동물실험시설 설계상으로는 동물실험시설 내 공기 순환 시 배기될 때 배기 쪽 필터에 의해 여과가 되어 걸러져서 완전히 제거되어야 한다. 하지만 사육실 환경에서는 동물의 털이나 피부, 동물이 싼 대소변, 동물에게 제공된 사료와 깔짚이나 건초에 미생물이 부착하여 증식할 수 있고, 세척과 소독으로 위의 유기물질이 완전히 제거되지 않은 천장과 벽 사이 또는 벽과 바닥 사이, 케이지 선반과 케이지 사이 등과 같은 시설에서도 미생물이 남아있을 수 있다.

남아있는 미생물들은 공기 순환에 의하여 부유되었다가 시간이 경과하면서 중력에 의해 다시 바닥으로 가라앉게 되고 이때 사람이나 동물의 노출된 피부나 호흡기 점막에 침입할 수 있다. 낙하균 검사는 이렇게 공기 중에 부유되어 있는 미생물의 양과 종류를 확인하여 간접적으로 공기의 질을 평가하는 방법에 해당한다. 일반적인 낙하균 검사방법은 세균을 배양할 수 있는 고체 배지(agar plate)를 사용하는데, 아래 그림과 같이 사육실이나 실험실 바닥에 준비한 배지를 놓고 1시간 이상 노출시킨다. 이때 검사하는 동안 해당 공간에는 출입을 하지 않는 것이 정확한 결과를 얻을 수 있다.

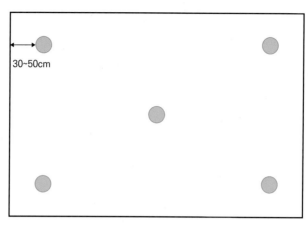

30~50cm

▲ 낙하균 검사 시 배지 설치 위치

이후 배지를 수거하여 배양기(incubator)에 넣고 일반적으로 48시간 배양한다. 배양을 마친 배지는 배양기에서 꺼내어 배지 표면에 자란 세균 집락(colony)수를 측정한다. 집락수 단위는 CFU(Colony-Forming Unit)/hr로 배지를 노출한 시간 대비 세균 집락수로 표현하기 때문에 각 검사 장소마다 배지 노출시간을 정확히 동일하게 설정해야 한다. 아래는 동물실험시설 내 세균 집락수에 대한 청정도 권장 수준을 정리한 표이다.

🔬 사육실별 권장 청정도 수준

	barrier 시설	일반 사육시설
세균 집락수(CFU/hr)	6개 이하	60개 이하

※ barrier 시설: 차압 형성 등으로 외부에서 미생물 유입을 차단하는 시설

낙하균 검사는 주기적으로 실시하여 공간에 대한 청정도를 확인하고 그에 상응하는 세척과 소독 프로그램을 운영하여야 한다. 특히 미생물 감염으로 인하여 공간 멸균을 실시하거나 급기와 배기 필터를 교체한 뒤에는 낙하균 검사를 실시하여야 한다. 이는 멸균 결과나 필터 성능에 대한 검증을 하는 방법으로 사용하는 것이다.

(4) 조명과 명암주기

조명은 동물의 생리학적 변화와 행동학적 변화에 영향을 미친다. 동물실험시설에서 조명은 전체적으로 균일하게 비춰지도록 해야 한다. 조명에는 파장, 광도, 조도, 조명시간이 포함되어 있는데 일반적인 동물실험시설에서 중요하게 생각하는 요인으로 조도와 조명시간을 들고 있다.

보통의 동물실험시설에서는 광원을 천장에 설치하여 위에서 아래 방향으로 빛이 조사되도록 하기 때문에 천장에서 가까운 위치와 먼 위치 사이에 조도 차이가 발생한다. 특히 몸에 멜라닌 색소가 없는 알비노(albino) 동물은 높은 조도에서 장기간 노출될 경우에는 망막 손상으로 시력에 문제가 생길 수 있기 때문에 적절한 조도를 유지하는 것이 중요하다. 일반적인 사육실에서 조도 기준은 바닥에서부터 1m 높이에서 조도계로 측정했을 때 325lux이다. 하지만 실제 동물이 있는 위치에서 측정하는 것이 더 중요하므로 사육실 구조나 배치에 따라 조도계를 사용하여 주기적으로 측정하여야 한다. 흔히 설치류 사육실의 경우 사육형태에 따라 뚜껑이 있는 케이지와 뚜껑이 없는 케이지로 동물을 사육관리할 수 있는데, 같은 높이일지라도 뚜껑이 있고 없고 차이에 따라 조도는 매우 큰 차이가 날 수 있다. 뚜껑이 없고 동물 탈출을 방지하기 위한 철망이 있는 케이지 안에 조도계를 넣어서 측정했을 때 약 40lux가 나오는 반면에 같은 케이지 밖 정면에서 조도계를 측정하였을 때는 약 220lux가 나온 결과도 있다. 동물종과 계통에 따라 조금씩 차이는 있지만 알려진 여러 결과를 바탕으로 할 때 케이지 안에서 조도를 측정한 값이 20lux 이하로 유지하는 것이 밝은 조명으로 인한 광독성(phototoxicity)을 예방할 수 있다.

조명시간은 명암주기를 결정하는 것으로 일반적인 동물실험시설에서는 12시간 간격으로 운영하고 있다. 명암주기 중에서 더 중요한 부분은 야간동안 조명 노출로 여러 생리학적, 행동학적 변화가 나타난다. 잘 알려진 생리학적 변화는 생체시계 관련 유전자 발현 조정 이상으로 항상성 조절 이상, 멜라토닌 분비 억제로 번식 기능 이상, 자율신경계 중 교감신경계의 강한 자극으로 면역 기능 억제와 암 발생 증가가 있다. 또한 행동학적 변화는 우울증, 불안감, 기억력 저하를 일으키는 것으로 알려져 있다. 이러한 변화들은 장시간 노출되었을 때 발생하는 것이 아니라 야간 동안 단 5분간 조명에 노출되었을 때도 발생하는 것으로 알려져 있기 때문에 야간 동안 조명 노출에 대하여 특별히 주의해야 한다. 보통 동물실험시설에서 명암주기를 전자장비를 이용하여 조절하는데, 주기적으로 이상 작동을 하는 것에 대한 점검을 해야 하고 정해진 시간에서 앞으로 당겨지거나 뒤로 밀려지는 일은 자주 발생하기 때문에 실제로 지정된 시간에 조명이 켜지고 꺼지는 것을 반드시 확인해야 한다.

최근 높은 에너지 효율, 거의 발생하지 않는 열과 긴 조명 수명을 고려하여 조명을 형광등에서 유기발광다이오드(Light-Emitting Diode; LED)로 교체하거나 처음 설계와 시공 때부터 유기발광다이오드를 조명으로 선택하는 동물실험시설이 많다. 아직 장기간 유기발광다이오드에 노출된 동물에서 생리학적 또는 행동학적 변화에 대한 연구는 없으나, 일부 연구에서 유기발광다이오드 중 백색 또는 파란색 파장에서 신경 활동이 증가한다는 보고가 있다. 다른 연구에서는 주간 동안 파란색 파장이 강한 유기발광다이오드에 노출된 동물의 사료나 음수 섭취량이 증가하고 야간 동안 분비되는 멜라토닌이 매우 증가한다는 보고도 있다. 따라서 형광등에서 유기발광다이오드로 조명을 교체하거나 새로 건축하는 동물실험시설에서는 유기발광다이오드의 파장도 조도와 조명주기와 함께 고려하는 것이 좋다.

(5) 소음과 진동

소음도 위에서 기술한 야간 동안 조명 노출과 유사하게 익숙하지 않은 짧고 강한 소음이 익숙하고 길고 약한 소음에 비해 교감신경계를 더 자극하게 된다. 실험동물의 사육관리나 동물실험 수행으로 어쩔 수 없이 발생하는 소음은 최대한 줄이는 노력을 하고 발생 차단 조치를 고려하여 실제 사육관리 중인 동물에게 미치는 영향은 적다. 오히려 동물복지 차원에서 실험동물의 사육관리나 동물실험 수행 여부와 상관없이 지속적으로 발생하는 소음은 노출의 빈도와 노출 정도의 축적으로 인하여 동물에게 더 많은 영향을 준다. 특히 동물은 들리나 사람은 들리지 않는 영역의 주파수대 소음은 동물실험에서 통제되지 않는 환경조건이 될 수 있기 때문에 더욱 관심을 가져야 한다.

동물실험시설에서 대표적인 지속적으로 발생하는 소음으로 공기조화장비(Heating, Ventilation, Air Conditioning; HVAC)의 가동으로 인한 소음이 있다. 공기조화장비는 동물실험시설의 공기를 순환시키고 온도와 습도를 적정 수준으로 유지하기 위하여 끊임없이 가동할 수밖에 없는 장비이나, 공기가 공급되고 배출되는 관에 공기가 흐름으로 인해 진동과 함께 소음이 발생하게 된다. 공기조화장비로 인하여 발생하는 소음 경우 장비와 가까우면 가까울수록 소음이 강해지므로 동물실험시설 내 공간 배치 시 공기조화장비에 의한 소음을 반영하여 최대한 장비와 먼 곳에 배치하는 것이 좋다.

소음측정기를 사용하여 주기적으로 측정하여 동물실험시설 내 소음 정도를 확인할 수 있다. 낙하균 검사가 검사하는 동안 사람이나 동물의 출입을 제한하고 최대한 공기의 순환이 안정적일 때 하는 것과 반대로 소음 측정은 실제로 사료나 음수를 교체한다거나 깔짚을 교체하는 등의 실제 사육관리를 하고 있는 동안 실시하여 최대 발생 소음치를 확인하고, 사람의 관리행위 등이 없고 오로지 동물만 있는 동안 소음을 측정하여 최저 발생 소음치를 확인한다.

진동도 소음과 마찬가지 익숙하지 않고 짧고 강한 진동이 익숙하고 길고 약한 진동에 비해 교감신경계를 더 자극하게 된다. 하지만 실제로 동물에 영향을 주는 것은 지속적으로 노출되는 진동이므로 이러한 진동이 발생하는 것을 최대한 관리해야 한다. 진동은 매질을 따라 이동하면서 전파되기 때문에 보통 동물실험시설에서는 벽이나 바닥을 통해 진동이 전파된다. 진동으로 인한 동물의 생리학적, 행동학적 변화가 발생하는 것은 알려져 있고 일부 동물실험시설 운영과 관리에 대한 자료에서는 제곱평균근(Root Mean Square; RMS) 수준에서 0.025gmm/s 미만으로 유지하라고 권장하고 있다.

하지만 실제 동물실험시설에서 동물을 사육관리하거나 동물실험을 수행하는 것에 대하여 진동을 측정하고 관리하는 것은 매우 어렵기 때문에 진동이 발생하는 장소나 장비를 찾아서 벽이나 바닥을 통해서 진동이 전파되는 것을 차단하거나 예방하는 것이 효과적이다. 소음과 마찬가지로 동물실험시설에서 대표적인 지속적으로 발생하는 진동으로 공기조화장비의 가동으로 인한 진동이 있다. 공기조화장비에 의한 소음과 같이 공기조화장비에 의한 진동 역시 동물실험시설 운영을 위해 불가피하게 발생하는 진동이라는 점에서 원천적으로 발생을 막을 수는 없으나 진동이 장비에서 사육구역으로 전달되는 것을 차단하는 방법으로 진동에 의한 동물의 영향을 최소화할 수 있다.

(6) 사료와 음수

사료는 사육관리 중인 실험동물의 건강함을 유지하기 위하여 반드시 필요한 요소이다. 동물의 건강을 위하여 사료에는 영양학적으로 균형 잡힌 영양소가 포함되어야 하지만 오히려 동물의 건강에 안 좋은 영향을 주는 모든 요소는 없어야 한다. 동물실험시설에서 실험동물에 공급하는 대부분의 사료는 사료회사에서 제조하여 판매하는 사료이나, 때때로 실험계획에 따라 동물실험시설에서 직접 사료를 조제하여 공급하는 경우도 있다. 사료회사는 자체적으로 사료의 재료가 되는 성분과 제조된 완제품으로서의 사료를 검사하여 동물의 건강에 영향을 줄 수 있는 중금속이나 잔류농약, 미생물이 일정 수준 아래로 있음을 증명서류로 발급하고 있다. 반면에 직접 사료를 조제하여 공급하는 경우 위와 같은 검사를 실시하기 어렵기 때문에 동물의 건강에 해를 끼치지 않는 등급의 재료를 믿을 수 있는 공급원에서 구매하는 것이 좋다.

사료는 동물을 위한 훌륭한 영양소 공급원이지만 반대로 미생물을 위한 훌륭한 영양소 공급원이 될 수 있다. 사료회사에서 판매하는 사료는 일반적으로 열처리가 되어 있고 특히 무균동물(germ-free), gnotobiotic 동물, 특정병원체부재 동물에게 공급하는 사료는 방사선 멸균 등을 거쳐서 미생물을 미리 제거한 상태이다. 하지만 직접 조제하는 사료의 경우 무균 시설에서 멸균된 재료만 가지고 조제하지 않는 이상 충분히 미생물이 포함될 가능성이 있기 때문에 조제 이후에 추가적인 멸균 과정을 거칠 필요가 있다.

한편 아무리 멸균된 상태로 판매되는 사료라도 동물실험시설 안에서 개봉하여 사용했다면 낙하균 등에 의해 언제든지 미생물에 의해 오염될 수 있다. 따라서 동물실험시설에 반입 후 사용하기 전 사료를 보관하는 것만큼 개봉하여 사용하고 있는 사료를 보관하는 것도 중요하다. 미생물이 성장하기 위해서 필요한 조건 중에서 영양소는 제거할 수 없으므로 영양소를 제외한 나머지 조건인 온도, 습도를 조절하여 관리해야 한다. 주기적으로 무작위로 사료 일부를 선택하여 아주 잘게 부수거나 쪼갠 뒤 고체 배지나 액체 배지(broth)에 넣어서 미생물 배양검사를 하는 것이 좋다.

음수 역시 사료와 함께 사육관리 중인 실험동물의 건강함을 유지하기 위하여 반드시 필요한 요소이다. 물은 동물의 몸을 구성하는 대부분의 요소이고 정상적인 생리작용을 위하여 신선하고 깨끗한 물이 매일 공급되어야 한다. 일반적으로 동물실험시설에서 음수 공급 방법으로 물병에 물을 담아서 공급하거나 노즐(nozzle)이 설치된 자동 급수 시설을 이용한다. 또한 동물에게 유해한 영향을 주지 않기 위하여 미생물과 중금속, 유기 또는 무기오염물을 제거하기 위하여 필터를 이용한 여과나 증류한 물을 소독이나 멸균 후 공급하고 있다. 다만 필터를 이용한 여과나 증류한 물의 경우 동물실험시설에 여과나 증류를 할 수 있는 설비를 갖추고 있어야 하고, 여과나 증류 방법 특성상 한꺼번에 많은 양을 생산할 수 없기 때문에 일정 규모 이상의 동물을 사육하는 시설이나 설비를 갖추기 힘든 소규모 동물실험시설에서는 선택하기가 어려울 수 있다.

▲ 대량공급을 위한 음수 역삼투압 여과설비

대신 상수도나 지하수를 동물의 음수로 공급할 수도 있다. 상수도와 지하수는 국내 법령상 상수도는 「수도법」, 지하수는 「지하수법」에 따라서 정기적으로 수질검사를 하도록 되어 있기 때문에 동물에게 음수로 제공하는 물로서 사용하는 데 적합하다.

다만 다량의 물을 물병에 담아 공급을 하는 방법이든 자동급수설비를 통해서 공급을 하는 방법이든 충분한 양의 물을 확보하기 위해서 일시적으로 생산한 물을 저장해야 할 필요가 있다. 아무리 여과나 증류를 거쳐서 생산된 물이라도 계속 흐르지 않고 머물게 되면 자연적으로 흔히 "물 때"라고 부르는 미생물 군집인 바이오필름(bio-film)이 형성될 수밖에 없다. 따라서 주기적으로 역삼투압 필터를 교체하고 자동급수 설비의 수관을 세척해야 하고 물 저장소도 역시 세척해야 한다. 추가로 사료와 동일하게 물병에 담기 전 상태의 물 또는 각 사육실로 공급되는 수관에서 물을 채취하여 고체 배지나 액체 배지에 넣고 배양하여 미생물 배양검사를 하는 것이 좋다. 또한 만약 수돗물이나 지하수를 이용한다면 각 시·도의 보건환경연구원에서 실시하는 수질검사를 주기적으로 받는 것도 필요하다.

(7) 소독과 멸균

소독과 멸균은 동물의 건강상태를 유지하기 위한 또 다른 필수적인 요소이다. 동물실험시설 내 소독은 벽과 바닥과 같은 시설부터 케이지 선반이나 케이지 교체 작업대와 같은 사육관리장비, 체중계나 행동학적 평가 장비와 같은 동물실험장비까지 넓은 범위에 해당한다. 적용할 수 있는 소독제는 소독하려는 대상과 소독효과가 나타나는 미생물 종류에 따라서 결정하여 사용한다. 미생물은 눈으로 확인할 수가 없고 미생물의 소독 효과 역시 눈으로 확인할 수가 없다. 이미 위에서 기술한 내용이지만 낙하균 검사는 공간 소독 후 효과를 확인해 보는 대표적인 방법이다. 사육관리장비나 동물실험장비의 소독 후 효과를 확인하는 방법으로는 표면균 검사가 있고, 낙하균 검사와 동일하게 고체 배지를 이용하는 방법이다. 소독 후 장비 표면을 멸균 면봉으로 문지른 다음에 고체 배지에 접종을 하고 배양기에서 48시간 동안 배양한다.

▲ 멸균 면봉을 이용한 표면균 검사

소독 효과가 나타났다면 세균 집락이 관찰되지 않아야 한다. 만약 세균 집락이 관찰되었다면 현재의 소독제로는 충분한 소독 효과가 나타나지 않거나 소독 방법이 적절하지 않았다는 것을 의미하므로, 소독제를 변경하거나 다른 소독 방법을 사용해야 한다. 특히 한 종류의 소독제만 사용하여 소독을 할 경우 해당 소독제에 대한 내성을 가진 미생물이 발생할 수 있다는 점에서 주기적으로 소독 효과를 확인하고 소독 기전이 다른 소독제를 번갈아 사용하는 프로그램이 필요하다.

멸균이 제대로 되었는지의 확인은 멸균기의 멸균 과정 중 몇몇 중요한 단계가 정확히 진행되었는지를 확인하는 방법을 사용한다. 일반적으로 동물실험시설에서 멸균 장비로 고압증기멸균기(autoclave)를 사용하는데, 고압증기멸균기의 멸균 방법은 고온고압의 증기를 멸균될 대상에 투과, 노출시킴으로써 아포(spore)를 포함한 모든 미생물이 사멸되는 방식이다. 일부 고압증기멸균기의 경우 멸균효과를 더 높이기 위한 방법으로 고온고압의 증기를 멸균실(chamber)에 공급하기 전에 멸균실 내부의 공기를 빼고 진공으로 만드는 과정이 추가되기도 한다.

멸균 확인법은 크게 열에 의해 변색되는 화학물질을 사용하는 화학적 멸균확인법과 아포를 형성하는 세균을 사용하는 생물학적 멸균확인법이 있다. 고압증기멸균기에서 적용할 수 있는 대표적인 화학적 멸균확인법으로 멸균테이프 확인법과 Bowie-Dick 검사법이 있다. 멸균테이프 확인법은 일정 온도 이상 노출될 경우 테이프 중간 중간에 열에 의해 검정색으로 변색되는 화학물질이 있는 테이프를 멸균될 대상에 부착하여 멸균 후에 변색 여부를 확인하는 것이다. Bowie-Dick 검사법은 일명 진공 누출 검사법(vacuum leak test)이라고도 하는데, 열에 의해 검정색으로 변색되는 화학물질이 있는 종이가 한가운데 있고 여러 장의 종이가 앞

뒤로 있는 검사 팩(pack)을 고압증기멸균기에 넣고 멸균 과정 이후에 변색 여부를 확인하는 것이다. 진공 단계에서 멸균실의 공기가 전부 빠지고 진공 상태가 제대로 유지될 경우 이후 공급되는 고온고압증기는 검사 팩에 침투하여 여러 장의 종이까지 침투한 다음 제일 가운데에 있는 변색되는 화학물질에 닿아 검정색으로 변하게 된다. 만약 진공이 제대로 유지가 되지 않는다면 고온고압증기는 여러 장의 종이를 침투하지 못하거나 일부만 침투하게 되어 완전히 변색되지 않고 부분만 변색되는 결과로 나타나게 된다.

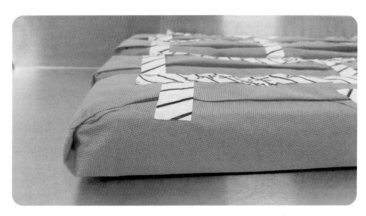

▲ 멸균팩에 부착된 멸균테이프

▲ Bowie-Dick 검사법 결과 확인

생물학적 멸균확인법은 아포를 형성하는 세균인 *Bacillus atrophaeus*나 *Geobacilus stearo - thermophilus*가 있는 앰플을 넣고 멸균을 진행한 다음 멸균 후 해당 앰플을 배양하여 아포가 활성화되는지를 확인하는 방법이다. 일반적으로 아포가 활성화되었는지는 색상 변화로 확인하는데 아포까지 모두 사멸했다면 멸균 전과 멸균 후에 앰플 색상이 동일하나 아포가 사멸되지 않고 남아있게 되면 배양 과정 중에서 아포가 다시 세균이 되어 증식하면서 앰플 색상이 멸균 전의 색상과 다르게 변하게 된다.

▲ 생물학적 멸균확인법에 사용하는 지시자

멸균법은 고온을 이용하는 고압증기멸균법 외에도 화학적 방법으로 에틸렌옥사이드 (Ethylene Oxide; EO) 가스법과 과산화수소(H_2O_2) 증기법, 방사선을 이용하는 감마선 조사법도 있기 때문에 각각에 맞는 생물학적 멸균확인법 또는 화학적 멸균확인법에 사용할 수 있는 지시자(indicator)가 시판되고 있다.

> **TIP** 멸균 확인 시 주의해야 하는 것은 주기적으로 멸균 확인을 해야 된다는 것과 생물학적 또는 화학적 지시자를 멸균실 내 검사 위치에 정확하게 놓아야 한다는 것이다.

02 미생물 모니터링

1. 미생물 관리등급과 시설분류

동물의 건강상태는 실험결과에 영향을 미치게 되고 건강하지 않은 동물로 실시한 실험결과는 재현성과 신뢰성 확보에 문제가 생기게 된다. 이는 단순히 동물실험 결과가 과학적이지 않다는 문제로 끝나는 것이 아니라 동물실험의 가장 기본적인 원칙으로 보고 있는 3R 중 사용 동물 수의 감소(reduction)와 동물의 통증과 스트레스 관리(refinement)를 충족하지 못하는 동물실험을 수행한 것이 된다.

동물 몸에 있는 미생물을 어떻게 관리하고 있느냐에 따라 아래 표와 같이 미생물 관리 등급으로 동물을 구분하고 있다.

동물의 미생물 관리 등급과 특징

미생물 관리 등급	무균동물 (germ-free)	gnotobiotic 동물	특정병원체부재 (SPF) 동물	일반동물 (conventional)
미생물 여부	X	O	O	O
사육관리 장소	barrier 시설 내 isolator 안	barrier 시설 내 isolator 안	barrier 시설 내	일반 시설
특성	제왕절개 등으로 알려진 모든 미생물이 없는 상태	germ-free 동물에 미생물을 강제 접종	모니터링 검사로 특정 미생물이 없는 것을 확인	어떤 미생물이 있는지 모르는 상태

모든 동물실험에서 재현성과 신뢰성을 확보하기 위해 무균동물이나 gnotobiotic 동물을 사용할 필요는 없고, 일반동물을 사용하는 동물실험은 재현성과 신뢰성이 절대 확보되지 않는다는 의미는 아니다. 동물실험의 목적과 계획에 따라 적절한 미생물 관리 등급에 있는 동물을 선택하는 것이 가장 좋은 동물실험이다. 예를 들어 무균동물이나 gnotobiotic 동물의 경우 특정 미생물이 동물에 끼치는 영향을 알아보는 데 가장 적합한 동물이지만, 일반적으로 가지고 있는 장내 세균이나 피부 상재균과 같은 정상세균총(normal flora)도 없는 인위적인 상태의 동물이기 때문에 일반적인 실험에는 적합하지 않다. 그리고 무균동물이나 gnotobiotic 동물을 사육관리하기 위해서는 특별한 시설과 장비가 필요하고, 사육관리와 실험에 사용되는 모든 물품은 멸균된 상태로 유지되어야 하기 때문에 사육관리비용과 노력이 상당히 필요하다. 한편 일반동물의 경우 어떤 미생물이 있는지 모르는 상태이기 때문에 실험 통제가 되지 않아 실험 결과를 해석하는 데 어려움이 생길 수 있다. 하지만 가장 현실적인 상태를 반영하고 있고 사육관리에 특별한 시설이나 장비가 필요 없기 때문에 사육관리에 적은 비용과 노력이 든다.

특정병원체부재 동물은 무균동물 또는 gnotobiotic 동물 수준과 일반동물 수준의 사이에 있는 동물로, 미생물을 적당히 통제하여 실험 결과 해석이 용이하고 정상 세균총을 가지고 있어서 어느 정도의 현실적인 상태를 반영하고 있다. 이러한 특성으로 가장 다양한 실험 분야에서 특정병원체부재 동물을 사용하고 있다.

기본적으로 동물실험시설은 외부로부터 동물실험시설로의 미생물 유입을 관리하는지에 따라 barrier 시설인지 일반 시설인지로 나눈다. barrier 시설은 차압 유지 등 물리적인 방법을 사용하여 외부로부터 미생물 유입을 차단하는 시설인 반면, 일반 시설은 외부로부터 미생물 유입을 차단하는 별도의 시설을 갖추지 않은 시설이다. 위 표와 같이 무균동물부터 특정병원체부재 동물은 이러한 barrier 시설에서 사육관리가 되지만 일반 동물은 일반 시설에서 사육관리가 된다. 흔히 착각하는 부분이 실험동물생산시설에서 특정병원체부재 동물을 구입하여 시설에 반입하면 계속 특정병원체부재 동물일 것이라는 것이다. barrier 시설에서 사육관리되고 있던 특정병원체부재 동물이 일반 시설로 반입되면 그때부터 그 동물은 더 이상 특정병원체부재 동물이 아니게 된다. 다른 한편으로 일반 시설에서 사육관리되고 있던 일반 동물을 barrier 시설에 반입하여 모니터링을 실시해서 검사항목에서 검출된 미생물이 없게 사육관리를 하면 그 동물은 일반동물이 아닌 특정병원체부재 동물이 되는 것이다. 결국 미생물 관리 등급은 해당 동물을 사육관리하는 시설의 미생물 관리 수준과 실제 동물의 미생물 관리 수준으로 결정된다.

2. 미생물 모니터링

미생물 모니터링(health monitoring)은 동물 몸에 어떠한 미생물이 있는지 혈액, 대변, 털 등의 검체를 사용하여 세균, 바이러스, 진균, 내·외부 기생충 유무를 확인하는 검사를 말한다. 미생물 모니터링의 항목은 모니터링을 실시하는 동물종, 동물의 미생물 관리 등급, 시설의 미생물 관리 수준, 모니터링 실시주기에 따라 각 동물실험시설에서 설정한다. 미생물 모니터링을 실시함으로써 검사 항목에 해당하는 미생물의 유무를 알 수가 있기 때문에 특정병원체부재 동물 수준 이상으로 동물을 사육관리할 수 있게 된다.

흔히 착각하는 또 다른 부분이 바로 특정병원체부재 동물의 미생물 모니터링 검사항목으로 지정된 미생물이 모두 동일하거나 검사항목 수가 같을 것이라는 것이다. 특정병원체부재 동물이라는 정의에서도 알 수 있듯이 검사항목으로 지정한 "특정" 미생물이 없는 상태라면 모두 특정병원체부재 동물에 해당한다. 따라서 특정병원체부재 동물 여부는 검사항목에 해당하는 미생물 종류나 검사항목 수하고는 아무런 연관이 없다. 최근 들어 국경에 제한받지 않고 연구자 간의 협업이 활성화 되면서 국내외 동물실험시설 간 동물의 이동이 빈번해지면서 같은 수준의 barrier 시설에서 특정병원체부재 동물 수준으로 사육관리를 했으나 동물의 반입이 되지 못하는 문제도 많아지고 있다. 연구자 입장에서는 동물의 반입 없이는 연구를 진행할 수 없기 때문에 시설 내 동물건강을 책임지는 전임수의사나 관리자에게 항의를 할 수 있겠으나 이는 연구자가 위와 같은 특정병원체부재 동물의 정의를 제대로 이해하지 못하고 있는 것에서 발생한 경우가 대부분이다.

일반적으로 barrier 시설에서 특정병원체부재 동물을 사육관리하고 있는 동물실험시설의 경우 검사항목의 미생물 종류가 동일한 경우가 아닌 이상은 동물의 반입을 위하여 추가 조치를 진행한다. 이때 중요한 사항은 단순히 검사항목의 수가 같은 경우는 해당되지 않는다는 점이다. 이는 특정병원체부재 동물은 미생물 모니터링을 실시한 결과를 바탕으로 검사항목에 해당하는 미생물 종류가 없는 것은 확실히 보장할 수 있지만 검사항목이 아닌 미생물 종류가 있는지 없는지는 알 수가 없기 때문이다. 위의 내용은 아래의 표와 같이 정리할 수 있다.

⚛ barrier 시설 간 특정병원체부재 동물 이동 가능 여부

	A시설	B시설	C시설
검사항목 수	5	7	7
검사항목 종류	A, B, C, D, E	A, B, C, D, E, F, G	A, B, D, E, F, G, H

1. A 시설 → B 시설: 이동 불가(F, G 항목 검사결과 부재)
2. B 시설 → A 시설: 이동 가능
3. A 시설 → C 시설: 이동 불가(F, G, H 항목 검사결과 부재)
4. C 시설 → A 시설: 이동 불가(C 항목 검사결과 부재)
5. B 시설 → C 시설: 이동 불가(H 항목 검사결과 부재)
6. C 시설 → B 시설: 이동 불가(C 항목 검사결과 부재)

위의 정리된 표를 보면 검사항목 수가 많거나 같다고 해서 항상 다른 시설로 동물을 보낼 수 있는 것이 아니라는 것을 알 수 있고, 검사항목 수가 적다고 해서 항상 다른 시설에서 동물을 받을 수가 없는 것을 알 수 있다. 이에 국가마우스표현형분석사업단(Korea Mouse Phenotyping Center; KMPC)과 한국실험동물전문수의사회(Korean College of Laboratory Animal Medicine; KCLAM)에서 국내 동물실험시설 사이 특정병원체부재 마우스와 랫드의 이동이 더욱 원활하게 될 수 있도록 미생물 모니터링에 대한 가이드라인을 편 적이 있다.

세계적으로 통용하고 있는 미생물 모니터링 가이드라인은 국제실험동물과학협회(International Council for Laboratory Animal Science; ICLAS)에서 발간한 가이드라인과 유럽연합실험동물학회(Federation of European Laboratory Animal Science Association; FELASA)에서 발간한 가이드라인이 있다. 가이드라인에는 동물종별로 검사항목과 검사주기가 명시되어 있는데 검사항목에 있는 미생물 종류는 ① 동물에게 치명적인 미생물, ② 동물에 치명적이진 않지만 생리학적 변화를 일으킬 수 있는 미생물, ③ 동물에 감염될 수 있는 기회감염 미생물, ④ 동물과 사람 모두에게 감염될 수 있는 인수공통감염병, ⑤ 동물실험시설의 환경 조건을 나타내는 표지자로서 미생물로 나눌 수 있다. 아래의 표들은 각각 국제실험동물과학협회와 유럽연합실험동물학회, 국가마우스표현형분석사업단-한국실험동물전문수의사회에서 편찬, 발간한 마우스에 대한 미생물 모니터링 최소 항목 가이드라인을 정리했다.

⚛ 국제실험동물과학협회에서 발간한 마우스 미생물 모니터링 최소 항목 가이드라인

검사항목		검사주기
바이러스	Mouse hepatitis virus(MHV)	3개월
	Lymphocytiv choriomeningitis virus(LCMV)	
	Mousepox virus	
	Sendai virus	
세균	Helicobacter spp. (H. hepaticus, H. bilis)	
	Pasteurella pneumotropica	
	Citrobacter rodentium	
	Clostridium piliforme	
	Corynebacterium kutscheri	
	Mycoplasma pulmonis	
	Salmonella spp.	
	Pseudomonas aeruginosa	
	Staphylococcus aureus	
기생충	내·외부 기생충	
진균	Pneumocystis spp.	

⚛ 유럽연합실험동물학회에서 발간한 마우스 미생물 모니터링 최소 항목 가이드라인

검사항목		검사주기
바이러스	Mouse hepatitis virus(MHV)	3개월
	Mouse rotavirus	
	Murine norovirus(MNV)	
	Minute virus of mice	
	Mouse parvovirus(MPV)	
	Theiler's murine encephalomyelitis virus(TMEV)	

	검사항목	검사주기
바이러스	Lymphocytiv choriomeningitis virus(LCMV)	
	Mouse adenovirus type I(MAV1)	
	Mouse adenovirus type II(MAV2)	
	Mousepox virus	
	Pneumonia virus of mice	
	Reovirus type III	
	Sendai virus	
세균	*Helicobacter* spp. (*H. hepaticus, H. bilis*)	3개월
	Pasteurella pneumotropica	
	Streptococci β-haemolytic(group D 제외)	
	Streptococcus pneumoniae	
	Citrobacter rodentium	
	Clostridium piliforme	
	Corynebacterium kutscheri	
	Mycoplasma pulmonis	
	Salmonella spp.	
	Streptobacillus moniliformis	
기생충	내·외부기생충	

국가마우스표현형분석사업단-한국실험동물전문수의사회에서 편찬한 마우스 미생물 최소 항목 가이드라인

	검사항목	검사주기
바이러스	Mouse hepatitis virus(MHV)	3개월
	Murine norovirus(MNV)	3개월
	Lymphocytiv choriomeningitis virus(LCMV)	3개월
	Mousepox virus	6개월
	Sendai virus	3개월
	Hantavirus	3개월

세균	Helicobacter spp. (H. hepaticus, H. bilis)	3개월
	Pasteurella pneumotropica	3개월
	Streptococcus pneumoniae	3개월
	Citrobacter rodentium	3개월
	Clostridium piliforme	5개월
	Corynebacterium kutscheri	3개월
	C. bovis	3개월
	Mycoplasma pulmonis	3개월
	Salmonella spp.	3개월
	Cilia-associated respiratory(CAR) bacilus	6개월
	Klebsiella oxytocca	3개월
	K. pneumoniae	3개월
	Pseudomonas aeruginosa	3개월
	Staphylococcus aureus	3개월
기생충	내·외부 기생충	3개월
진균	Pneumocystis murina	3개월

위의 표에서 확인할 수 있는 사항으로 각 가이드라인별로 미생물 모니터링 항목이 동일하지 않다는 점과 검사주기도 동일하지 않다는 것을 알 수 있다. 이는 지역별로 또는 국가별로 주로 발생하는 미생물 종류가 다르다는 이유가 가장 큰 원인이다. 또한 일반적으로 면역부전(immunodeficient) 동물을 사육하는 경우 정상 면역을 가진 동물에 검사항목을 추가하거나 자주 하는 방법으로 미생물 모니터링을 실시한다.

추가로 최근 들어 전 세계적으로 많이 사용하고 있는 유전자변형동물(Living Modified Organism; LMO)의 경우 면역부전동물의 미생물 모니터링과 동일하게 실시한다.

우리나라의 대부분 동물실험시설에서 실시하고 있는 미생물 모니터링은 보초동물(sentinel animal)을 사용하여 진행하고 있다. 보초동물은 사육관리 중인 동물을 대신하여 대표로 건강검진을 받는 동물이라고 생각하면 된다. 사육관리 중인 동물 중에는 동물실험이 진행 중이거나 구입이나 추가 반입이 어려운 동물 또는 번식이 잘 되지 않아 동물 확보가 어려운 동물이 있기 때문에 이러한 동물을 가지고 미생물 모니터링을 실시할 수 없기 때문이다. 보초동물은 사육관리 중인 동물의 대소변이 있는 깔짚에 노출시키거나 사육관리 중인 동물과 함께 사육하는 방법으로 혹시 사육관리 중인 동물이 가지고 있을 수도 있는 미생물에 감염되도록 한다.

하지만 사육관리 중인 동물 전체를 대상으로 미생물 모니터링하는 것이 아니라 일부 소수 보초동물만 무작위로 선택하여 미생물 모니터링을 실시할 뿐만 아니라 일부 미생물 중에는 경구나 공기전파 또는 접촉으로 자연감염이 어려운 것들도 있기 때문에 보초동물이 완전히 사육관리 중인 동물을 대신할 수 있지 않다는 큰 단점이 있다. 따라서 믿을 수 있는 미생물 모니터링 결과를 얻기 위해서는 일정 수준 이상의 보초동물을 사용해야만 한다. 또한 사육관리 중인 동물의 반입과 반출이 빈번하게 일어나는 동물실험시설의 경우에는 일반적인 미생물 모니터링 검사주기로 진행할 경우에 검사결과와 실제 동물실험시설 내 미생물 상황이 맞지 않게 되므로 주의하여야 한다. 미생물 모니터링 비용 때문에 권장하는 검사주기보다 긴 주기로 검사를 하게 될 경우에도 검사 결과가 동물실험시설을 제대로 반영한다고 보기 어렵다. 마지막으로 검사방법 중 동물의 면역반응으로 만들어진 항체를 검출하여 확인하는 검사항목의 경우 미생물에 노출된 시기가 너무 이른 경우 충분히 항체가 만들어지기 전에 미생물 모니터링을 실시하게 되거나 노출된 시간이 너무 경과되어 자연회복으로 인해 이미 만들어진 항체가 사라질 때 미생물 모니터링을 실시하게 될 경우에도 정확한 미생물 상태를 반영할 수 없게 된다. 따라서 오로지 미생물 모니터링 결과만 가지고 동물실험시설에서 사육관리 중인 동물의 미생물 상태를 판단하는 것은 위험하므로, 실제 동물의 미생물 상태를 판단할 때는 모니터링 결과뿐만 아니라 임상증상, 부검 시 육안소견, 조직병리학적 소견 등 모든 정보를 바탕으로 전임수의사나 경험과 지식이 풍부한 관리 수의사가 판단하여야 한다.

CHAPTER

06
비임상시험규정(GLP)과
OECD 대체실험법

학습 목표

▯ 비임상시험규정(Good Laboratory Practice; GLP)의 세부내용을 학습하고 현장
에서 어떻게 적용하는지 확인한다.

▯ OECD 대체실험법의 종류와 필요성 그리고 한계에 대해 학습하고
현장에 적용한다.

01 비임상시험규정(Good Laboratory Practice; GLP) 개요

비임상시험규정(Good Laboratory Practice; GLP)은 의약품, 화장품, 화학물질, 농약 등의 안전성 평가를 목적으로 실시하는 각종 독성시험의 신뢰성을 보증하기 위해 1981년 OECD에서 국제적으로 제정 및 시행된 규정이다. 특히 신약 허가를 위한 동물시험 자료의 신뢰성 문제 해결에 중요한 역할을 한다. 1960년 독일 제약회사 그뤼넨탈이 개발한 탈리도마이드가 임산부의 입덧 방지제로 널리 사용되었으나 태아에게 심각한 부작용이 발생하여 전 세계적으로 약 1만 명의 기형아가 태어나는 비극이 발생하자 미국 의회에서 신약개발 시 동물실험자료의 국제적 신뢰성 확보에 대한 필요성을 인지하고 대책을 수립하는 과정에서 FDA GLP가 1979년 실행되고 전 세계적으로 확대되었다.

경제협력개발기구(Organization for Economic Cooperation and Development; OECD)를 중심으로 독성시험 성적서를 상호인정 해주기 위해 우수실험실(Good Laboratory Practice; GLP) 운영기준과 시험지침(test guideline)을 제정하고 이를 준수할 것을 규정하고 있다. 즉 각국의 개별적 GLP 운영을 국제적으로 조정하여 OECD GLP 원칙으로 제정 및 지속적인 관련 지침 제·개정을 통해 국제적 신뢰성을 확보하는 것이다. 이는 국제교역에 있어 의약품 등 화학물질의 유해성 평가체계의 기술 장벽화를 방지하고, 중복시험으로 인한 비용부담을 줄이기 위한 것으로서 시험자료의 상호인정을 위한 제도이다. 이렇듯 OECD 회원국가가 OECD 시험지침과 GLP 원리를 준수하여 생산한 실험데이터는 OECD 회원국가에서 그대로 인정해주는 제도를 MAD(Mutual Acceptance of Data)라 한다. 이 제도를 통해 국가 사이에 불필요한 중복시험을 피하고 양질의 시험결과를 만들어 낼 수 있다. MAD에 따른 시험결과가 다른 국가에서 인정받기 위해서는 화학물질 독성시험이 OECD 시험 가이드라인을 준수해야 하며 각 시험기관은 GLP 원리를 원칙대로 이행해야 하는데 이때 시험기관은 GLP 준수 여부에 대해 정기적으로 평가 받아야 한다.

우리나라는 1996년 OECD 가입에 따라 식품의약품안전처에서 제정한 비임상시험관리기준은 비임상 시험의 계획, 실시, 점검, 기록, 보고 및 보관을 위한 절차와 조건을 규정한다. 우리나라의 GLP 기관지정은 식약처, 환경부, 농진청 등 정부기관이 GLP 적용대상에 따라 기관별로 지정하지만, 동일 시험 항목은 1개 기관에서 지정을 받을 경우 모든 기관에서 통합실사를 하는 시스템으로 구성되어 있다. 이 기준은 과학적 타당성이 입증된 OECD 시험 가이드라인에 따라 조직과 인원, 신뢰성보증업무, 시설, 기기·재료·시약, 시험계, 시험물질 및 대조물질, 표준작업지침서, 시험계획서 및 시험의 실시, 시험결과의 보고, 그리고 기록과 자료의 보관 및 유지 등 각 항목별로 체계적으로 관리하는 기준을 준수한다. 이러한 GLP기관은 정기적으로 2년마다 실태조사를 받아야 하며 「약사법」 제34조의3 비임상시험기관의 지정,

제69조 보고와 검사 등, 제74조 개수명령, 제76조의2 지정 취소 등의 법적 근거에 의해 실시된다. GLP는 식약처의 비임상시험관리 기준 고시를 따르며 세부내용은 다음과 같다.

02 비임상시험규정(Good Laboratory Practice; GLP)의 세부내용

(1) 인력 현황 작성

① 조직도: 조직도는 관련된 조직과 직원의 업무를 포함하여 제출해야 한다.

② 인력현황자료: 운영책임자, 시험책임자, 시험담당자, 신뢰성보증업무 담당자, 자료보관책임자 등의 역할을 수행하는 인력을 모두 포함해야 하며, 시험 건수를 고려하여 적절한 인원 배치가 필요하다.

③ 자격 및 경력 증빙 서류: 운영책임자, 시험책임자, 시험담당자, 신뢰성보증업무 담당자의 경력을 증빙하는 자료와 비임상시험을 적절하게 관리·실시하기 위한 교육·훈련 기록이 있어야 하며, GLP 관련 사항을 명시해야 한다.

(2) 장비, 기구 및 시설 현황 작성

① 장비 및 기구 자료: 신청 분야별로 비임상시험에 필요한 장비와 기구를 포함하여, 예상되는 시험 건수를 고려한 적절한 수량을 확보해야 한다.

② 시설 현황: 시설의 배치, 구조 및 면적, 시험생물의 사육 및 유지시설, 시험생물용품공급시설, 시험물질 및 대조물질의 취급시설, 시험작업구역, 자료보관시설, 관리용 시설, 폐기물 취급시설

③ 평면도: 신청 분야별로 비임상시험에 필요한 공간과 시설이 표시된 평면도를 제출하며, GLP 구역을 구체적으로 표시해야 한다.

④ 이동경로 및 공조: 시설 현황에는 동물과 사료·기기·폐기물 등의 이동 경로 및 공조 시스템 관련 자료를 포함해야 한다.

(3) GLP 적합성 증명 자료 작성

① 운영현황내역서: 운영책임자 및 시험책임자의 준수사항, 신뢰성보증업무 담당자의 구성과 활동, 시험생물 사육 관리, 기록 및 자료 보관 상태, 기타 시설 및 운영 관련 추진계획 등을 포함한 운영현황내역서를 작성해야 한다.

② GLP 시험계획서 및 최종보고서: 시험분야별로 GLP에 적합하게 작성된 시험계획서와 최종보고서를 작성해야 한다.

③ 표준작업지침서(SOP)의 작성 및 준수: 임상시험 중 동의가 철회된 검체 처리, 검체의 수령부터 보관까지의 모든 단계에 대해 명확한 절차관리, 검체의 수령부터 보관까지의 절차관리, 임상시험기구와 시설, 컴퓨터 시스템의 유지·관리, 검체 분석과 관련된 기록 관리 및 보관 등 모든 작업 절차에 대한 표준작업지침서(SOP)를 작성하고, 이를 준수한다.

(4) 교육 및 훈련 실시

① 교육책임자 지정 및 규정 작성: 교육책임자 또는 담당자를 지정하고, 교육·훈련 내용 및 평가가 포함된 교육·훈련 규정을 작성해야 한다. 필요 시 외부 전문기관에 교육을 의뢰할 수 있다.

② 연간 교육·훈련 계획 수립: 직원 교육·훈련은 연간계획을 수립하여 실시하며, 직원이 맡은 업무를 효과적으로 수행할 수 있도록 필요한 교육을 실시해야 한다.

③ 교육 후 평가 및 재교육: 교육 후에는 교육 결과를 평가하고, 필요 시 재교육을 해야 한다.

④ 교육 범위 및 실시 주체: 교육은 신입, 운영책임자, 시험책임자, 시험담당자, 신뢰성보증부서 등 각 직무별로 수행되며, 표준작업지침서를 따른다.

⑤ 신입교육: OJT(On the Job Training) 교육, 사내·외교육, 학회 교육 등이 포함된다.

⑥ 교육 기록 관리: 모든 교육은 문서로 기록되어야 하며, 개인별 교육 이력을 관리하여 직무별로 적절한 교육이 이루어졌는지 확인할 수 있는 시스템을 마련해야 한다.

(5) 다지점시험 수행 시 주의사항 숙지

① 시험의뢰자의 역할: 다지점시험을 진행할지 여부는 시험 개시 전에 시험의뢰자와 운영책임자가 협의하여 결정해야 한다. 다지점시험을 선택하면 여러 장소에서 시험이 진행되므로 복잡성이 증가하고 신뢰성 위험이 높아질 수 있다.

② 책임 사항: 신뢰성보증업무의 절차가 적절히 기능하는지 확인하고 시험물질의 정보를 제공하며 시험계획서를 확인하고 서명한다. 마지막으로 최종보고서에 누락된 부분이 없는지 확인한다.

③ 의사소통: 모든 시험 관련자는 시험에 대한 정보 전달 방식을 사전에 협의하고 문서화해야 한다. 의사소통 방법은 계약 전에 정하며, 전화로 의사소통한 내용도 문서화해야 한다.

④ 운영책임자의 역할: 다지점시험의 범위를 결정하며, 이를 위해 시험의뢰자 및 시험책임자와 협의한다.

⑤ 시험장소 선정 시 고려사항: 인원, 조직, 전문성, 설비, 기기, 신뢰성보증업무 등 다지점시험의 복잡성으로 인한 위험요소를 평가하고 책임 한계를 명확히 해야 한다.

⑥ 완전성 유지: 시험의 완벽성을 기하기 위해 각 시험장소의 운영책임자와 원만한 관계를 유지해야 한다.

⑦ 다지점시험 일정 관리: 주임시험자가 임명된 다지점시험은 모든 장소의 시험일정총괄표에 일정을 기재하고, 운영책임자와 시험장소 운영책임자는 이를 확인해야 한다. 특히 각 단위시험의 시작과 종료 시점을 명확히 표시해야 한다.

(6) 시험 및 관리자의 의무와 책임 부여

GLP 시험을 위한 인력은 아래의 조직 시스템에 따라 각자의 임무와 역할을 숙지하고 엄격히 이행하여야 한다.

1) 시험담당자

① 기본 책임: 시험 관련 GLP조항을 숙지하고, 시험계획서와 표준작업지침서를 따라야 하며, 일탈 시 기록하고 즉시 보고해야 하며 시험기초자료를 신속하고 정확하게 기록하여 데이터의 신뢰성을 책임져야 한다. 또한 개인의 건강을 유지하며 시험의 통합성을 확보해야 한다.

② 비임상시험 기준 준수: 시험계획서 및 표준작업지침서에 따라 일관성 있고 반복 가능한 방법으로 시험을 수행해야 시험결과의 신뢰성과 완전성을 확보할 수 있기에 시험담당자의 업무는 명확히 구분되고, 문서로 기록되어야 하며, 담당자는 해당 업무를 충분히 이해하고 수행할 능력을 갖춰야 한다.

③ 다지점시험 시험담당자의 역할과 책임: 모든 전문가 및 기술자는 업무분장을 명확히 하고, 교육훈련, 자격, 경험 기록을 유지해야 하며 임시 고용된 인원도 관련 기록을 유지해야 하고, 일상적인 작업을 수행하는 경우 자격을 갖춘 직원의 감독 하에 작업해야 한다.

2) 주임시험자

① GLP 준수 확인: 주임시험자는 위임받은 시험 단계가 GLP(우수실험실운영기준)에 따라 수행되는지 확인해야 하며, 시험책임자와 협력 관계를 유지해야 한다.

② 문서화 및 승인: 시험계획서 및 GLP에 따라 위임된 시험을 수행하며, 필요한 사항을 문서화하고, 시험책임자의 서명을 받아야 한다. 시험계획서나 표준작업지침서에서 일탈이 발생할 경우, 이를 문서화하고 승인 받아야 한다.

③ 자료 및 검체 관리: 시험과 관련된 모든 자료와 검체가 적절히 관리되고, 시험책임자에게

전달되었는지 확인해야 한다. 사전 허가 없이 자료나 검체를 폐기할 수 없다.

④ 최종보고서 작성 지원: 주임시험자는 자신이 담당한 시험 결과가 GLP에 적합하게 수행되었음을 문서화하여 시험책임자에게 제공하며, 최종보고서 작성에 필요한 정보를 제공해야 한다.

3) 시험책임자

시험의 전반적인 실시와 최종보고서에 대해 책임을 지며, 시험계획서의 승인, 변경, 시험 수행의 적합성 확인, 자료의 문서화 등을 관리한다. 다지점시험의 경우, 각 시험장소의 적절성을 확인하고 주임시험자와의 원활한 의사소통을 유지해야 한다. 또한, 모든 시험이 GLP에 따라 수행되었음을 확인하고 최종보고서에 서명한다. 최종적인 책임은 시험책임자에게 있으며, 시험계획서와 최종보고서 작성 및 승인 업무는 주임시험자에게 위임할 수 없다.

4) 운영책임자

비임상시험실시기관 내에서 GLP(비임상시험관리기준)가 적용되는지 확인하고, 시험 수행을 위해 유능한 인력을 확보하며, 표준작업지침서의 작성 및 준수를 감독해야 한다. 또한, 시험책임자와 신뢰성보증업무의 독립성을 유지하며, 시험계획서의 승인 및 이력 관리를 철저히 확인해야 한다. 운영책임자는 기관의 효율적인 운영을 위해 필요한 인적·물적 자원을 관리하며, 컴퓨터 시스템의 검증과 유지도 책임진다.

(7) 신뢰성보증업무 수행

① 신뢰성보증의 역할 및 독립성: 신뢰성보증업무는 시험이 GLP를 준수했음을 보증하기 위한 역할을 하며, 이 업무는 시험 수행과 독립적으로 이루어져야 한다. 신뢰성보증업무 담당자는 해당 시험에 참여할 수 없다.

② 담당자의 책임: 시험계획서 및 표준작업지침서가 GLP 규정을 준수하는지 확인하고 시험의 주요 단계에서 점검을 실시하며 결과를 문서화 및 보고한다. 최종보고서를 점검하여 보고된 결과가 시험기초 자료를 정확하게 반영하는지 확인하고 점검 결과를 시험 관련 책임자에게 신속하게 보고하며, 필요한 경우 개선 조치를 권고한다.

③ 시스템의 점검: 시험의 주요 단계를 따라 시험위주의 점검을 실시하고 시설 및 일반적인 실험실 활동에 대한 점검을 실시한다. 반복되는 수행 절차나 과정은 무작위로 점검한다.

④ 문서화 및 기록 보관: 신뢰성보증업무와 관련된 모든 점검과 활동은 문서화되어야 하며, 이 기록들은 정해진 장소에 안전하게 보관되어야 한다.

⑤ 시험에 중대한 영향을 미치는 문제: 시험에 중대한 영향을 미칠 수 있는 문제를 발견한 경

우, 관련자에게 보고하고 개선을 권고하며, 필요한 경우 재점검을 수행해야 한다.

(8) 다지점시험 신뢰성보증업무 수행

① 주 신뢰성보증부서의 역할: 여러 시험장소에서 시험이 진행되는 경우, 주 신뢰성보증부서에서 시험장소 간의 신뢰성보증업무를 조정하고 시험 전반의 신뢰성을 보증한다. 시험장소 신뢰성보증부서와 협력하여 시험계획서 및 최종보고서의 정확성과 GLP 준수 여부를 확인한다.

② 시험장소 신뢰성보증부서의 역할: 시험장소에서 수행되는 시험이 GLP 규정을 준수하는지 확인하고, 주 신뢰성보증부서에 점검 결과를 보고한다. 주 신뢰성보증부서가 요구하지 않는 한, 시험장소의 표준작업지침서에 따라 점검을 수행한다.

(9) 시험시설의 설계와 관리

① 시설의 배치와 설계: 시험의 신뢰성에 영향을 주는 간섭을 최소화하고, 연구에 필요한 사항을 충족할 수 있도록 시설의 크기, 구조, 배치를 적절하게 갖추어야 하며 시험이 적절하게 실시될 수 있도록 여러 구역이 분리되어야 한다.

② 시설의 종류 및 기능: 시험계 시설, 시험물질 및 대조물질 취급시설, 시험작업구역, 자료보관실, 폐기물 처리시설 등이 포함되며, 각 시설은 고유 기능을 수행하기 위해 충분한 넓이와 구조를 갖추고, 서로 적절히 분리되어 시험에 대한 방해를 최소화해야 한다.

③ 시험환경 관리: 시험의 목적과 기능에 따라 시설을 분리하여 혼동과 오염을 방지해야 하며 시험에 악영향을 미칠 수 있는 외적·내적 요인을 최소화해야 한다.

④ 보관시설: 물품과 장비를 보관할 보관실이나 구역을 갖추고, 감염, 오염, 품질 저하를 방지하는 보호장치를 마련해야 한다.

⑤ 생물관리 시설: 생물을 이용한 시험을 위해 생물의 적절한 사육 및 관리를 위한 시설, 사료와 보급품을 보관하는 시설 등이 필요하다.

(10) 시험계 시설의 운영 관리

① 시험계 및 사육실 분리: 생물학적 위해성이 있는 물질 또는 생물을 다루는 경우, 개별 시험계 및 프로젝트를 분리하기 위한 충분한 수의 사육실 또는 구역을 갖추어야 한다. 특히 다른 시험계가 영향을 받지 않도록 질병의 진단, 치료, 제어를 위한 적절한 설비를 마련해야 한다.

② 시설 운영 및 설계: 시험계 시설은 질병 및 시험물질이 동물에 유입되지 않도록 설계되어야 한다. 병원성 미생물 등을 다루는 경우, 음압 유지와 여과 배기 등을 통해 감염을 방지해야 하며, 개인보호장비 착용 및 안전사육장치 설치가 필요하다.

③ 실험동물 관리: 새로운 실험동물에서 질병이 발견되면, 랫드(Rat)와 마우스는 일반적으로 안락사 후 처분, 개나 원숭이는 격리 및 치료 후 시험이 가능하다. 시험 중 질병이 발생하면, 설치류는 부검을 통해 원인을 규명하고, 비설치류는 격리 치료 후 시험에 복귀 가능하다. 질병 동물 발생 시, 원인조사 및 처리 절차를 명확히 규정하고 기록해야 한다.

④ 물품 및 장비 관리: 사료, 물, 사육상자 등 동물 관련 물품은 위생적으로 관리해야 하며, 감염 및 오염을 방지하기 위한 소독 및 멸균 설비를 갖춰야 한다. 멸균된 장비에는 유효기간을 표시하는 식별표를 부착해야 한다.

⑤ 시설 청결 유지: 사육시설의 바닥, 벽, 천장은 청소와 소독에 적합한 재질로 구성해야 하며, 배수구는 유해물질 역류 방지 장치가 필요하다. 일정한 환경조건을 유지하여 시험 외적 요인으로 인한 영향을 방지해야 한다. 습도 관리 및 일탈사항 기록이 필요하며, 사료는 적절한 조건에서 위생적으로 보관해야 한다.

(11) 시험물질 및 대조물질 취급시설 주의와 시험작업구역의 분리

① 시설 요구사항: 시험물질과 대조물질은 오염과 혼동을 방지하기 위해 별도로 수령, 보관해야 하며, 이를 구분하는 시설을 갖춰야 한다. 시험물질 보관 장소는 시험계의 사육 공간과 분리되어야 하고, 물질의 동일성, 농도, 순도, 안정성을 유지할 수 있어야 하며, 유해물질은 안전하게 보관해야 한다.

② 취급 및 보관 조건: 시험물질과 대조물질은 서로 영향을 미치지 않도록 각각의 전용구역에서 보관해야 한다. 냉장이나 특별한 보관 조건이 필요한 경우, 이에 맞는 설비를 갖춰야 한다. 시설 설계는 혼동 및 오염을 방지하도록 하고, 청소가 용이한 재질로 구성하며, 환기 시스템을 갖춰야 한다. 의료기기의 경우, 시험물질 형태가 다양하므로 혼동과 오염 방지에 특히 주의해야 한다.

③ 분리된 작업구역 필요성: 시험에 필요한 다양한 작업(예: 혈액검사, 병리검사, 수술, 부검 등)을 수행하기 위해 분리된 작업구역이 필요하다. 동물을 시험계로 사용하는 경우, 분리된 부검실 등에서 작업을 수행해야 하며, 작업 내용에 따라 구역을 전용하거나 다양한 작업을 수행할 수 있다. 다만 감염성 인자 등 위험물질이 포함된 검체는 관련 법령에 맞는 별도의 구역에서 취급해야 한다.

(12) 자료보관실 운영

① 보관실 요구사항: 시험계획서, 기초자료, 최종보고서, 시험물질, 검체 등을 보관하고 검색할 수 있는 보관실을 갖춰야 한다. 보관실은 보관 기간 중 자료가 손상되지 않도록 설계하고 관리해야 한다.

② 보관 방식: 모든 기록물과 검체는 잘 정돈하여 보관해야 하며, 개인적 보관이나 산만한 보관 방식으로 인한 손실을 방지해야 한다. 문서와 검체의 품질 변화를 최소화할 수 있는 시설을 갖추고, 동물, 곰팡이, 누수, 화재 등으로부터 안전하게 보관해야 한다.

(13) 폐기물 처리 기준 준수

① 폐기물 처리 시설 및 설비: 시험 과정에서 발생하는 모든 폐기물을 위생적으로 처리할 수 있는 시설과 설비를 갖추어야 한다.

② 폐기물 처리 절차: 시험 적정성에 영향을 미치지 않도록 폐기물의 수집, 보관, 처리, 오염 제거 및 운반 절차를 준수해야 한다. 발생하는 폐기물로는 부검 후 사체, 깔짚, 남은 사료, 분뇨, 미생물 배양에 사용된 배지 등이 포함된다.

③ 폐기물 보관 및 관리: 폐기물이 반출될 때까지 부패, 악취, 미생물 번식, 해충 침입을 방지해야 하며, 필요시 세척과 소독이 가능한 보관용기와 보관설비를 갖춰야 한다. 부패 우려가 있는 폐기물은 저온실 또는 냉동기에 보관한다.

(14) 기기·재료·시약 관리

① 컴퓨터시스템 및 소프트웨어 관리: 모든 컴퓨터시스템과 소프트웨어는 시험기관에서 사용하기 전에 적합성을 검증해야 한다. 컴퓨터시스템의 배치와 데이터 작성, 보관, 검색 절차를 검증하고 표준화해야 하며, 이 과정은 문서화하여 보관한다. 운영책임자는 컴퓨터시스템의 신뢰성을 보장할 책임이 있다.

② 장비 관리: 시험에 이용되는 기기는 정기적으로 점검, 청소, 보수, 보정을 수행해야 하며, 작업 기록은 유지·보존되어야 한다. 장비는 시험에 악영향을 주지 않아야 하며, 시험의 신뢰성을 유지할 수 있도록 관리되어야 한다.

③ 시약 및 용액 관리: 시약과 용액은 식별이 용이하도록 관리하고, 유효기한과 보관 조건이 명시되어야 하며, 관련 정보를 사용자에게 제공해야 한다.

④ 장비 성능 검증 및 표준화: 장비는 정확하고 정밀한 성능과 기능을 사전에 검증받고, 이러한 성능을 지속적으로 유지해야 한다. 장비는 사용 편리성을 고려해 배치되고, 작업 기록은 표준작업지침서에 따라 보관되어야 한다.

⑤ 측정기기 및 장비 관리: 측정기기와 장비는 신뢰성 있는 시험 자료 도출에 필수적이며, 철저한 관리가 필요하다. 각 기기마다 담당자를 정해 표준작업지침서를 따르고, 기기 근처에 지침서를 비치하여 올바른 사용을 유도해야 한다. 검증 절차를 거쳐 완전성과 재현성 있는 결과를 생성할 수 있어야 한다.

(15) 물리적·화학적 시험계와 생물학적 시험계의 관리

① 시험계의 구분: 물리적·화학적 시험계와 생물학적 시험계로 구분한다.

② 물리적·화학적 시험계의 관리: 물리적·화학적 시험계에서 사용되는 기기는 시험의 규모와 특성에 맞추어 적절하게 설계되고 관리되어야 하며 기기의 사용, 점검, 보정, 정비 방법 및 고장 시 조치 방법은 표준작업지침서에 명시해야 한다. 기기는 그 특성과 사용빈도, 사용장소 등을 고려하여 배치해야 한다.

③ 생물학적 시험계의 관리: 생물학적 시험계의 보관, 취급, 사육에 대한 적정 조건을 규정하고 유지해야 한다. 새로 도입된 동물은 건강 상태 확인을 위해 격리되며, 질병 발생 시 시험에 사용할 수 없다. 시험계의 공급처, 도착일자, 상태 등을 기록·보관해야 한다. 생물학적 시험계는 시험물질 투여 전에 적절한 환경에 순화되어야 한다. 시험계는 적절히 식별 가능하도록 관리해야 하며, 사육장소나 용기에 표시되어야 한다. 사육장소와 용기는 정기적으로 청소 및 소독하고, 시험계와 접촉하는 재료는 오염되지 않도록 관리해야 한다.

④ 기타 관리 사항: 도입된 동물의 건강 상태를 확인하기 위해 격리 및 검역을 실시해야 하며, 검역 과정 중에 발견된 질병에 따라 적절한 조치를 취해야 한다. 시험계가 시험환경에 적응할 수 있도록 적절한 온도, 습도, 환기 등의 환경조건을 유지해야 한다. 사육장비는 정기적으로 교환, 청소, 세척해야 하며, 사료와 물의 오염물질은 정기적으로 분석하여 관리해야 한다.

(16) 시험물질 및 대조물질의 관리

① 기록 및 보관: 시험물질과 대조물질의 특성, 외관, 물리화학적 성상, 수령 날짜, 유효기간, 수령량과 사용량을 기록하고 보관해야 하며 의료기기를 사용하는 경우 용출 조건 등을 기록하여 적절한 보관 조건을 유지해야 한다.

② 취급 및 보관 절차: 시험물질과 대조물질의 균질성과 안정성을 확보하고, 오염이나 혼동을 막기 위한 절차를 확립해야 하며 보관용기에 식별 정보, 유효기간, 보관 조건을 기재해야 한다. 또한 물질의 물리화학적 특성, 제조번호, 순도, 농도 등의 식별 정보를 명확히 해야 한다.

③ 안정성 및 균질성 확보: 시험물질과 대조물질의 안정성과 균질성을 확보하기 위해 측정시험을 실시해야 하며, 비임상시험의 경우 별도의 안정성시험이 필요할 수 있다. 부형제와 혼합된 상태라 할지라도 안정성과 균질성을 확인해야 한다.

④ 시험물질의 식별: 시험물질과 대조물질은 코드, 미국화학물질정보시스템의 CAS번호, 화학물질 이름 등으로 식별 가능해야 하며, 시험에 투여되기 전에 그 특성을 명확히 확인해야 한다.

⑤ 의사소통 체계: 시험물질이 시험의뢰자에 의해 공급될 경우, 시험기관과 의뢰자 간의 적절한 의사소통 체계를 확립해야 한다.

⑥ 표본 채취 및 보관: 시험물질의 분석용 검체를 보관해야 하며, 단기간의 시험을 제외한 모든 시험에서는 허가 또는 재심사를 대비해 일정량의 분석용 시료를 보관해야 한다.

⑦ 의료기기 특성 관리: 의료기기의 경우 시험물질의 도면, 기술문서 등의 정보를 입수해 관리해야 한다. 특히 용출물의 안정성과 균질성을 투여 전에 확인해야 하며, 필요 시 반복적으로 확인할 수 있는 방법을 마련해야 한다.

(17) 표준작업지침서(Standard Operating Procedure: SOP)의 작성·운영

1) SOP의 중요성

SOP는 반복적인 작업의 착오를 최소화하여 시험 결과의 신뢰성을 확보하는 것이 목적이다. SOP는 시험방법의 재현성을 보장할 수 있도록 상세하게 작성되어야 하며, 정기적인 검토 및 개정이 필요하다. SOP를 일탈할 경우, 시험책임자는 시험 결과에 미치는 영향을 평가하고 기록해야 한다.

2) SOP 작성 및 운영 원칙

① 승인 및 개정: SOP는 운영책임자의 승인하에 작성되며, 개정, 수정, 폐기 시에도 승인을 받아야 한다.

② 비치 및 이용: 각 부서 또는 구역에서 관련된 SOP를 언제든지 이용할 수 있도록 비치해야 하며, 교과서나 분석 방법 등의 자료를 보조 수단으로 활용할 수 있다.

③ 일탈 시 기록: 시험 수행 중 SOP에서 일탈된 경우, 이를 기록해야 하며, 시험책임자 및 주임시험자는 이를 숙지해야 한다.

④ 개정 내용 보존: SOP 개정 시, 내용과 날짜를 기록하고 보존해야 한다.

⑤ 포함 항목: 시험물질, 기기, 재료, 시약 관리, 기록 보존, 시험계 관리, 신뢰성보증 절차, 교육 및 훈련 등이 포함된다.

3) 다지점시험에서의 SOP 운영

① 작성 기준: 다지점시험의 SOP는 GLP(Good Laboratory Practice)에 적합하게 작성되어야 하며, 시험장소 선택, 자료 이동, 외국어 번역 등의 절차를 특별히 적용해야 한다.

② 즉시 이용 가능성: 시험자는 SOP를 즉시 이용할 수 있어야 하며, 시험담당자는 해당 SOP에 따라 시험을 수행해야 한다.

③ 시험책임자의 역할: 시험장소 간 SOP가 다를 경우, 주임시험자는 시험담당자가 절차를 알고 있는지 확인해야 한다.

④ 번역된 SOP의 일치성: 다른 언어로 번역된 SOP는 원본과 의미가 일치하는지 확인해야 한다.

4) 시험계 관리 관련 SOP

시험계의 수령, 검역, 사육, 배치, 이동 등에 대한 절차를 포함해야 하며 시험계의 개체 표시, 사육 상자 표시, 검역 기간 중 수용 방법 등이 상세히 기술되어야 한다.

5) 신뢰성보증업무 담당자의 역할

신뢰성보증업무 담당자는 SOP의 GLP 규정 준수 여부와 명확성을 사전 검토하며, 점검과 문서화, 보고 절차를 SOP에 기술해야 한다.

6) 다지점시험에서의 교육

시험장소의 SOP를 사용하는 경우, 운영책임자는 SOP에 대한 교육을 실시하고 이를 기록해야 한다.

(18) 시험의 실시 및 자료 등 보관

① 시험계획서 작성 및 승인: 각 시험은 시작 전에 시험계획서를 작성해야 하며, 시험책임자가 서명하여 승인해야 하며, GLP 준수 여부를 신뢰성보증업무담당자가 확인하고, 시험의뢰자의 승인을 받아야 한다.

② 변경 및 유지: 시험계획서 변경은 시험책임자가 서명하여 승인하며, 변경사항은 기존 계획서와 함께 유지해야 한다. 계획서에서 일탈이 발생할 경우, 시험책임자 또는 주임시험자가 일탈 내용을 기록하고, 시험의 기초자료와 함께 보관해야 한다.

③ 단기간시험: 단기간시험에는 일반적인 시험계획서를 사용할 수 있으며, 특별 보충내용은 시험책임자가 승인해야 한다.

④ 다지점시험: 다지점시험은 단일 시험계획서에 따라야 하며, 계획서에는 모든 시험장소의

정보와 자료 관리 절차를 명확히 기술해야 한다. 시험책임자는 시험계획서 작성과 변경 절차를 관리하며, 주임시험자와의 충분한 연락을 위해 필요한 정보를 포함해야 한다.

(19) 시험계획서의 필수 포함 내용

① 시험의 종류 및 식별: 시험의 제목, 목적, 시험물질과 대조물질의 식별(예: 코드, 명칭 등)을 명시한다.

② 시험의뢰자 및 관련 정보: 시험의뢰자, 시험책임자, 주임시험자의 이름, 주소 및 시험단계의 책임을 명시한다.

③ 날짜: 시험계획서의 승인일, 실험 개시일 및 종료 예정일을 기록한다.

④ 시험방법: 시험에 사용된 부처의 지침과 분석법, 시험 방법을 상세히 기술한다.

⑤ 기타 사항: 실험계 선정사유, 특성, 투여방법 및 용량과 선택사유 등

(20) 시험의 실시, 자료관리, 컴퓨터 입력 등의 절차와 방법

1) 시험의 실시 및 자료 관리

① 고유 식별기호 사용: 각 시험은 고유 식별기호를 사용하며, 시험 과정 중 채취된 검체는 그 기원을 명확히 알 수 있어야 한다.

② 시험계획서 준수: 시험은 사전에 작성된 시험계획서에 따라 수행되어야 한다.

③ 자료 기록: 시험 중 얻은 모든 자료는 기록자가 직접, 신속, 정확하게 기록하며, 서명과 날짜를 명시해야 한다.

④ 기록 변경 시 절차: 기록 변경 시에는 이전 기록의 명확성을 유지해야 하며, 변경 이유와 서명, 날짜를 기록해야 한다.

⑤ 컴퓨터 입력 자료 관리: 컴퓨터에 입력된 자료는 입력자가 확인해야 하며, 시스템은 변경 이력을 명확히 기록할 수 있도록 설계되어야 한다.

2) 다지점시험의 관리

① 시험장소 관리: 시험장소 간 자료나 물질 이동 시 보존 절차를 마련하고, 물리적 안전을 위해 추가 조치를 취해야 한다.

② 시험장비 관리: 장비는 사용 목적에 적합해야 하며, 유지 및 보정 기록서를 갖춰야 한다.

③ 시험관련 물질 관리: 운송 중 완전성과 안정성을 유지하기 위한 절차를 마련해야 하며, 관련 법적 요구사항을 충족해야 한다.

3) 시험 종료 시 자료 및 검체 관리

① **자료 식별**: 채취된 자료나 검체에는 고유한 표시를 하여 혼동을 예방하고, 보관과 검색을 용이하게 해야 한다.

② **기록의 중요성**: 모든 자료는 기록하여 시험 과정을 재구성할 수 있도록 해야 하며, 기록의 변경은 엄격히 관리되어야 한다.

③ **컴퓨터 입력 자료의 관리**: 관찰과 동시에 컴퓨터에 입력할 경우 담당자가 직접 입력하며, 수정 시 원본이 확인될 수 있도록 기록해야 한다.

(21) 시험결과의 보고서 작성

① **최종보고서 작성**: 모든 시험은 최종보고서를 작성해야 하며, 단기간 시험은 표준적인 최종보고서에 특이사항을 추가할 수 있다.

② **보고서 서명 및 날짜**: 시험에 관여한 주임시험자나 전문가의 서명과 날짜가 포함되어야 한다.

③ **시험책임자의 서명**: 최종보고서는 시험책임자가 서명하고 날짜를 명기하며, GLP 준수 여부를 명시해야 한다.

④ **보고서 수정**: 최종보고서의 수정 및 추가는 정정 형식으로 해야 하며, 이유를 명확히 하고 시험책임자가 서명해야 한다.

⑤ **재분석 결과 포함**: 재분석 결과를 최종보고서에 포함하는 경우, 분석 결과의 선택 사유를 문서화해야 한다.

⑥ **교정 금지**: 관련부처에 제출할 최종보고서는 교정, 추가 또는 수정을 할 수 없다.

⑦ **최종보고서 필수 포함 항목**: 시험의 종류, 시험물질 및 대조물질 식별, 시험의뢰자 및 비임상시험실시기관 정보, 시험 개시일 및 종료일, 신뢰성보증확인서, 시험재료와 시험방법, 시험결과 요약 및 통계학적 분석, 시험계획서, 시험물질, 대조물질, 시료 등의 보관 장소 등이 포함되어야 한다.

⑧ **다지점시험 최종보고서**: 단일 최종보고서를 발행하고 모든 자료를 포함해야 하며 주임시험자는 위임된 단위시험에 대한 서명 보고서를 작성하고 신뢰성보증 점검을 확인해야 한다. 최종보고서 수정은 시험책임자만 가능하며, 필요한 경우 주임시험자와 협력하여 문서화해야 한다. 주임시험자가 작성한 보고서는 최종보고서의 요구사항과 동일하게 준수해야 한다.

⑨ **신뢰성보증확인서**: 최종보고서가 시험기초자료를 정확히 반영했는지 점검한 내용과 신뢰성보증확인서가 최종보고서에 포함되어야 하며 점검 날짜 및 결과를 명시해야 한다.

신뢰성보증확인서 발행 시, 최종보고서가 GLP 규정을 준수하고 있는지 확인한다.

⑩ 기타: 최종보고서에는 자료보관실의 위치를 상세히 기록하고, 관련 자료와 함께 규정된 기간 동안 보관한다. 시험결과의 요약, 통계학적 분석, 결과의 평가와 고찰은 주임시험자가 정리하여 서명해야 한다. 다지점시험에서 최종보고서 수정이 필요할 경우, 주임시험자가 수정 보고서를 작성하고 신뢰성보증확인서를 발행해야 한다.

(22) 시험자료와 기록의 안전한 보관과 관리

1) 시험자료 및 기록의 보관

① 보관 대상 자료: 시험계획서, 최종보고서, 환경측정기록, 신뢰성보증업무 기록, 기기 보수·교정 기록, 컴퓨터시스템 증명 기록, 표준작업지침서 파일 등

② 다지점 시험자료 관리: 자료는 비임상시험실시기관에서 쉽게 검색할 수 있어야 하며, GLP(우수 실험실 관리 기준)에 적합한 방식으로 보관되어야 한다.

2) 자료보관시설의 관리

① 시설 요구사항: 문서, 검체, 시험물질의 손상을 최소화하는 시설이어야 하며, 보관 시 온도, 습도, 환기 등의 조건을 엄격히 관리해야 한다.

② 전자저장매체: 장기 보관 요건을 충족하는 시설에 보관해야 하며, 컴퓨터실에 보관 시에도 동일하게 관리해야 한다.

③ 자료 접근: 자료 및 기록은 일반 업무 시간 중에 접근 가능해야 하며, GLP 원칙에 따라 완전하고 지속적인 접근이 보장되어야 한다.

3) 자료보관시설 접근 및 관리

① 접근 권한: 운영책임자에 의해 권한을 받은 인원만이 자료보관시설에 접근 가능하며, 출납 기록이 철저히 관리되어야 한다.

② 시설 출입 관리: 잠금장치나 전자 입퇴실 관리시스템 등의 설비가 필요하며, 권한 없는 직원의 출입 시 관리관계자 동행과 기록이 필수적이다.

4) 시험기관 업무 정지 시 조치

① 업무 정지 시 자료 이관: 시험기관의 업무가 정지될 경우, 모든 자료는 시험의뢰자의 자료보관실로 이관되어야 하며, 분실 및 파손 방지를 위해 철저히 관리되어야 한다.

(23) 검체 등의 보관

① 시험물질 등의 보관 및 처분 기록: 보관기간이 정해지지 않은 시험물질, 대조물질, 검체, 표본 등을 최종 처분할 경우 그 사실을 기록으로 남겨야 한다. 불가피하게 보존기간 만료 전에 처분되는 경우에도 정당한 절차를 거쳐 기록해야 한다.

② 보관 및 검색 관리: 시험물질, 대조물질, 검체, 표본 등을 질서정연하게 보관하고 검색을 용이하게 하기 위해 색인을 붙여야 한다. 자료보관 시설과 검색 장소는 반드시 같은 곳일 필요는 없지만, 신속한 검색이 가능하도록 색인을 붙이는 방식이 요구된다.

③ 자료보관시설 접근 및 관리: 자료보관시설은 운영책임자의 권한을 받은 담당자만 접근할 수 있으며, 출납이나 반입 시 적절한 기록을 남겨야 한다. 자료보관책임자는 GLP 원칙에 따라 자료보관의 관리, 운영 및 절차에 대한 책임이 있으며, 필요시 지정된 책임자의 지휘와 감독 하에 여러 직원이 함께 업무를 수행할 수 있다.

④ 다지점시험의 검체 관리: 다지점시험 중 검체 등을 임시보관할 때는 안전하고 내용물을 완전하게 보존해야 한다. GLP에 적합한 방식으로 보관해야 하며, 보관시설이 GLP 요건을 충족하지 않으면 적합한 보관소로 옮겨야 한다.

(24) 식약처의 비임상시험기관 관리 및 감독 대응

① 검체분석시험 기준 준수: 약물동태 검체분석시험을 실시하는 임상시험검체분석기관은 비임상시험기관의 기준을 준수해야 하며 관련 규칙에 따라 품질보증과 자료의 품질관리를 해야 한다.

② 실태조사 대응: 식약처는 비임상시험기관을 대상으로 GLP 준수 여부를 2년마다 실태조사하며, 신청이 있을 경우 실태조사와 병행하여 정기 실태조사를 실시할 수 있음을 숙지하고 준비한다.

③ 시험감사 대응: 의약품, 기능성화장품, 의료기기 등의 자료와 관련된 신뢰성 확인이 필요한 경우, 식약처는 시험감사를 실시할 수 있음을 숙지하고 준비한다.

④ 다지점시험의 관리 실태조사 대응: 식약처가 비임상시험기관 등을 대상으로 계통적인 실태조사를 할 수 있음을 숙지하고 준비한다.

⑤ 우대조치 숙지: OECD GLP 프로그램, 미국 FDA, 유럽 EMA로부터 적합 판정을 받은 경우, 해외 의뢰 비임상시험 매출액이 전체 매출액의 절반 이상인 경우 정기 실태조사 주기를 연장할 수 있음으로 관련 내용을 숙지하고 준비한다.

(25) 상호 인정

① 시험결과의 상호 인정: GLP(Good Laboratory Practice)를 준수하여 비임상시험기관으로 지정된 기관과 OECD의 GLP를 준수하는 OECD 회원국의 비임상시험실시기관 또는 OECD로부터 인정받은 비회원국의 기관의 시험결과는 상호 인정한다.

03 OECD 대체실험법

(1) 대체 시험법의 필요성

동물실험은 동물의 복지와 관련된 윤리적 문제를 동반할 수 있다. 대체 시험법은 이러한 문제를 최소화하려는 노력의 일환이다. 많은 국가에서 동물실험에 대한 규제가 강화되면서 대체 시험법의 필요성이 커졌다. 또한 동물 모델이 인간의 생리학적 반응과 정확히 일치하지 않을 수 있기 때문에, 대체 시험법은 더 직접적인 인간 관련 데이터를 제공할 수 있다. OECD는 동물실험 대체법의 개발과 평가를 촉진하기 위해 다양한 지침을 제정하고 있다. 우리가 OECD의 대체 시험법 가이드라인을 준수해야 하는 이유는 다양하다.

1) 과학적 신뢰성과 재현성

OECD의 가이드라인은 대체 시험법의 과학적 신뢰성과 재현성을 보장한다. 이를 통해 연구자들은 실험 결과를 보다 정확하게 예측할 수 있다. 동물 모델이 아닌 방법이 과학적으로 검증된 절차를 따를 때, 인간의 생리학적 반응에 더 가까운 데이터를 제공할 수 있다.

2) 검증된 표준

가이드라인은 실험 방법의 표준화를 촉진하며, 이를 통해 연구자들은 동일한 기준에서 데이터를 비교할 수 있다. 이는 대체 시험법의 신뢰성을 높이고, 국제적으로 일관된 결과를 제공한다.

3) 최신 기술 적용

OECD는 최신의 과학적 발견과 기술을 반영한 가이드라인을 제정한다. 이는 연구자들이 최신 기술을 활용하여 보다 정교한 대체 시험법을 개발할 수 있도록 지원한다.

4) 기술 혁신 촉진

표준화된 가이드라인은 연구자들에게 기술 혁신의 방향을 제시하며, 이를 통해 새로운 연구 방법론이 발전하고 확산될 수 있다.

5) 비용 절감

대체 시험법은 일반적으로 동물실험보다 비용이 적게 들 수 있다. OECD 가이드라인에 따라 검증된 대체 시험법을 사용하면, 연구비용을 절감하면서도 신뢰성 있는 데이터를 얻을 수 있다.

6) 시간 절약

대체 시험법은 실험 진행 시간이 단축될 수 있으며, 이는 연구자들에게 보다 빠른 결과를 제공한다.

7) 동물 복지 향상

OECD의 가이드라인은 동물실험의 대체를 장려하여 동물의 복지를 향상시키는 데 기여한다. 이는 동물실험에 대한 윤리적 우려를 해결할 수 있는 방법이다.

8) 사회적 책임

연구자와 기관은 사회적 책임을 다하기 위해 동물실험을 줄이거나 대체해야 한다. 이는 연구에 대한 신뢰성을 높이고, 윤리적 기준을 준수하는 모습을 보여고 다른 연구자들에게 올바른 방향성을 제시한다.

9) 대중의 신뢰

대체 시험법을 채택함으로써, 연구와 제품 개발이 윤리적이며 책임감 있게 이루어진다는 인식을 줄 수 있다. 이는 대중의 신뢰를 얻는 데 중요한 요소이다.

10) 사회적 수용성

윤리적인 연구 방법을 채택하는 것은 사회적으로 기업의 긍정적인 이미지 구축에 기여하며, 연구 및 산업에 대한 사회적 수용성을 높이는 데 도움이 된다.

11) 규제와 정책 개발

정부 기관은 OECD 가이드라인을 참고하여 대체 시험법을 규제하고 정책을 개발하는 데 도움을 받을 수 있다. 이는 국내 연구자들이 국제적 기준에 맞는 연구를 수행하도록 유도한다.

12) 산업 경쟁력 향상

대체 시험법을 도입함으로써, 연구 및 제약 산업은 국제 시장에서 경쟁력을 갖출 수 있으며, 글로벌 시장에서의 신뢰를 높이는 데 기여할 수 있다.

이렇듯, OECD의 대체 시험법 가이드라인은 과학적 신뢰성을 높이고, 동물 복지를 향상시키며, 법적 요구와 사회적 책임을 준수하는 데 중요한 역할을 한다. 이러한 가이드라인을 따르는 것은 연구 및 산업 발전에 있어 다양한 장점을 제공할 수 있다.

(2) 대표적인 대체 시험법

1) 피부 자극 시험

프랑스의 로레알에서 개발한 EpiSkin은 인간 각질형성세포를 사용하여 제작되며, 실제 인간 피부와 유사한 구조를 가진다. 주로 화장품의 피부 자극성 및 부식성 테스트에 활용된다. 미국 마텍에서 개발한 EpiDerm 모델은 정상 인간 표피 각질형성세포로 구성되어 있다. 이러한 모델은 3차원 피부 조직을 재구성하여 화학물질의 피부 자극성을 평가하며 화장품, 의약품, 화학 물질의 피부 독성 및 효능 평가에 사용된다.

2) 피부 부식 시험

Corrositex 시험법은 생체 외에서 화학물질의 피부 부식성을 평가하는 in vitro 테스트 방법이다. 인간의 피부를 모방 물질을 사용한 특수 단백질 막을 사용하여 화학물질의 부식성을 측정한다.

3) 피부 감작성 시험

인체 세포주를 이용한 KeratinoSens시험법은 화학물질이 피부에 접촉했을 때 알레르기 반응을 일으키는 피부 감작성을 평가한다. 즉 면역 체계가 특정 물질에 과민반응을 보이는 과정을 평가한다. h-CLAT 시험은 인체 단핵구 세포주를 사용하여 화학물질의 피부 감작성을 평가하며 직접 펩타이드 반응성 분석(DPRA)은 화학물질과 합성 펩타이드의 반응성을 측정하여 피부 감작성을 예측한다.

4) 눈자극 시험

소 각막 혼탁도 및 투과성(BCOP) 시험법은 소의 각막을 사용하여 화학물질의 안자극성을 평가한다. 또한 닭의 안구를 이용한 시험법(ICE)은 닭의 안구를 사용하여 화학물질의 안자극성과 부식성을 평가한다.

5) 유전독성 시험

미생물 복귀돌연변이 시험(에임스 시험)은 Salmonella typhimurium과 Escherichia coli을 사용하여 화학물질의 돌연변이 유발 가능성을 평가한다.

6) 컴퓨터 모델링 시험법

독성 예측 모델 QSAR(Quantitative Structure-Activity Relationship)은 화학물질의 구조와 독성 간의 관계를 분석하여 독성을 예측한다. 반면 In Silico Testing은 독성 평가뿐만 아니라 생리학적 반응 예측, 약물 설계 등도 가능하다.

7) 고급 인간 세포 모델

유도 만능 줄기 세포(iPSC)로 환자의 세포에서 유도한 줄기세포를 사용하여 질병 모델링과 약물 반응을 연구할 수 있다.

(3) 대체 시험법의 한계점

모든 동물실험을 대체할 수 있는 것은 아니다. 예를 들어, 인간의 전체적인 생리적 반응을 평가하는 것은 여전히 불가능한 일이다. 인간은 가장 고등한 생물 중의 하나이기 때문에 생리적 반응이 매우 복잡하며, 단일 세포나 조직 모델이 전체적인 생리적 효과를 완벽하게 반영하지 못한다. 그렇기 때문에 대체 시험법은 한계점을 가질 수밖에 없고 새로운 대체 시험법은 신뢰성과 재현성을 확보하기 위해 많은 검증 과정을 거쳐야 한다. 주된 대체 시험법의 한계는 다음과 같다.

1) 국가 및 지역별 차이

① 유럽연합: 동물실험 금지 정책으로 대체 시험법 개발이 활발하지만, 규제 기관의 수용 속도가 느리다.

② 미국: FDA의 엄격한 규제로 인해 신규 대체 시험법의 도입이 지연되는 경향이 있다.

③ 아시아: 한국과 일본은 대체 시험법 개발에 적극적이나, 중국은 여전히 동물실험에 의존하는 경향이 있다.

2) 기후 조건에 따른 대체 시험법의 한계와 비용증가

① 열대 기후: 고온다습한 환경에서의 화학물질 반응은 정확히 예측하기 어렵다.

② 한랭 기후: 극한의 저온 환경에서의 물질 변화 예측에 한계가 있다.

③ 온대 기후: 상대적으로 안정적이나, 계절 변화에 따른 영향 고려가 필요하다.

3) 인종에 따른 유전적, 생리학적 차이로 인한 한계와 정확도 저하

① 유전적 다양성: 인종 간 대사 효소의 차이로 인한 독성 반응 예측이 어렵다.

② 피부 민감도: 인종별 피부 특성 차이로 인한 경피 독성 평가의 한계가 있다.

③ 약물 반응성: 인종 간 약물 대사 차이로 인한 정확한 독성 예측이 어렵다.

4) 경제규모와 경제력별 차이에 따른 도입 의지 격차

① 선진국: 첨단 기술을 활용한 대체 시험법 개발이 가능하지만 높은 비용으로 인한 보급의 한계가 있다.

② 개발도상국: 기술적, 재정적 제약으로 인해 최신 대체 시험법 도입이 어렵다.

③ 저개발국: 기본적인 실험 인프라 부족으로 대체 시험법 적용이 불가능하다.

5) 정치적 성향에 따른 차이

① 진보 성향: 동물권 보호를 위해 대체 시험법 도입에 적극적이나, 과도한 규제로 인한 산업 발전 저해 우려가 있다.

② 보수 성향: 전통적 동물실험 방식 선호로 대체 시험법 도입에 소극적이지만 비용 절감 측면에서는 관심이 있다.

(4) 대체 시험 개발 및 인정 절차

위와 같이 대체시험의 필요성과 한계성을 숙지하고 대체 시험법을 적용할 연구의 목적과 실험 디자인을 명확히 한 연구 설계를 실시한다. 대체 시험법의 방법론을 개발하고 표준화한다. 개발된 시험법을 다양한 상황에서 검증하여 신뢰성을 확인한다. 기존 동물실험 결과와 비교하여 대체 시험법의 유효성을 평가한다. 대체 시험법을 개발하기 위해서는 다양한 국가 기관들과 협력하여 대체 시험법의 개발과 검증을 진행해야 한다. 대체 시험법의 표준화는 국제적으로 일관된 결과를 보장하는 데 중요하며 각국의 법적 요구와 윤리적 기준을 충족하는 데 필수적이다. 이렇게 개발한 대체 시험의 인정 절차는 다음과 같다.

① OECD 가이드라인 준수: OECD는 대체 시험법의 개발 및 검증을 위한 가이드라인을 제공한다. 시험법은 이러한 가이드라인에 따라 개발되고 검증되어야 한다.

② 실험 결과 제출: 연구자는 시험법의 유효성과 신뢰성을 입증하는 데이터를 제출한다.

③ 전문위원회 검토: OECD의 전문가 위원회가 제출된 데이터를 검토하고 시험법의 유효성을 평가한다.

④ 승인 및 문서화: 승인이 이루어지면, 해당 시험법은 OECD의 공식 가이드라인에 포함되어 사용될 수 있다.

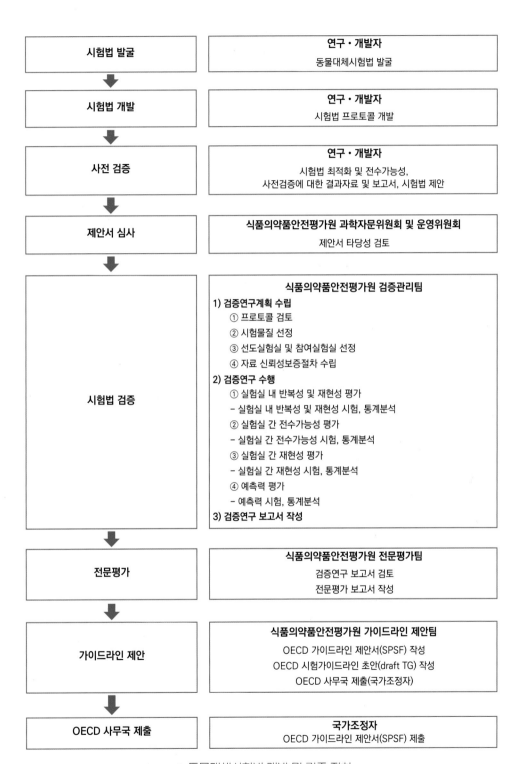

시험법 발굴	**연구 · 개발자** 동물대체시험법 발굴
시험법 개발	**연구 · 개발자** 시험법 프로토콜 개발
사전 검증	**연구 · 개발자** 시험법 최적화 및 전수가능성, 사전검증에 대한 결과자료 및 보고서, 시험법 제안
제안서 심사	**식품의약품안전평가원 과학자문위원회 및 운영위원회** 제안서 타당성 검토
시험법 검증	**식품의약품안전평가원 검증관리팀** 1) 검증연구계획 수립 　① 프로토콜 검토 　② 시험물질 선정 　③ 선도실험실 및 참여실험실 선정 　④ 자료 신뢰성보증절차 수립 2) 검증연구 수행 　① 실험실 내 반복성 및 재현성 평가 　– 실험실 내 반복성 및 재현성 시험, 통계분석 　② 실험실 간 전수가능성 평가 　– 실험실 간 전수가능성 시험, 통계분석 　③ 실험실 간 재현성 평가 　– 실험실 간 재현성 시험, 통계분석 　④ 예측력 평가 　– 예측력 시험, 통계분석 3) 검증연구 보고서 작성
전문평가	**식품의약품안전평가원 전문평가팀** 검증연구 보고서 검토 전문평가 보고서 작성
가이드라인 제안	**식품의약품안전평가원 가이드라인 제안팀** OECD 가이드라인 제안서(SPSF) 작성 OECD 시험가이드라인 초안(draft TG) 작성 OECD 사무국 제출(국가조정자)
OECD 사무국 제출	**국가조정자** OECD 가이드라인 제안서(SPSF) 제출

▲ 동물대체시험법 개발 및 검증 절차

CHAPTER 01
설치류 - 마우스, 랫드

실험동물학

PART

03

실험동물

CHAPTER
01

설치류 - 마우스, 랫드

학습 목표

🧪 실험동물 마우스와 랫드에 대한 내용을 학습한다.
🧪 실험동물의 해부학적 구조와 유전 및 육종에 대해 학습한다.

01   마우스(laboratory mouse)

실험용 마우스는 포유동물강, 설치목, 쥐과, 생쥐속에 속하며 학명은 *Mus musculus*이다. 마우스의 기원은 북아메리카와 유럽의 '집쥐'에서 유래된 종으로, 인도 및 동남아시아 부근, 아프리카, 오스트레일리아 등 거의 전 세계적으로 분포한다. 실험동물 생쥐의 기원은 반려동물처럼 애호가들에게 길러지다가 특정 종들이 실험을 위한 목적으로 계획적인 교배를 통해 개발되었고, 현재 사용되는 근교계 마우스 대부분은 중국의 마우스가 일본과 영국을 거쳐 만들어졌다.

실험용 마우스는 17세기부터 비교해부학적 연구에 이용되었고, 19세기에 생물학 분야에서 유전학 연구의 발달에 따라 연구를 위해 쉽게 사육하고 번식시킬 수 있는 작고 경제적인 동물의 필요성이 대두됨에 따라 관심을 받게 되었다. 20세기, 21세기를 거치면서 마우스와 인간의 유전체학적 유사성 때문에 마우스의 효용성이 크게 증대되었고, 이를 이용한 연구가 기하급수적으로 증가하였다. 그 결과 마우스는 지구상의 포유동물 중에서 유전학적으로 가장 잘 밝혀진 동물이 되었다. 최근에는 더욱 정교해진 유전자 재조합 기술의 발전으로 다양하게 유전자가위기술이 적용된 마우스를 생산할 수 있게 되면서, 실험용 마우스는 실험동물 중에서 가장 많이, 널리 사용되는 실험동물이 되었다.

02 랫드(laboratory rat)

실험용 랫드는 포유동물강, 설치목, 쥐과, 곰쥐속에 속하며 학명은 Rattus norvegicus이다. 랫드의 기원은 중앙아시아로, 1700년대 초 유럽으로부터 파생되어 전 세계적으로 분포한다. 현재 사용되고 있는 실험용 랫드는 1800년대 초 영국과 프랑스에서 포획, 사육되었던 노르웨이 랫드 중에 발견된 알비노 랫드이다. 마우스 다음으로 사용 마릿수가 많고 사용 분야가 가장 넓은 실험동물이다. 성숙 랫드의 체중은 암컷 200~400g, 수컷은 약 2배인 300~700g이다. 암수의 체격 차이가 큰 것이 특징이다. 수명은 2~3년, 염색체수는 42개(2n), 식성은 잡식성이다.

랫드는 마우스와 달리 쇄골이 있고, 담낭이 없다. 간에서 생산된 담즙은 총담관을 통해 십이지장으로 분비된다.

실험용으로 랫드를 이용하는 이유는 다음과 같다.

① 적당한 크기
② 순응성의 높이
③ 외과처치에서의 내성
④ 안정된 성주기와 다산
⑤ 적당히 긴 수명
⑥ 영양, 대사, 생리학상의 특징이 사람과 유사한 점이 많음

03 실험용 설치류의 생물학적 특성 이해

1. 체표면 및 체강 속 장기의 명칭

동물의 내부 장기 구조는 뼈(bone), 근육(muscle), 근막(fascia), 인대(ligament) 등에 구분되어 있으며, 포유류는 횡경막(가로막, diaphragm)을 중심으로 머리 쪽으로 흉강(가슴안, thoracic cavity), 꼬리 쪽으로 복강(배안, abdominal cavity)으로 나뉜다. 흉강에는 심장(heart), 폐(lung), 가슴샘(thymus)이 있고, 복강에는 (stomach), 장(소장, intestine), 간(liver), 췌장(이자, pancreas), 비장(지라, spleen), 신장(콩팥, kidney), 부신(adrenal gland), 방광(urinary bladder), 고환(testis), 부고환(epididymis), 자궁(uterus), 난소(ovary) 등의 장기가 있다.

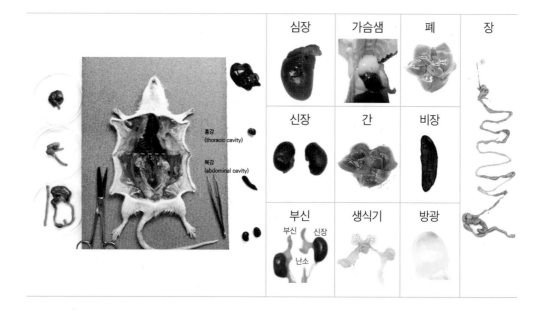

2. 소화계통

소화계통은 소화관으로서 구강, 인두, 식도, 위, 소장(작은창자), 대장(큰창자) 등이 해당되며 부속기관으로서 입술, 치아, 혀, 침샘(타액선), 간, 췌장(이자) 등으로 구성되어 있다.

254   PART 03 실험동물

(1) 소화와 흡수

동물의 소화는 영양소의 공급을 통해 생명 유지, 활동, 성장 및 번식에 필수적이다. 실험동물은 사료로 영양소를 공급하는데, 사료의 성분은 영양소가 함유된 고분자화합물로서 영양소로 이용되기 위해서는 소화라는 과정이 필요하다. 소화는 동물이 소화관 내에서 흡수가 용이하도록 음식물을 잘게 부수고 혼합하는 기계적인 소화와 각종 효소가 작용하는 화학적인 소화가 함께 일어나면서 이루어진다. 기계적인 소화는 치아, 혀 등으로 음식물을 잘게 부수고, 위, 장관 등의 연동운동, 분절 운동에 의해 혼합하는 작용을 말한다. 화학적인 소화는 침, 위액, 장액, 췌장액 등의 각종 소화 효소와 담즙(쓸개즙)의 작용으로 고분자화합물이 저분자화합물로 분해되는 작용이다.

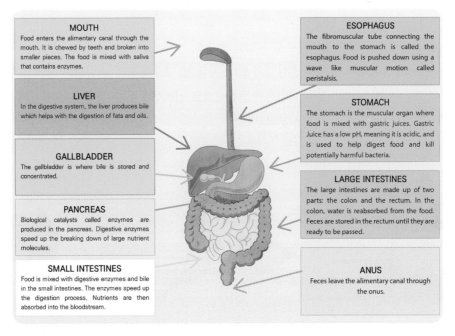

▲ (순서대로) 입-식도-위-간-췌장-소장-대장(그림 3-1)

입에서 분비되는 소화효소는 침 속의 아밀라아제 성분이며, 위액은 위산, 펩신(pepsin), 젖을 분해하는 효소인 레닌(rennin) 등이 있고, 췌장액은 아밀라아제(amylase), 트립신(trypsin), 리파제(lipase) 등의 효소를 함유하고 있으며, 췌장액 성분에 포함된 중탄산나트륨은 위액으로 산성이 된 식괴(음식물 덩어리)를 중성으로 중화하여 소장벽을 보호한다(그림 3-1).

음식물 덩어리는 소화기관의 기계적 소화 및 화학적 소화를 통해 고분자화합물에서 저분자화합물, 즉 단백질은 각종 아미노산(amino acid)으로, 지방은 글리세롤(glycerol)과 지방산

(Fatty acid)으로 탄수화물은 포도당(glucose) 등의 단당류로 각각 분해되어 소장벽에 있는 장 융모(창자융모)의 상피세포를 통하여 혈액이나 림프관속으로 흡수된다. 대부분의 영양소의 흡수는 소장에서 이루어지며, 수분, 비타민, 무기질은 대장을 거치면서 흡수된다.

(2) 구강(oral cavity) 및 인두(pharynx)

구강(oral cavity)은 입술부터 혀, 식도로 이어지는 부위까지의 공간으로서 인두(pharynx)로 이어진다. 사료는 구강 내에서 혀, 이 등에 의해 침과 혼합되어 잘게 분쇄되는데, 이때 기계적 소화와 화학적 소화가 함께 시작된다. 소화액으로서 침은 침샘에서 분비되는데, 침샘은 귀밑샘(이하선, parotid gland), 턱밑샘(악하선, submandibular gland), 혀밑선(설하선, sublingual gland)이 쌍으로 이루어져 있으며 각각 소엽으로 구성되어 있다. 그 외 입술샘(구순선, labial gland), 볼샘(협선, buccal gland), 입천장샘(구개선, palatine gland), 광대샘(zygomatic gland) 등의 작은 침샘이 있다. 침샘에는 각각 점액세포로 구성된 점액샘, 장액세포로 구성된 장액샘, 점액세포와 장액세포가 혼합해서 구성된 혼합샘이 있다. 사람 밑 포유동물의 귀밑샘은 장액샘이며, 사람, 발굽동물, 개, 고양이 등의 턱밑샘은 혼합샘으로 점액성이 높은 침이 분비되나, 마우스에서는 한 종류의 침(seromucoid)을 분비한다.

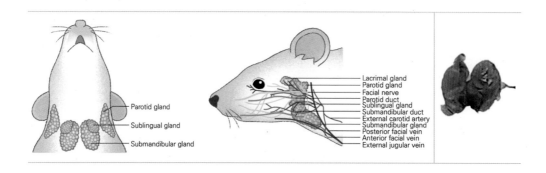

(3) 치식(dental formula)

마우스와 랫드의 치아는 앞니(incisor, I) 1개와 큰어금니(molar, M) 3개를 가지고 있고, 총 16개의 치아를 가지고 있다.

마우스, 랫드의 치식

설치류	앞니(I)	송곳니(C)	작은어금니(P)	큰어금니(M)	총계
마우스	1/1	0/0	0/0	3/3	16
랫드	1/1	0/0	0/0	3/3	16

앞니	큰어금니

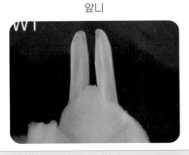
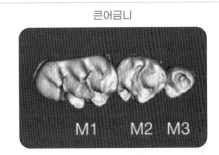

▲ 마우스, 랫드의 치아 모양

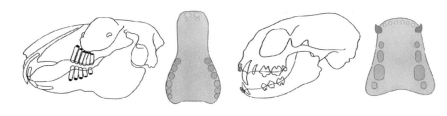

▲ 마우스, 랫드의 치아 배열

(4) 식도(esophagus)

식도(esophagus)는 인두(pharynx)와 연결된 관으로 기관의 등쪽을 따라 흉강을 통하여 횡경막을 관통하여 위에 도달한다. 식도는 점막(mucosa), 점막밑층(submucosa), 근육층(muscularis propria), 바깥막(adventitia)의 네 층으로 되어 있고, 마우스의 식도는 두꺼운 각화평편상피로 덮여 있어 위내 투여가 비교적 용이하다.

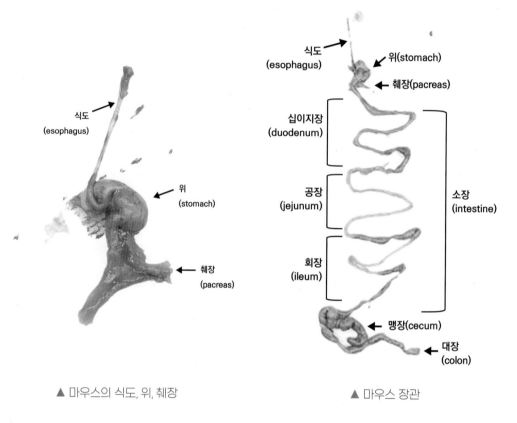

▲ 마우스의 식도, 위, 췌장　　　　　　　　　　▲ 마우스 장관

(5) 위(stomach)

위의 구조는 분문부(들문부위, cardial region), 위저부(위바닥부위, fundic region), 유문부(날문부위, pyloric region)로 되어 있고, 각 부위에 샘(gland)이 있어 사료의 유무에 관계없이 계속 분비된다. 위는 음식이 들어오면 연동운동이 일어나며, 이로 인한 수축운동이 분문부로부터 유문부를 향하여 일어나고, 분문부에는 윤상으로 발달한 분문조임근이 있어 위의 내용물이 식도로 역류하는 것을 방지하고, 위액은 위저부로부터 분비되고 복잡한 운동이 일어나면서 여러 개의 주름이 만들어지면서 음식물을 위에 정체시켜 소화과정을 진행한다. 음식물이 위 내에서 즙의 형태로 되면 유문부가 열려 내용물을 조금씩 십이지장(샘창자)로 이동된다. 마우스, 랫드의 경우 분문부(cardia)가 다른 동물보다 비교적 넓은 편이고, 사람, 원숭이, 돼지, 토끼에서는 위저부(fundus) 비율이 높으나 개와 고양이 같은 육식동물에서는 유문부(pyloric)의 비율이 높은 편이다.

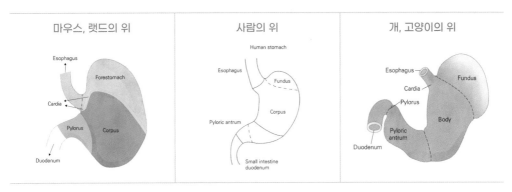

▲ 마우스, 사람, 반려동물의 위 비교

(6) 췌장(pancreas)

췌장은 강력한 소화효소를 분비하는 기관으로서 탄수화물(아밀라아제), 단백질(트립신), 지방 (리파아제)의 소화에 필요한 모든 소화효소가 포함된 췌장액을 분비한다. 췌장액은 무색투명 하며 알칼리 성분으로 위에서 넘어오는 죽 형태의 소화물의 산성 성분을 중화시키고, 췌장 액 내 효소의 활성을 높이는 역할을 한다. 췌장관은 췌장액이 십이지장으로 이동하는 관으 로, 동물에 따라 췌장관이 2개인 동물(예: 마우스, 랫드, 개)과 1개인 동물(예: 사람, 돼지, 고양이, 토끼)이 있다.

췌장은 췌장관을 통해 소화관으로 소화효소를 분비하는 외분비샘의 기능과 함께 호르몬 등을 분비하는 내분비샘의 기능을 함께 한다. 외분비샘은 소화효소를 생성하는 세포로 이 루어져 있으며, 내분비샘은 혈당을 조절하는 인슐린(insulin), 글루카곤(glucagon) 등의 호르 몬을 분비한다. 혈당 조절에 관여하는 호르몬은 췌장섬(이자섬, Langerhan's islet)으로부터 생 성되며, 인슐린은 혈액 중 혈당을 낮추는 작용을 하며, 글루카곤은 간에 저장된 글리코겐 (glycogen)을 분해하여 혈당을 높이는 작용을 한다.

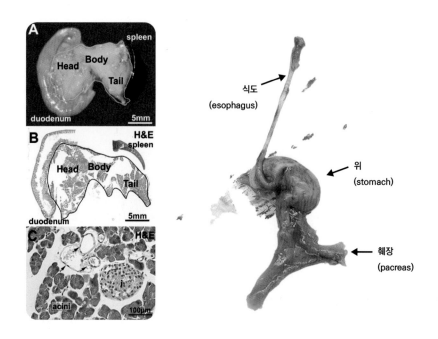

(7) 장(intestine)

포유동물의 장은 소장과 대장으로 구분되며, 소장은 장과 간, 췌장으로부터 분비되는 소화효소의 작용과 장벽 근육에 의한 분절운동에 의해 소화액과 내용물을 충분히 혼합하여 영양분을 흡수하는 기관이다. 장관의 길이는 식성과 생활환경과 관계가 있으며 동물이 가진 체장과 장관의 길이를 비교하여 구분하는데 육식동물은 짧고(1:4~1:6) 초식동물은 길며(1:10), 마우스와 랫드는 1:9의 비율을 가진다. 위에서 부분적으로 위액과 섞여 소화가 일어난 음식물은 소장에서 분비되는 소화액과 췌장액 등의 효소에 의해 소화되고, 맹장과 결장에 존재하는 장내세균총에 의해 분해되어 직장과 항문을 거쳐 분변으로 배설된다.

소장은 복강 내에 매우 길고 복잡하게 굴곡되어 있는데 위와 인접한 부분은 십이지장(샘창자, duodenum)으로 췌장관이 연결되어 있고, 공장(빈창자, jejunum)은 면역기관인 파이어스패치(Peyer's patch)와 림프절(lymph follicle)을 포함하고 있으며, 회장(돌창자, ileum)은 맹장과 인접한 장의 부분이다. 소장의 벽은 점막층, 점막밑층, 근육층, 장막층의 네 층으로 구성되어 있는데 소장의 점막은 점막주름(mucosal fold)을 형성하고 그 표면은 장융모(창자융모, intestinal villus)로 덮여 있다. 점막주름과 장융모는 장관내부의 표면적을 넓게 하여 흡수율을 확대하는 역할을 하며, 장융모는 장액을 분비하는 분비샘을 가지고 있다. 소장은 세 가지 형태(분절운동, 진자운동, 연동운동)의 운동을 통해 장 내용물을 혼합하고, 소화된 대부분의 영양소를 흡수한다.

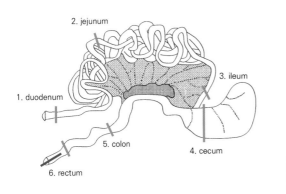

▲ 마우스의 장의 구분된 명칭

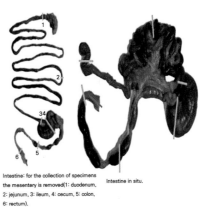

Intestine: for the collection of specimens the mesentery is removed(1: duodenum, 2: jejunum, 3: ileum, 4: cecum, 5: colon, 6: rectum).

Intestine in situ.

▲ 적출한 장기의 모습

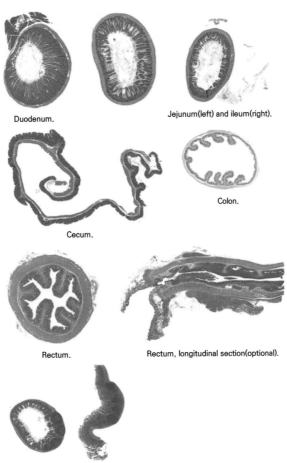

Duodenum.

Jejunum(left) and ileum(right).

Cecum.

Colon.

Rectum.

Rectum, longitudinal section(optional).

Jejunum with Peyer's patches(optional).

대장은 맹장(막창자, cecum), 결장(잘록창자, colon), 직장(곧창자, rectum)으로 구분된다. 대장 점막에는 장융모와 점막주름이 없으며, 결장에 존재하는 샘에서 장 내용물과의 접촉에 의해 술잔세포(goblet cell)로부터 점액이 분비된다. 대장의 연동운동은 양방향으로 일어나며, 소화가 일어난 음식물이 장시간 머물면서 수분이 흡수되고, 장내미생물총에 의한 분해작용이 일어난다. 직장과 항문을 통해 배설된 분변은 60%가 고형 형태로, 그 속에는 소화되지 않은 음식물의 찌꺼기와 대장의 점액, 떨어져나온 장관의 상피세포, 장내미생물 등이 포함되어 있다.

(8) 간(liver)

간은 가장 큰 샘기관으로, 그림(3-2)에 나타난 바와 같이 엽(lobe)으로 갈라져 있다. 마우스와 랫드는 네 엽으로 구성되어 있으며, 왼가쪽엽(left lateral lobe)이 가장 크고, 중간엽(median lobe), 오른가쪽엽(reght lateral lobe), 꼬리엽(caudal lobe)은 각각 두 개 부분으로 나뉘어 있다.

담낭(쓸개, gallbladder)은 간에서 만들어진 담즙이 저장되어 있다가 간관(hepatic duct)을 통해 십이지장으로 배출된다. 담즙은 소화효소가 아닌, 지방을 유화하는 소화액으로 지방을 소화하는 효소의 작용을 돕는다. 담낭이 없는 동물은 랫드, 말, 비둘기, 사슴, 낙타, 기린, 코끼리, 고래 등이며 이들의 경우 간에서 생성된 담즙이 직접 십이지장으로 배출된다.

간은 소장을 통해 흡수된 영양소를 축적하는데, 포도당은 글리코겐(glycogen)이라는 저장 형태로, 단백질은 아미노산으로 흡수하여 알부민, 글로불린 등으로 전환하여 필요에 따라 혈액을 통해 방출한다. 지방과 지용성비타민류(Vitamin A/D)와 일부 수용성비타민(Vitamin B12)과 무기물류(망간, 구리, 철 등)도 간에 저장된다.

간은 체 내에서 해독을 하는 효소를 분비하여 독성물질을 분해하며, 혈액 중의 세균이나 노화된 혈구 등을 파괴하는 포식작용을 한다. 간은 체 내 장기 중 혈액이 가장 많이 저장되는 장기로 혈류를 조절하고, 혈액의 응고와 관계 있는 피브린, 프로트롬빈 등을 생산한다. 이밖에도 비타민의 활성화나 소변 생성에 관계되는 요소의 합성 기능 등을 가진다.

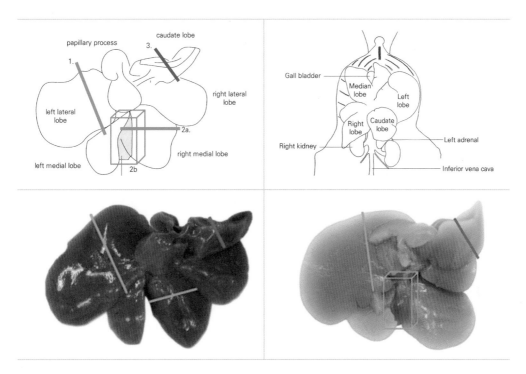

▲ 마우스의 간(그림 3-2)

3. 호흡계통

호흡은 생명체가 필요한 에너지를 얻기 위해 체외로부터 산소를 받아들이고 물질대사를 통해 생긴 탄산가스를 방출하는 현상이다. 동물의 호흡방법에는 어류에서 이루어지는 아가미호흡과 포유동물의 폐호흡이 있다. 호흡기계는 3개의 주요한 부분, 상부 호흡기계(비공, 비강, 비후두), 중부호흡기계(기관, 후두, 기관지), 하부호흡기계(폐)로 구성된다.

(1) 폐(Lung)와 기도(Airway)

폐는 엽의 형태로 크게 좌우로 나뉘어져 있는데, 마우스와 랫드의 왼엽은 한 개의 엽으로 존재하며, 오른엽은 4개의 엽으로 오른앞엽, 오른중간엽, 오른뒤엽, 오른덧엽으로 나뉘어져, 총 5개의 엽으로 나뉘어져 있다(Cook, 1983). 폐의 내부는 세기관지의 말단에서 폐포가 많은 수로 나뉜다. 폐포 내에서는 공기와 혈액과의 사이에서 산소(O_2)와 탄산가스(CO_2)의 교환이 일어난다. 휴식상태의 마우스는 한 시간 동안 체중 g당 3.5ml의 산소를 소모하며, 코끼리의 소모량보다 22배나 많다. 마우스는 이렇게 높은 대사율을 유지하기 위해 폐포 내 높은 산소압을 가지고 있어 호흡률이 빠르며, 기도가 짧고, 적혈구와 헤모글로빈, 탄산 탈수효소(carbonic anhydrase)의 농도가 높고, 혈액 중 산소포화도와 혈당이 높은 특징이 있다.

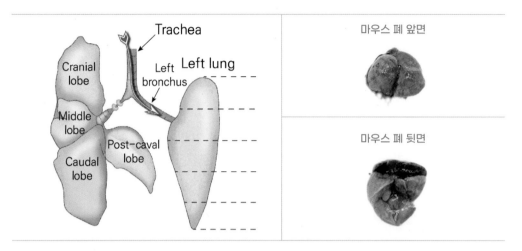

마우스 폐 앞면

마우스 폐 뒷면

▲ 마우스의 폐 구조

기도는 비강, 인두, 후두, 기관, 기관지로 구성되며, 호흡과는 관계없는 후각기관과 발성기관도 있다. 기관 내부는 섬모를 가진 세포가 있어서 세균, 먼지, 내부로부터의 분비액을 외부로 운반하는 기능을 한다.

동물은 호흡을 통해 산소와 탄산가스의 교환을 통해 에너지를 얻는다. 이를 물질대사라고 하며, 물질대사는 혈액 내 산소와 탄산가스의 농도 분포에 따라 이루어진다. 폐포 내의 공기는 들이쉰 공기로 인해 산소농도가 높고 탄산가스농도가 낮으므로 산소는 혈액 중에 퍼지고 탄산가스는 공기 중에 방출된다. 물질대사가 일어난 조직 내에는 산소 농도가 낮고 탄산가스 농도가 높으므로 혈액 중의 산소는 조직으로 퍼지고 탄산가스는 혈액 중으로 용해된다. 혈액 중 적혈구는 산소와 결합하는 헤모글로빈은 산화헤모글로빈의 형태로 조직으로 운반되어 세포에 산소를 공급한다. 이때 조직에서 생긴 탄산가스는 탄산염의 형태로 혈액에 용해되어 폐로 운반되면 날숨(호기)으로 방출된다.

(2) 폐의 호흡운동

동물은 폐호흡으로 체 내 가스교환을 하는데, 외부로부터 흡입하는 흡식을 통해 폐로 공기가 들어오는 흡기라고 하고, 체내 공기를 폐를 통해 밖으로 내뿜는 호식을 통해 내뿜어지는 공기를 호기라고 한다. 호흡운동은 흡식과 호식을 교대로 반복하는 것으로 끊임없이 일어나며, 이 운동은 연수에 있는 중추에 의해 조절된다.

호흡운동은 폐가 위치한 흉강의 확장과 축소에 의해 일어나는데, 흉강이 넓어지면 내부에 음압이 생기고 폐는 확대되어 공기가 기관을 통해 들어오며 흉강이 원래 크기로 돌아오면서 축소하면 폐내의 공기는 밖으로 나온다. 흉강의 운동은 흉근(가슴근)과 횡경막에 의해 조절되는데, 흉근에 의해 흉강이 늑골 앞가쪽으로 이동하고 횡경막이 근육을 수축하여 흉벽으로부터 벌어지면 확장하고, 원래로 돌아오면 좁아진다. 늑골에 의한 호흡운동을 흉식호흡, 횡경막의 운동에 의한 호흡을 복식호흡이라고 한다.

각종 반사작용에 의해 호흡운동의 조절, 호흡수, 호흡의 깊이가 조절되는데, 이들은 대표적인 생체 징후로 여겨진다. 호흡수란 1분간 호흡한 횟수를 말하며 수면과 휴식 시에는 적고, 운동 시, 체온의 변동이 있을 때 많아진다. 운동 직후에 호흡수가 증가하는 것은 근육조직의 탄산가스 증가가 혈액을 통하여 중추에 작용하여 산소를 많이 공급하려고 하는 현상이다. 추울 때 호흡수의 증가는 체온 저하를 방지하기 위해 체내의 에너지를 증가시키기 위한 현상이고, 더울 때의 호흡수 증가는 기관이나 비강을 통한 열 방출을 위해서이다.

주요 호흡계통 구조와 기능

구조	기능
비강(코안)	공기여과, 가온, 가습, 공기의 통로
부비동(코곁굴)	점액분비, 발성, 두개골의 완충
인두	코와 기관 사이 공기통로, 구강과 식도 사이 음식물 통로
후두	공기통로, 발성, 이물질 유입 방지
기관	공기의 통로, 섬모에 의한 이물질 제거
횡경막	수축과 이완에 의한 호흡조절, 흡기를 위한 흉강확장, 호기를 위한 수축
기관지	공기의 통로, 여과
폐포	가스교환, 호흡기의 기능적 단위
폐(허파)	호흡계통 주요 장기
흉막(가슴막)	폐의 외막으로 윤활작용 및 보호작용

4. 심장혈관계통(cardiovascular system)

심장혈관계통은 심장, 동맥, 모세혈관, 정맥으로 된 혈액순환계를 말하며, 림프관, 비장, 흉선, 편도 및 림프절 내 림프조직을 구성하는 림프계(lymphatic system)를 포함한다. 혈액은 순환계를 순환하면서 산소와 영양물질을 운반하고, 이산화탄소와 노폐물을 제거하는 일, 호르몬과 항체의 운반, 체열 유지 및 전달 등의 작용을 한다. 체액은 혈관 속을 흐르는 혈액과 조직이나 세포에 직접 닿아 있는 림프액 등을 모두 포함하며 심장, 혈관, 비장, 림프절, 림프관 등을 순환한다.

(1) 혈액(Blood)

혈액은 혈장이라는 액체와 함께 운반되는 적혈구, 백혈구, 혈소판으로 구성된다. 혈장은 여러 종류의 단백질과 혈장에 녹아있는 여러 분자(유형성분)를 포함하고 있으며, 혈액은 체중의 8~15%를 차지하며, 산소 운반, 면역보호, 혈액응고 기능을 가진다.

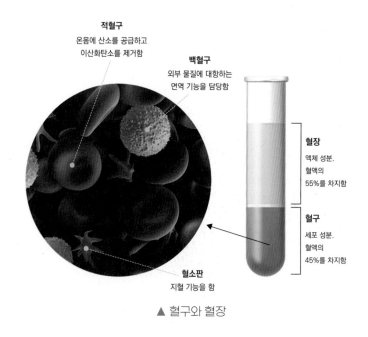

▲ 혈구와 혈장

1) 혈장(plasma)

혈장(plasma)은 수분 90%와 그 속에 녹아 있는 수용성 물질로 구성된 미색(straw-colored)의 액체로, 여러 무기물들(예: 나트륨, 칼륨, 칼슘, 염소 등), 대사물질(예: 포도당, 콜레스테롤, 레시틴 등), 호르몬, 항체 및 기타 단백질 등을 포함하고 있다. 혈장 속 단백질의 종류는 알부민(albumin)이 60~80%를 차지하며, 면역에 관여하는 글로불린(globulin), 혈액 응고에 관여하는 피브리노겐(fibrinogen)이 있다. 혈장량은 신체의 상태에 따라 농도가 조절되며, 항이뇨호르몬(ADH)의 조절을 받는다. 항이뇨호르몬은 시상하부의 뇌하수체 후엽에서 분비되는 호르몬으로 신체의 조건에 따라 수분섭취를 증가시키고 신장에서 수분흡수를 촉진함으로써 탈수와 혈액량이 감소를 조절하는 기능을 한다. 이러한 조절기전은 혈장량에 영향을 미치는 다른 기전들과 함께 혈압을 유지하는 데 매우 중요하다.

2) 혈액의 유형성분

혈액은 유형성분으로 백혈구와 적혈구 두 종류의 혈액세포를 포함한다.

① 적혈구(erythrocytes, Red Blood Cell; RBC)

적혈구의 형태, 색, 수 등은 동물의 종류, 연령, 환경조건에 따라 다르며, 신생마우스의 적혈구 수는 혈액 1마이크로리터당 3.6~5.6만 개이고, 백혈구 수는 2천 개에서 1만 개이다. 적혈구는 납작하고 양면이 오목한 원반구조로 산소 운반에 표면적이 증가시키는 구조를 가지며, 핵과 미토콘드리아가 없다(단, 포유동물의 태자, 조류, 양서류, 파충류, 어류의 적혈구는 핵을 가진다). 적혈구의 수명은 마우스의 경우 40일, 랫드는 60일이며, 포유동물마다 다른 수명을 가진다. 적혈구의 생성은 골수에서 만들어지며, 골수 내에 혈구의 기원세포인 줄기세포(stem cell)가 적혈구모세포로 분화하여 세포 분열과 성숙을 하면서 헤모글로빈을 가진 세망적혈구가 된다. 세망적혈구는 순환혈액에 방출되면서 핵을 소실하고, 노화된 적혈구는 간, 비장, 골수의 식세포(macrophage)에 의해 제거된다. 적혈구는 헤모글로빈(hemoglobin)을 가지고 있어 적색을 띠며, 4개의 글로빈 단백질이 1개의 적색 색소분자 헴(heme)과 결합되어 있다. 헴 중의 철 원자가 폐에서 산소와 결합하고 조직에서는 산소를 방출한다.

② 백혈구(leucocytes, White Blood Cell; WBC)

백혈구는 핵과 미토콘드리아가 있고 운동성을 가지고 있어 모세혈관벽을 빠져나올 수 있고, 휴식 시에는 공 모양으로 존재한다. 백혈구는 공 모양의 원형질을 움직여서 체형을 변화하여 자기의 위치를 이동할 수 있어 이물질(예: 세균, 바이러스 등의 체 내 침입물질)을 향해 움직이고 끌어들여 소화 분해하는 포식작용(phagocytosis)을 가진다. 백혈구는 조직 내 염증이 생긴 경우 자신의 크기보다 작은 모세혈관벽의 내피세포접합부의 공극을 통과하여 조직간극에 이행하는 혈구누출(diapedesis)을 하는 화학주성(chemotaxis)을 가지고 있다. 백혈구는 형태, 크기, 염색성(산성 혹은 염기성)에 따라 염색에 되는 특성에 따라 분류된다. 백혈구의 종류에는 호산구(eosinophil), 호염구(basophil), 호중구(neutrophil)가 있고, 이들은 세포질의 과립 유무에 따라 호중구, 호산구, 호염구는 과립백혈구(granulocyte)로, 림프구와 단핵구는 무과립백혈구(agranulocyte)로 나뉜다. 림프구(lymphocyte)는 백혈구 중 두 번째로 많은 세포이며, 항체 생성에 관여하는 B세포와 세포성 면역을 관장하는 T세포가 있고, T세포는 가슴샘(흉선,thymus)에서 증식·분화하여 생리활성물질(lymphokine)을 생성한다. 단핵구(monocyte)는 백혈구 중 가장 크고 식세포로 기능한다. 호중구와 단핵구는 세균·바이러스 등의 감염 시 소화시켜 제거하고, 호산구는 세균 감염 시 독소를 산화하는 기능을 한다.

⚛ 면역세포의 기능

종류	관찰사진	기능	수명
호중구		• 세균 포식 작용 • 급성 염증 반응 시 증가함	6시간~수 일
호산구		• 기생충 감염 시 작용 • 알레르기 반응 조절	8~12일
호염구		히스타민 방출(염증반응 증강, 혈관 확장)	수 시간~수 일
단핵구		• 포식작용 • 대식세포로 분화	수 시간~수 일
림프구		B세포, T세포, NK세포	• 수 주 • 기억세포는 수 년

백혈구는 적혈구와 같이 골수에서 만들어지고, 림프구는 골수에서 전구세포가 만들어진 후 림프절, 비장, 가슴샘에서 성숙된다. 백혈구의 수명은 적혈구보다 짧고, 세균·바이러스 감염 등의 병원체에 감염되거나 혈액암 등의 발병 시 백혈구의 수는 크게 증가한다.

③ 혈소판(platelet, thrombocyte)

혈소판은 적혈구처럼 핵이 없고, 백혈구처럼 운동성을 가지는 혈액성분 중 가장 작은 유형성분으로 무색투명하고 불규칙한 형태를 가졌으며, 혈액의 응고를 촉진하는 중요한 역할을 한다. 혈소판이 혈관 밖으로 나와 공기와 접촉하면 파괴가 일어나면서 혈소판 내부의 트롬보플라스틴이 유리되고, 혈장 성분 중 프로트롬빈과 결합하여 트롬빈이 되고, 섬유소원과 작용하여 섬유소로 변화한다. 이 섬유소는 섬유 모양으로 그물을 형성하고 그 사이에 혈구가 뭉쳐 핏덩이가 되는데, 이 현상이 혈액 응고 과정이다. 혈소판은 성장인자를 분비하여 혈관의 완전성을 유지하고, 세로토닌(serotonin) 호르몬의 조절을 받아 혈류의 양을 조절한다. 혈액의 응고를 방지하는 방법은 물리적으로 유리구슬, 유리막대, 깃털 등으로 혈액을 저어 섬유소를 제거하는 방법과 화학적으로는 소량의 sodium citrate, 수산화나트륨, 헤파린, EDTA(ethylene diamine tetraacetic acid) 등을 첨가하는 방법이 있다.

▲ edta tube

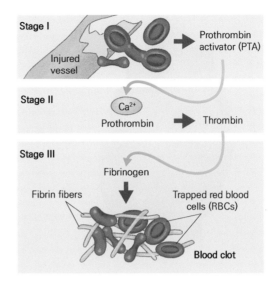
▲ edta 작용 기전

(2) 심장(heart)

심장은 일정한 리듬으로 수축·이완을 반복하여 혈액을 전신의 각 조직으로 보내는 펌프 역할을 하는 기관이다. 포유동물은 2심방 2심실의 좌우로 나뉜 네 개의 방을 가지는데, 심방은 정맥혈을 받는 좌심방과 우심방은 혈액을 좌심실과 우심실로 보낸다. 우심실은 혈액을 폐로 내보내 혈액이 산소를 공급받도록 하며, 좌심실은 이를 전신으로 내보낸다. 심장 내부의 혈액 흐름은 네 개의 판막에 의해 조절된다.

전신에 공급된 혈액은 조직을 지나면서 물질대사를 통해 산소가 고갈되고 이산화탄소와 노폐물을 가진 정맥혈이 우심방으로 되돌아와 우심실을 거쳐 폐동맥으로 보내 가스교환을 한다. 산소는 공기로부터 모세혈관 내의 혈액으로 확산되고 이산화탄소는 모세혈관에서 폐로 확산되어 방출된다. 이 혈액은 산소화되어 폐정맥을 통해 좌심방으로 돌아오는데, 이를 폐순환(pulmonary circulation)이라고 한다. 산소가 풍부한 좌심방의 혈액은 좌심실로 들어가 대동맥(aorta)을 통해 흉강과 복강을 지나면서 모든 기관계에 산소가 풍부한 혈액을 공급한다. 이를 체순환(systemic circulation)이라고 한다. 체순환을 통해 각 장기로 공급된 혈액은 위, 장, 비장, 췌장 등의 모세혈관으로 이동하여 간문맥을 통해 간으로 보내진다. 이를 문맥순환(portal circulation)이라고 한다. 간으로 들어간 혈액은 간정맥을 통해 심장으로 들어가면서 심장 자체에 물질교환을 수행하는 관상순환(coronary circulation)을 한다. 임신한 동물의 태자는 탯줄을 통해 모체로부터 영양분과 산소를 받아들이고 노폐물을 교환한다.

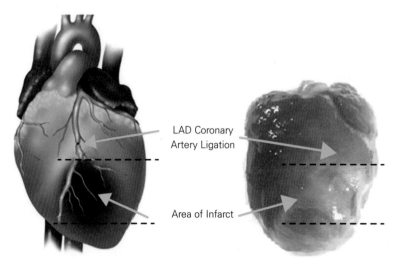

LAD Coronary
Artery Ligation

Area of Infarct

▲ 마우스 심장 구조

5. 생식계통

(1) 수컷 생식기관

수컷의 생식기(male genital organ)는 크게 내부생식기와 외부생식기로 나눈다. 내부생식기로는 고환(testis), 부고환(epididymis), 음낭(scrotum), 정관(vas deferens 또는 ductus deferens), 정낭(seminal vesicle 또는 vesicular gland), 전립샘(prostate gland), 망울요도샘(bulbourethral gland), 응고샘(coagulating gland), 팽대샘(ampullary gland) 등이 있으며, 외부생식기로는 요도(urethra)와 음경(penis)이 있다.

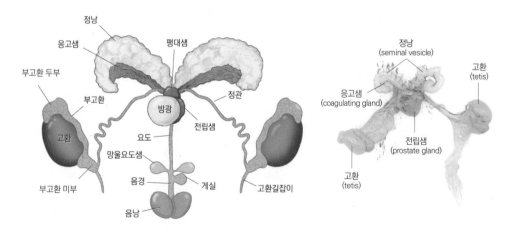

1) 고환(Testis)

고환은 부고환과 함께 음낭 내에 한 쌍으로 존재하는 생식기관이다. 고환은 수컷의 생식세포인 정자를 생산하고, 제2차 성징이나 성욕에 관계하는 웅성호르몬(androgen)을 분비한다. 고환하강(descent of testis)은 동물의 발생 초기에 복강 내의 요추 밑 좌우에 발생된 고환이 발생 후기에는 골반 안으로 내려와서 음낭 내로 들어가는 현상이다.

2) 부고환(Epididymis)

부고환은 고환에 밀착되어 길게 뻗어 있는 소체로서 두부(head), 체부(body), 미부(tail)의 세 부분으로 되어 있고, 미부는 정관과 연결되어 있다. 부고환은 정자의 운반, 농축, 성숙 및 저장의 기능을 한다. 고환에서 생성된 정자는 부고환에서 세포질이 수분이 증발하고 수축되면서 운동성을 갖추어 수정 능력을 가지게 되고, 정자가 성숙한 후에는 부고환 미부에 운동과 대사를 멈추고 저장되어 있다가 정관을 통해 사출된다.

3) 음낭(Scrotum)

음낭은 고환 및 부고환을 수용하고 보호하는 자루 모양의 기관으로, 체외로 돌출되어 있어 체온보다 4~7℃ 낮게 유지되어 정자 생산 기능을 유지시키는 기능을 한다.

4) 정관(vas deferens 또는 ductus deferens)

정관은 부고환의 미부에 연결된 정자 이동 통로로 복강 내 팽대샘과 연결되는 가늘고 긴 관으로 요도와 연결되어 있다. 구애나 교미 전 자극에 의해 정자가 정관의 연동운동을 통해 부고환으로부터 팽대샘으로 이동하며, 사정 시 정관의 율동적 운동에 의해 요도를 통해 사출된다.

5) 정낭(seminal vesicle 또는 vesicular gland)

정낭은 팽대샘의 측방에 위치하는 한 쌍의 샘으로 정낭분비액을 생산하는데, 사출되는 정상 정액량의 약 50%를 차지한다.

6) 전립샘(Prostate gland)

전립샘은 정액 분비액의 대부분을 차지하는 샘 분비선으로, 동물마다 엽(lobe)의 개수가 다르다. 마우스와 랫드는 4개의 엽으로 이루어져 있다.

7) 마우스, 랫드의 수컷 생식세포, 정자(Sperm)

마우스, 랫드의 정자는 부계의 유전물질을 함유하는 머리, 대사 및 운동중추의 목, 운동기관인 꼬리로 되어 있다. 정자 두부의 형태는 동물종에 따라 다른데 마우스, 랫드의 정자는 구 형태를 가진다. 정자의 길이는 마우스는 108μm, 랫드는 189μm이다.

정자는 고환, 부고환 미부와 정관 내에 존재하는데 마우스와 랫드는 30~45일을 생존할 수 있고, 암컷의 자궁 내에서 48시간 동안 생존할 수 있다.

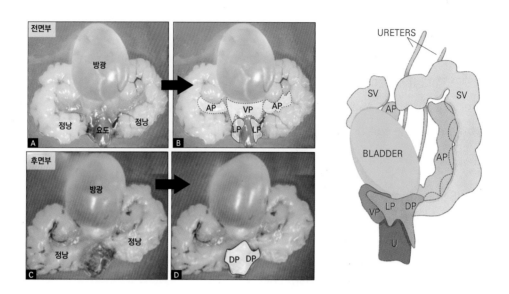

8) 망울요도샘

망울요도샘은 요도의 위쪽에 있는 한 쌍의 샘으로 흰 색의 점성물질을 분비한다. 망울요도샘의 분비액은 정액이 배출되기 전 요도를 세척하고 정자 사출의 윤활 역할을 하며, 정액의 점성을 유지하여 생존력을 높이는 역할을 한다.

9) 응고샘

응고샘은 설치목의 특징적인 샘으로서 분비되는 물질은 교미 시 암컷의 질 내에서 정낭분비액을 응고시켜 질전(vaginal plug)을 형성시킨다.

(2) 암컷 생식기관

암컷생식기(female genital organ)는 내부생식기와 외부생식기로 나눌 수 있다. 내부생식기로는 난소(ovary), 난관(oviduct), 자궁(uterus), 질(vagina)이 있고, 외부생식기에는 질전정(질안뜰, vestibule), 음순(labium), 음핵(clitoris)이 있다.

1) 난소(Ovary)

난소는 복강 내 신장의 뒤쪽에 좌우 한 쌍으로 존재한다. 난소는 난자(ovum)를 생산하고 생식에 관련된 호르몬인 에스트로겐(estrogen), 프로게스테론(progesterone), 릴락신(relaxin) 등을 생산·분비한다. 난소는 난포(follicle)의 발육, 난자 형성(oogenesis), 배란, 황체형성 등의 기능을 한다.

2) 난관(Oviduct)

난관은 난소와 자궁을 연결하는 구불구불한 형태의 관으로 난관깔때기(infundibulum), 난관 팽대부(ampulla), 난관협부(isthmus)로 나뉜다. 난소의 난관팽대부에서 정자와 난자가 수정되기 적합한 환경을 만들어주고, 수정이 일어난 수정란은 난관을 통해 자궁으로 이동하여 착상된다.

3) 자궁(Uterus)

지궁은 정자의 운반, 수정란의 착상, 태반형성, 태자발육을 하는 기관으로, 분비되는 자궁액(uterine fluid)은 정자의 수정능을 갖게 하고, 수정란의 영양공급원이 되며 난소호르몬에 의해 기능한다. 마우스와 랫드는 중복자궁(복자궁, duplex uterus)의 형태를 가진다.

4) 질(Vagina)

질은 자궁과 인접한 외부생식기로 교미기관이다. 분만 시 태자와 태반의 산도로서 기능한다. 질점막 상피세포는 발정주기와 함께 변화하는데, 상피세포의 변화는 발정기 확인에 도움을 준다.

5) 외부생식기

암컷의 외부생식기는 질전정(Vestibule), 음순(Labium), 음핵(Clitoris)으로 형태와 크기는 동물종에 따라 다르다.

6) 유선(Mammary gland)

유선은 흉부와 배부 피부에 인접한 지방질의 샘으로, 임신 시 혈액으로부터 유즙성분의 전구물질을 선택적으로 취하여 유즙을 합성한다. 유두를 통해 유즙을 분비하여 신생자의 성장을 돕는데, 유즙의 분비는 유선외부로 급유할 때 배출된다. 유두의 수는 동물종에 따라서다른데, 마우스는 10개, 랫드는 12개를 가지고 있다.

7) 마우스, 랫드의 암컷 생식세포, 난자(oocyte)

난자의 중심부에 핵이 존재하고, 세포질로 둘러싸여 있다. 난소로부터 방출된 직후의 난자는 방사관(corona radiata)이 형성되어 있는데, 이는 난관 점막에서 분비되는 섬유분해효소에 의해 수시간 내에 소실된다. 난자의 표면은 난자 고유의 세포막인 투명대로, 원형질막과 그 외측을 둘러싸는 형태를 가지고 있다. 마우스의 난자 크기는 75~85μm, 랫드는 70~85μm이다.

CHAPTER 01 설치류 - 마우스, 랫드   273

(3) 성성숙(Sexual maturity)

동물의 성성숙(sexual maturity)은 생식이 가능한 상태가 되는 것으로, 수컷에서는 성숙 정자의 형성 및 사정 기능의 확립, 암컷에서는 배란, 수정, 착상, 임신, 분만, 포유능력이 확립된 상태를 말한다. 성성숙 시기는 동물이 종마다 다르며, 마우스와 랫드도 계통에 따라서 차이가 있다. 마우스와 랫드는 성성숙이 되기 전 사춘기 시기에 시상하부를 중심으로 생식샘이 활동을 시작하면서 생식기관의 급격한 발육과 생식세포가 형성이 일어난다. 마우스, 랫드 수컷은 이 시기에 외관상 고환하강이 일어나고, 암컷은 질 개구가 일어난다.

성성숙 시기는 주로 유전과 환경의 두 가지 요인이 작용하는데, 근교계 동물은 성성숙이 지연되는 경향이 있으며, 비근교계 동물은 발육이 촉진되어 성성숙이 빨라지는 경향을 보인다. 성성숙에 영향을 미치는 환경요인에는 영양, 온도, 습도, 빛 등이 연관 있는 것으로 알려졌다. 마우스와 랫드는 적절한 사육환경 조건의 범위가 벗어나는 경우 성성숙의 시기가 늦어진다.

(4) 발정주기(Estrous cycle) 및 발정주기의 판별법

마우스, 랫드는 발정 주기 중 불완전성주기(incomplete estrous cycle)를 가지는 동물이다. 불완전성주기란 난포의 발육과 배란이 반복되고 형성된 황체는 단기간에 소실되는 주기로 난포기만 있고 황체기는 결여된 성주기를 말한다. 마우스와 랫드는 난포 발육과 배란이 4~5일 간격으로 일어나는데, 교미자극과 무관하게 반복되는 주기를 가진다. 그러나 배란기에 교미자극 또는 자궁경관에 기계적 자극이 가해지면 형성된 황체가 장기간 프로게스테론을 분비하며, 위임신(pseudopregnancy) 증상을 보이고 완전 성주기를 가지다가 임신이 성립되지 않는 경우 위임신이 종료되고 불완전주기를 반복한다.

발정주기는 4기로, 발정전기(proestrus), 발정기(estrus), 발정후기(metestrus), 발정휴지기(diestrus)로 나뉜다. 발정주기 판정은 질 도말표본법과 외음부 관찰을 통해 확인한다. 질 도말표본법은 질 상피세포를 채취하여 세포 염색을 통해 확인하는 방법으로, 발정기를 제외한 시기의 대부분은 유핵상피세포(nucleated epithelial cell)가 관찰된다. 발정기가 되면 외음부가 종창/발적되고, 질 상피세포가 무핵의 각화상피세포(cornified cell)로 관찰된다.

마우스와 랫드의 발정기 확인 시 질 도말표본 방법은 다음과 같다. 마우스, 랫드의 질 상피세포를 1일 1회(경우에 따라서는 2회), 일정시각에 채취한다. 질 상피세포를 채취할 때에는 질 내를 씻어낸 세척액을 이용하거나, 면봉이나 백금으로 질 내에서 직접 채취하여 슬라이드글

라스에 도포하고 말린 후 김사염색액(giemsa solution)이나 0.05% 메틸렌블루액으로 염색하여 세척하여 현미경으로 관찰한다.

발정기에 들어선 암컷을 확인하는 방법은 오전 중에 채취한 질 도말 표본 관찰을 하는 것이다. 마우스와 랫드의 배란은 발정전기에서 발정기로 이행하는 밤 오전 0시~2시에 일어나기 때문에, 이때 발정기가 관찰된 암컷을 수컷과 동거시키면 교배가 일어난다.

발정은 암컷이 수컷을 허용할 수 있는 상태로, 발정기는 이 상태가 허용 가능한 시간을 말한다. 이 발정기에 교미로 이어지는 행동을 성행동이라고 한다. 암컷의 난소를 적출한 경우 발정이 사라지고 성행동이 완전히 사라지는데, 이 암컷에 난소호르몬(에스트로겐 및 프로게스테론)을 투여하면 다시 발정을 하고 수컷을 허용한다. 수컷의 경우 고환 적출 시 성행동이 사라지는데 안드로겐을 투여하면 다시 성행동이 회복된다. 즉, 성행동은 생식샘에서 분비되는 성 스테로이드 호르몬에 따라 조절된다.

마우스와 랫드는 1년 내내 주기적으로 자동적인 배란을 반복하는 자연배란 동물이다. 1년 중 4~5일마다 배란을 반복하는데, 이때 혈중 에스트로겐 농도는 배란일 전전날 점심부터 서서히 증가하기 시작해 배란 전날 아침에 최댓값을 보인다. 그 후 하강하여 그 날 중에 최솟값으로 돌아온다. 성행동은 배란 전날의 저녁부터 시작되어 배란일 아침까지 약 13~15시간 동안 관찰된다. 배란 전날 저녁 수컷은 암컷의 발정을 냄새로 감지하고, 수컷이 암컷에게 올라타 목과 꼬리를 들어 척추를 만곡시키는 행동을 로도시스(lordosis)라고 한다. 로도시스는 포유강 동물의 암컷에게 보이는 특유의 행동으로 특히 설치목에서 심하다. 랫드의 수컷은 사정 후 22kHz의 초음파를 발생하는데, 이는 암컷에 대한 성적불능 상태의 신호라고 한다.

(5) 임신기간(gestation period)

임신기간은 수정이 성립된 날로부터 태자가 분만될 때까지의 기간을 말한다. 마우스, 랫드는 교미 후에 형성되는 질전 또는 질 내에 정자가 관찰되는 날을 임신 1일로 정한다. 임신 기간에 영향을 주는 요인은 품종, 계통, 산모의 나이, 임신 횟수, 태자의 크기, 산자수, 모체의 생리적 조건 등이 있고, 기간은 마우스는 19~21일, 랫드는 21~23일이다.

(6) 산자수(litter size)

실험동물의 산자수는 계통에 따라 다르며, 마우스는 4~12마리, 랫드는 8~14마리의 산자수를 가진다. 동일 계통이라도 암컷의 나이, 체중, 분만 경험여부, 영양상태, 사육관리 조건에 따라 달라질 수 있다. 마우스와 랫드의 산자수를 결정하는 요인은 배란수, 수정된 난자수, 수정란 및 태자의 생존율과 발육하는 모체환경 등이 있다. 수정란과 태자의 생존율은 수정란이 자궁 내에 착상하기까지의 손실, 수정된 난자의 자궁 내 착상 후의 손실, 발생 단계가 진행된 시기의 태자사망 등으로 알 수 있다.

04 실험동물의 유전과 육종

1. 유전자 DNA

유전자(gene)는 생물의 유전정보로 당, 인산과 4종류의 염기-A(아데닌), G(구아닌), T(티민), C(시토신)가 결합된 물질이다. 유전자의 배열은 4종류 염기서열로 이 배열은 단백질을 생산하는 유전정보로 이용되어 동물체의 기능과 형질을 결정한다. 유전자가 전사와 번역과정을 통해 형질이 발현되는 것을 유전자 발현이라고 한다.

2. 상염색체와 성염색체

DNA, RNA 등의 핵산과 단백질이 구조를 이루어 염색체를 형성하고 세포 내 핵에 존재한다. 염색체는 개체의 형질을 결정하는 상염색체와 성(암컷, 수컷)을 결정하는 성염색체로 이루어져 있고 포유동물의 성염색체는 XY, 암컷은 XX이다. 염색체 수는 동물종마다 고유하게 존재하며, 실험생쥐는 40개(상염색체 19쌍과 성염색체 2개), 랫드는 42개(상염색체 20쌍과 성염색체 2개)이다.

3. 형질, 유전형과 표현형

형질(trait)은 동물 개체에서 형태적인 성질, 생화학적, 생리적, 심리적 성질 등으로 관찰이 가능한 유전적 특징을 의미한다. 형질의 발현은 유전자 서열이 가지는 유전정보와 발현과정과 환경의 상호작용의 결과로 나타난다. 멘델은 유전법칙을 설명하기 위해 완두콩을 이용하였고, 완두콩의 열매, 줄기, 꽃 색깔 등이 가지는 특징을 수천 번의 교배실험으로 증명하였다. 이를 설명하기 위해 특정 형질을 알파벳 기호로 표기하고, 발현의 빈도가 높은 유전형질은 대문자로, 발현의 빈도가 낮은 유전형질은 소문자로 표기하였다. 이때 유전자기호의 조합은 유전자형으로, 개체의 특징을 나타내는 형질이 발현되는 경우를 표현형이라고 하였다.

4. 멘델의 법칙

멘델의 법칙은 그레고어 멘델이 1865년에 발표한 유전의 법칙으로 우성의 법칙, 분리의 법칙, 독립의 법칙으로 나뉜다. 실험동물의 가장 뚜렷한 형질인 모색을 통해 이 법칙을 설명한다.

(1) 우성의 법칙

마우스, 랫드의 털 색은 야생색[흑갈색, 아구티(agouti) 유전자]이 우성이다. 실험동물화 된 계통에서 자주 보이는 백색의 모색[흰색, 알비노(albino) 유전자]은 야생색을 가지는 유색 유전자의 돌연변이로 나타난다. 실험동물의 모색 형질을 나타내는 유색 유전자는 기호로 C, 백색의 알비노 유전자는 기호로 c로 표기한다.

그림 3-3의 부모 세대에서 모색을 가진 것과 알비노 색을 가진 부모가 교배해서 태어난 개체 (F1)는 모두 유색이다. F1 세대에서는 모색을 가진 유색 유전자가 알비노 유전자에 비해 발현 빈도가 높은 우성유전자이기 때문이다.

(2) 분리의 법칙

F1 세대에서 나온 암컷과 수컷을 교배하여 나온 F2 세대를 보면, 유전형으로는 네 가지의 조합이 생기고, 표현형으로는 3:1의 비율로 마리의 모색을 가진 개체와 알비노 개체가 나온다. 분리의 법칙은 모색을 가진 우성형질의 비율과 알비노 색의 열성형질의 비율이 3:1로 분리되는 현상을 설명한 것이다.

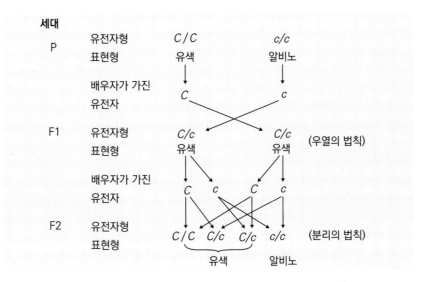

▲ 1쌍의 대립유전자에 의한 우열과 분리의 법칙(그림 3-3)

(3) 독립의 법칙

독립의 법칙은 형질이 2개 이상인 경우, 대립형질을 가진 암수의 교배를 통해 나온 자손세대의 형질 비율을 설명하는 유전법칙이다. 예를 들면 털과 털색을 가진 생쥐(유색/유모, 유전자 표기 C/C)와 이에 대립형질을 가진 털이 없는 생쥐(알비노/무모, 유전자표기c/c)를 교배할 경우 유색/유모(C/C), 유색/무모(C/c), 알비노/유모(c/C), 알비노/무모(c/c) 후손세대의 형질 비율이 9:3:3:1로 나타난다. 이때 털의 색이 유색과 알비노로 나오는 비율과 유모와 무모로 나오는 비율은 분리의 법칙 3:1을 따른다. 이 결과를 통해 생쥐의 털 유무를 결정하는 유전자와 털의 색깔을 결정하는 유전자가 독립적으로 유전된다는 것을 알 수 있다.

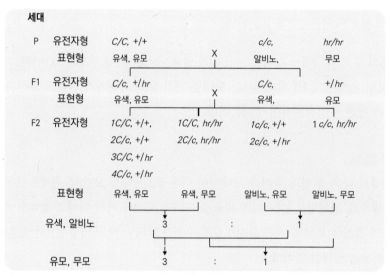

▲ 2쌍의 유전자에 의한 독립의 법칙

5. 유전자 변형 동물

실험동물은 인간과의 유전자 서열이 80% 이상 일치하고, 중요한 단백질의 기능을 하는 일부 유전자의 서열은 99%, 대부분의 유전자는 약 60%으로 일치한다. 유전자의 기능은 생명의 발생과 성장, 질병의 발생과 진행, 다양한 암의 발생 등을 조절하는 요소로, 유전자 변형 시 동물에게 나타나는 형질을 분석하여 해당 유전자의 기능 및 생명체와 질병 발생과정의 기전 등을 이해할 수 있다. 마우스는 유전자 변형 동물로서 가장 좋은 생물학적 재료이다. 마우스의 유전체 서열분석은 포유동물로는 인간 다음으로 완성되었고, 산자가 많고 세대가 짧은 이점으로 유전자 변형 시 형질의 확인이 요연하다. 최근에는 눈부시게 발전한 유전자 조작 기술 및 유전자 가위 기술의 발전에 따라 예전보다 빠르고 간단하게 유전자 변형을 다양하게 시도할 수 있게 되었다.

유전자 변형 마우스와 랫드는 자연적 변이에 의한 것과 유전자 조작 기술이 도입되어 인위적 변이로 나눌 수 있다. 유전자가 원래의 서열과 다른 상태를 유전적 변이(genetic variant)라고 하고, 정상 상태의 유전자를 가진 동물의 형질은 야생형(wild type; WT)으로, 유전자 변형이 일어난 동물은 돌연변이(mutation)이라고 한다. 유전자 변형 동물의 표기는 변이가 일어난 유전자의 형질이나 이름의 약어를 소문자로 표기하거나, 유전자가 제거된 경우 유전자 소문자 표기 옆에 '-'를 표기하여 나타낸다.

(1) 자연적 변이에 의한 유전자 변형 동물

유전적 변이는 자연적으로 혹은 환경에 영향을 받아, 알 수 없는 원인으로 일어나며, 이를 순응적(spontaneous)인 변이라고 한다. 자연적 변이에 의한 유전자 변형 마우스와 랫드는 자연적으로 생겨나거나 혹은 선천적으로 태어난 당뇨, 비만, 고혈압의 형질을 가진 개체들을 선발하여 수립하였다. *db/db* 마우스는 당뇨병과 관련된 특정 형질들(예: 비만, 다뇨, 소변 특유의 냄새)을 가진 자연적 돌연변이 마우스로 선발, 수립된 계통이다. 랫드는 선천적으로 고혈압 증상이 발현된 SHR(Spontaneously Hypertensive Rat) 랫드가 있다.

▲ 당뇨비만 *db/db* 마우스   ▲ 선천성 고혈압 SHR ra

(2) Transgenic 동물

Transgenic 동물은 유전자 변형을 하여 세포 내로 도입시키는 기술이 적용된 동물이다. 이러한 동물들을 유전자 이식동물, 유전자 도입 동물, 유전자 과발현 동물이라고도 한다. 유전자 변형은 유전자의 발현을 조절하는 프로모터(promoter) 부분에 유전자 변형을 시도할 유전자의 서열을 수정란의 전핵(pronucleus) 시기에 도입한다. 이후 태어나는 동물의 형질과 기능 등을 분석하여 연구에 이용하게 된다.

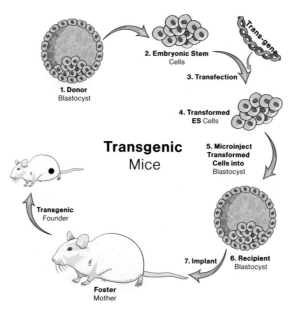

▲ Transgenic mouse 제작방법

(3) 유전자 적중(gene targeted) 동물

Transgenic 동물은 변형된 유전자의 도입이 세포가 가진 유전자 전체에서 일어날 수 있어서 원하는 위치에 삽입되지 않을 수 있다. 유전자 적중동물은 이 점을 보완한 기술이 적용된 유전자 조작기술로, 주로 연구하고자 하는 특정 유전자를 제거하여 그 기능을 확인하는 연구에 많이 이용된다.

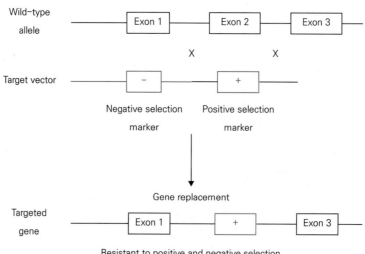

▲ 유전자 적중 동물 제작방법

(4) 유전자 편집(gene editing) 동물

유전자 편집동물은 유전자 도입 및 적중 기술이 고도로 발전하면서 세포 내에서 특정 유전자의 서열을 정확히 찾아가고, 유전자의 도입, 제거 및 편집까지 가능한 기술이 적용된 동물이다. 유전자 가위 기술은 발전된 순서에 따라 3세대로 발전되어 왔는데, 1세대 징크-핑거 핵산가수분해효소(Zinc-finger Nuclease; ZFN), 2세대 탈렌(Transcription activator-like effector nuclease; TALEN), 3세대 크리스퍼-카스9 핵산가수분해효소(CRISPR/Cas9 nuclease)를 이용한 기술이다. 모두 특정 유전자 서열 앞뒤로 반복되는 서열 구조의 특징을 이용하였고, 세대가 발전하면서 더욱 정교해지고 과정과 시간이 단축되었다.

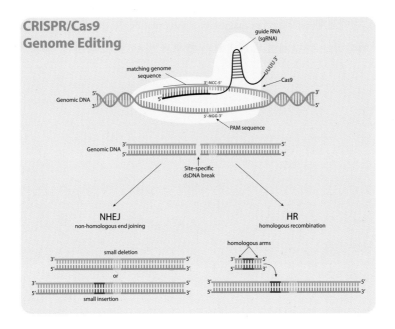

(5) 유전자 변형 동물의 유지

유전자 변형 동물의 사육과정은 변형된 유전자를 지표로 확인한 후, 동물의 선발과 유지가 이루어진다는 점이 일반 동물과 다르다. 유전자 변형 동물은 교배를 통해 세대를 유지하는 경우 변형시킨 유전자 외에도 다른 변이가 일어날 수 있으므로 이를 확인하는 과정을 꼭 거쳐야 한다.

유전자 변형을 가지는 동물은 일반적인 사육 방법으로 번식이 잘 안 된다거나, 면역억제 등의 다양한 요인이 나타날 수 있다. 이 경우 연구 책임자와 문헌 조사 등을 통해 해결해야 한다.

6. 계통의 이해

실험동물은 교육, 시험, 연구, 생물학적 제제의 제조, 그 외의 과학적 이용을 위한 목적에 맞게 번식한 동물이다. 계통(strail)은 실험동물 분야에서 사용되는 용어로, 계획적인 교배에 의해 유지되고 있는 유래가 명백한 동물군을 의미한다. 학술을 위한 연구에는 다양한 동물종과 계통이 가능한 적은 숫자로 이용되고, 의약품의 안전성 시험과 검정 등에는 소수의 동물종과 계통을 다수의 동물을 이용하여 연구한다.

(1) 근교계(inbred strain)

근교계는 우수한 실험동물 계통군으로 한 쌍의 교배로 태어난 세대들의 근친교배(inbreeding), 형매교배(sister-brother maging or sibling mating)를 20세대 이상 연속으로 수행하여 확립된 계통이다. 근교계의 육성법에는 평행선 방식, 단선 방식 및 단선 평행선 방식이 있다.

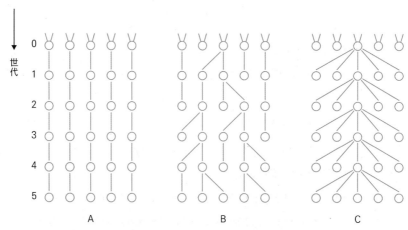

A: 평행선방식, B: 평행선·단선 조합방식, C: 단선방식

근교계 교배방식으로 형매교배를 20세대(F20) 이상 할 경우 근교계수는 98.6%, 혈연계수 99.6%로, 동일근교계 내에서 개체 간의 유전적 차이가 거의 없는 clone(복제)동물로 생각하면 된다. 근교계를 이용한 실험은 개체간의 유전적 차이에 의한 실험결과의 변동은 배제할 수 있다.

근교계를 유지할 때에는 몇 가지 주의해야 할 점이 있다.

① 유전적 오염을 방지하여야 한다.
② 유전적 특성을 유지하여야 한다.
③ 유전적 균일성을 유지하여야 한다.
④ 번식 능력이 높은 개체를 유지하여야 한다.
⑤ 근교계의 특성 파악을 위해 개체 기록 및 가계도 작성을 하여야 한다.

근교계 마우스의 종류

계통이름	계통이름	계통기원 및 특징
	BALB/c	• Bagg(1913년) → MacDowell(1923년) 근친교배 • 번식 가능 기간 1년 • 사육번식이 용이함
	129	• Dunn(1928년) 애완용 마우스와 친칠라 교배로 탄생 • 넉아웃(KO)마우스 생산을 위해 사용됨
	C3H	• 백혈병 호발계 계통(70% 발병) • 짧은 번식기간(5개월)을 가짐
	C57/BL6	• 암컷57개체와 수컷52개체를 교배하여 검은색과 초콜릿색이 있음(1921년) • 번식률이 낮으나 고지방사료 급여 시 개선됨
	DBA/1	암컷에서 유방암 발생률이 높음(75%)

(2) 돌연변이계

돌연변이계는 유전자 조작기술을 활용하여 실험쥐의 특정 유전자를 변형시킨 계통을 의미하고, 선발 및 도태과정에서 유전자 변형에 의한 특정 형질의 확인이 가능하다. 돌연변이계는 표기 시 변형시킨 유전자의 혹은 유전자형을 명시한다. 돌연변이계 명명법은 계통명 다음에 hyphen(-)을 쓰고 유전자명을 이탤릭체로 표기한다. 표기 시 우성유전형질의 경우 대문자로 열성유전형질은 소문자로 표시한다.

(3) 비근교계 (outbred)

비근교계는 계통 내에서 자유로운 교배로 유지되는 계통이다. 계통 내 개체들 가운데 유전적 변이가 있다는 것이 근교계 마우스와 다른 점이다. 유전적 다양성을 가지고 있어 다른 계통에 비해 수명이 길고 질병에 대한 저항성이 높고 번식능력이 높아 사육하기 쉽다. 대량생산이 가능해 값이 싸다.

비근교계의 교배방법은 무작위교배법, 순환교배법이 사용되고 최대한 이형접합 (heterozygosity)을 유지하여 개체 간의 유전적인 차이가 있으므로 이러한 차이를 인식하고 실험에 사용해야 한다.

계통이름	계통이름	계통기원 및 특징
	ICR(CD-1)	• 발육이 좋고 번식이 양호함 • 얌전하여 다루기 쉬움 • 종양발생률이 높음

(4) 교잡종(hybrid)

교잡종은 서로 다른 계통의 마우스를 교배한 마우스의 집단이다.

(5) Congenic strain

congenic 계통은 특정의 돌연변이 유전자를 가지고 있는 동물의 유전적 배경을 기존의 근교계 계통으로 바꾼 집단이다. 이때 사용되는 교배방식은 역교배(backcrossing)라고 하는데, 돌연변이계 마우스를 근교계 마우스와 교배시키고, 이를 10회 이상 반복한 경우 유전자 조성이 역교배에 사용한 근교계 계통의 유전자와 99.9% 이상 같아진다.

(6) Coisogenic strain

기존의 근교계에서 한 개의 유전자 좌위에서 발생한 돌연변이 유전자가 보존되도록, 원래의 계통과 분리하여 유지하는 집단을 말한다.

(7) Recombination inbred(RI) strain

서로 다른 근교계 마우스를 교배하여 2세대를 얻고, 2세대 개체를 무작위 교배시킨 후, 이후 세대는 각각 독립적으로 형매교배를 20세대까지 반복하여 육성된 계통이다.

그 외에도 Recombinant congenic(RC) strain, Consomic strain, segregating inbred strain 등이 있다.

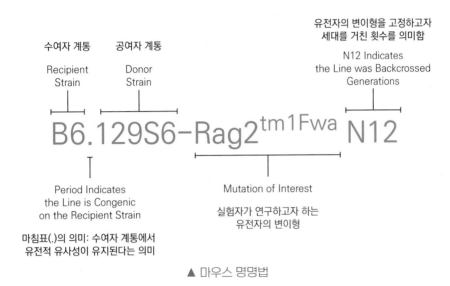

▲ 마우스 명명법

- 콜럼비아대학(Columbia University) Frederick W.Alt 실험실에서 개발
- 유전자: CCE ES 세포의 Rag2 유전자
- 129S6 마우스 모델 RAG2-M에서 유래함
- 12세대에서 C57BL/6NTac 근친교배의 역교배됨

- "A Review of Pain Assessment Methods in Laboratory Rodents." Comparative Medicine 69, no. 6 (2019).
- "Experimental Mouse Tumour Models: What Can Be Learnt about Human Cancer Immunology?" Nature Reviews Immunology (2012).
- "Preclinical Screening of Phyllanthus Amarus Ethanolic Extract for Its Analgesic and Anti-microbial 292
- "Using Cageside Measures to Evaluate Analgesic Efficacy in Mice (Mus musculus) after Surgery." 2018.
- Activity." European PMC (2014).
- Animal Facilities Standards Committee of the Animal Care Panel. "Guide for Laboratory Animal Facilities and Care." ILAR Journal 62, no. 3 (2021): 345-358.
- Bhat, S. S., et al. "Preclinical Screening of Phyllanthus Amarus Ethanolic Extract for Its Analgesic and Antimicrobial Activity." European PMC 7, no. 4 (2014): 378-384.
- Carbone, Larry, and Jamie Austin. "Pain and Laboratory Animals: Publication Practices for Better Data Reproducibility and Better Animal Welfare." PLOS One 11, no. 5 (2016): e0155001.
- Cicero, L., Fazzotta, S., Palumbo, V. D., Cassata, G., and Lo Monte, A. I. "Anesthesia Protocols in Laboratory Animals Used for Scientic Purposes." Acta Biomedica 89, no. 3 (2018): 337-342.
- Couto, M., and C. Cates. "Laboratory Guidelines for Animal Care." Methods in Molecular Biology 1920 (2019): 407-430.
- De Vera Mudry, M. C., Kronenberg, S., Komatsu, S., and Aguirre, G. D. "Blinded by the Light: Retinal Phototoxicity in the Context of Safety Studies." Toxicologic Pathology 41, no. 6 (2013): 813-825.
- Drano, Glenn. "Experimental Mouse Tumour Models: What Can Be Learnt about Human Cancer Immunology?" Nature Reviews Immunology 12 (2012): 61-66.
- Emes, Richard D., et al. "Comparison of the Genomes of Human and Mouse Lays the Foundation of Genome Zoology." Human Molecular Genetics (2003).
- Emmer, K. M., Russart, K. L. G., Walker, W. H., Nelson, R. J., and DeVries, A. C. "Eects of Light at Night on Laboratory Animals and Research Outcomes." Behavioral Neuroscience 132, no. 4 (2018): 302-314.
- Festing, Michael F. W. "The Breeding and Maintenance of Inbred Strains." In Inbred Strains in Biomedical Research, 28-35, 1972.
- Finley, Richard, and Chenxi Wu. "Noise and Vibration Criteria and Observations for Construction 290

- Foley, Patricia L., et al. "Clinical Management of Pain in Rodents." Comparative Medicine 69, no. 6 (2019).

- Fox, Stuart Ira. Physiology. 16th ed. McGraw Hill, 2021.

- Gaskill, Brianna N., et al. "Home Improvement: C57BL/6J Mice Given More Naturalistic Nesting Materials Build Better Nests." Journal of the American Association for Laboratory Animal Science 47 (2008).

- Gaskill, Brianna N., et al. "Nest Building as an Indicator of Health and Welfare in Laboratory Mice." Journal of Visualized Experiments 82 (2013).

- Grimm, David. "Are Happy Lab Animals Better for Science?" Animal Care & Use Program, Renement & Enrichment Advancements Laboratory (REAL) (2014).

- Guest, Paul C., et al. "Characterization of the Db/Db Mouse Model of Type 2 Diabetes." Protocol (2018).

- Hampshire, V., and M. Rippy. "Optimizing Research Animal Necropsy and Histology Practices." Lab Animal (NY) 44, no. 5 (2015): 170-172.

- Hogan, M. C., J. N. Norton, and R. P. Reynolds. "Environmental Factors: Macroenvironment versus Microenvironment." In Management of Animal Care and Use Programs in Research, Education, and Testing, edited by R. H. Weichbrod, G. A. ompson, and J. N. Norton, 2nd ed., Boca Raton, FL: CRC Press/Taylor & Francis, 2018.

- Holland, A. J. "Laboratory Animal Anaesthesia." Canadian Anaesthetists' Society Journal 20, no. 5 (1973): 693-705.

- Langford, D. J., et al. "Coding of Facial Expressions of Pain in the Laboratory Mouse." Nature Methods 7, no. 6 (2010): 447-449.

- Lindsay, T. H., et al. "A Quantitative Analysis of the Sensory and Sympathetic Innervation of the Mouse Pancreas." Neuroscience 137, no. 4 (2006): 1417-1426.

- Liu, Yonggang, et al. "Non-Invasive Photoacoustic Imaging of In Vivo Mice with Erythrocyte-Derived Optical Nanoparticles to Detect CAD/MI." Scientic Reports (2020).

- Lyon, M. F., R. S. Brown, and S. D. M. Genetic Variants and Strains of the Laboratory Mouse. Oxford: Oxford University Press, 1996.

- Mähler, Convenor M., Berard, M., Feinstein, R., Gallagher, A., Illgen-Wilcke, B., Pritchett-Corning, K., and Raspa, M. "FELASA Recommendations for the Health Monitoring of Mouse, Rat, Hamster, Guinea Pig and Rabbit Colonies in Breeding and Experimental Units." Laboratory Animals 48, no. 3 (2014): 178-192.

- Morse, H. C. I. "Building a Better Mouse: One Hundred Years of Genetics and Biology." In e Mouse in Biomedical Research 2. Diseases, edited by J. G. Fox, S. W. Barthold, M. T. Davisson, C. E. Newcomer, and F. Smith. London: Elsevier, 2007.

- National Centre for the Replacement, Renement & Reduction of Animals in Research. e Mouse Grimace Scale. 2016.
- National Centre for the Replacement, Renement & Reduction of Animals in Research. Grimace Scale Posters: Terms of Use. 2015.
- National Human Genome Research Institute. "Why Mouse Matters." National Institute of Health, 2010.
- National Research Council (NRC). Guide for the Care and Use of Laboratory Animals: 8th Edition. Washington DC: e National Academies Press, 2011.
- NC3Rs. Housing and Husbandry: Mouse. 2024.
- NC3Rs. Protocol A: Use of an Enrichment Item. 2023.
- Nevalainen, T. "Animal Husbandry and Experimental Design." ILAR Journal 55, no. 3 (2014): 392-398.
- Newsome, J. T., et al. "Compassion Fatigue, Euthanasia Stress, and Their Management in Laboratory Animal Research." Journal of the American Association for Laboratory Animal Science 58, no. 3 (2019): 289-292.
- Oh-Hora, Masatsugu, et al. "Chapter 6. Function of Orai/Stim Proteins Studied in Transgenic Animal Models." In Calcium Entry Channels in Non-Excitable Cells, 2018.
- Olfert, Ernest D., and Dale L. Godson. "Humane Endpoints for Infectious Disease Animal Models." ILAR Journal 41, no. 2 (2000): 99-104.
- Oliveira, Daniel S. M., et al. "e Mouse Prostate: A Basic Anatomical and Histological Guideline." Journal of the Association of Basic Medical Sciences (2016).
- Oliver, Vanessa L., et al. "Using Cageside Measures to Evaluate Analgesic Ecacy in Mice (Mus musculus) after Surgery." Journal of the American Association for Laboratory Animal Science (2018).
- Prins, J. B. "A Harmonized Health Reporting Format for International Transfer of Rodents." Laboratory Animals 49, no. 4 (2015): 353.
- Queen's University. "Tail Vein Blood Collection in Rats." 2011.
- Recordati, C., et al. "Pathologic and Environmental Studies Provide New Pathogenetic Insights into Ringtail of Laboratory Mice." Veterinary Pathology (2014).
- Reynolds, R. P., et al. "Noise in a Laboratory Animal Facility from the Human and Mouse Perspectives." Journal of the American Association for Laboratory Animal Science 49, no. 5 (2010): 592-597.
- Roberts, G. K., and M. D. Stout, eds. "Specications for the Conduct of Toxicity Studies by the Division of Translational Toxicology at the National Institute of Environmental Health Sciences." Research Triangle Park, NC: National Institute of Environmental Health Sciences, 2023.
- Sequeira, Ines, et al. "Microdissection and Visualization of Individual Hair Follicles for Lineage Tracing Studies." Methods in Molecular Biology (Clifton, N.J.) (2013).

- Silver, L. M. Mouse Genetics: Concepts and Applications. Oxford: Oxford University Press, 1995.
- Sivula, C. P., and M. A. Suckow. "Euthanasia." In Management of Animal Care and Use Programs in Research, Education, and Testing, edited by R. H. Weichbrod, G. A. Thompson, and J. N. Norton, 2nd ed., Boca Raton, FL: CRC Press/Taylor & Francis, 2018.
- Sotocinal, S. G., et al. "e Rat Grimace Scale: A Partially Automated Method for Quantifying Pain in the Laboratory Rat via Facial Expressions." Molecular Pain (2011).
- Taconic Biosciences. "Congenic Mice: What's in a Name?" 2016.
- Treuting, P. M., and J. M. Snyder. "Mouse Necropsy." Current Protocols in Mouse Biology 5, no. 3 (2015): 223-233.
- Turner, Patricia V., et al. "A Review of Pain Assessment Methods in Laboratory Rodents." Comparative Medicine 69, no. 6 (2019): 600-613.
- Turner, Patricia V., et al. "Administration of Substances to Laboratory Animals: Routes of Administration and Factors to Consider." Journal of the American Association for Laboratory Animal Science 50, no. 5 (2011): 600-613.
- UBC Animal Care Services. "Rat and Mouse Anesthesia and Analgesia (Formulary and General Drug Information)." 2016.
- UNC-Division of Comparative Medicine. Basic Mouse Handling and Technique Guide. Chapel Hill, NC: UNC Chapel Hill, 2022.
- University of Michigan. "Guidelines on Anesthesia and Analgesia in Rats." 2024.
- Veeraraghavan, Ravi. Wound Closure and Care in Oral and Maxillofacial Surgery. 2021.
- Workman, P., et al. "Guidelines for the Welfare and Use of Animals in Cancer Research." British Journal of Cancer 102 (2010): 1555-1577.
- Works within Animal Research and Breeding Facilities." Conference of the Acoustical Society of New Zealand (2022).
- 2020년 동물대체시험법 검증 안내서.
- 2023 동물실험윤리위원회-표준가이드라인, 농림축산검역본부고시, 제2023-47호, 2023.12.26. 제정.
- AIN-76A 사료: AIN, 1977, 1980 / AIN-93G 사료: AIN, 1993.
- 동물실험윤리위원회(IACUC) 표준운영가이드라인, 농림축산검역본부 고시 제2023-47호, 2023.
- 식품의약품안전처 식품의약품안전평가원, 실험동물운영위원회(IACUC) 운영 가이드라인, 2024.
- 실험동물의 관리 및 사용에 대한 가이드라인, 국립독성과학원 실험동물지원팀.
- 실험동물의 관리와 사용에 관한 지침 제8판 (Guide for the Care and Use of Laboratory Animals, 8th edition).
- 실험동물의 기술과 응용, 일본실험동물협회 저, 전국 수의과대학실험동물의학교수협의회 역.
- 실험동물취급연구실안전관리가이드라인.
- 연구활동종사자를 위한 보건 관리, 2020.

- 요시다제약주식회사.
- 이귀향, 최병인. 실험동물 길라잡이 마우스. (재) 생명과학윤리서재, 2021.
- 최병인, 이귀향. IACUC 동물실험계획서 작성 및 심의평가 길라잡이. (재)생명과학 연구윤리 서재, 2020.
- 한국실험동물학회 인증위원회. 동물실험 길잡이(개정판). OKVET, 2021.
- 한국실험동물학회 인증위원회. 동물실험길잡이. Okvet.
- 한국원자력실험동물센터.
- agnthos
- Ancare
- Andersen Sterilizers
- Bellaratta's Nest Rattery
- biobase
- bioseblab
- BRIC
- harvard Apparatus
- https://scottpharma.net
- https://stevens.ca
- https://www.sksato.co.jp/en
- inotiv
- Kent Scientic Corporation
- koatech
- NC3Rs
- ncelifesciences
- ookiebot, animalab
- rpicorp
- scanbur.dk
- science.org
- ScottPharma solutions
- stevens
- surgireal
- Telstar
- The Jackson Laboratory
- World Precision Instruments

저자 약력

안재범

- 서울대학교 의학박사(실험동물의학)
- 前) 가천대학교 이길여암당뇨연구원 실험동물센터 실장/전임수의사
- 現) 오산대학교 동물보건과 조교수
     한국실험동물학회 실험동물기술원 인증위원회 위원

배은진

- 가천대학교 이학박사(분자유전및종양학)
- 前) 건국대학교 수의과대학 3R동물복지연구소 부소장
- 現) 연성대학교 반려동물보건과 조교수

정연수

- 서울대학교 수의학박사(수의병인생물학및예방수의학)
- 前) SK바이오팜(주) 동물실 관리자/전임수의사
- 現) 경복대학교 의료보건학부 반려동물보건과 조교수

허제강

- 건국대학교 경영공학박사
- 前) 연세의료원 실험동물부 수의사
- 現) 서정대학교 반려동물과 교수

실험동물학

초판발행   2025년 3월 5일

지은이   안재범·배은진·정연수·허제강
펴낸이   노 현

편 집   김민경
기획/마케팅   김한유
표지디자인   이은지
제 작   고철민·김원표

펴낸곳   ㈜피와이메이트
           서울특별시 금천구 가산디지털2로 53, 210호(가산동, 한라시그마밸리)
           등록 2014.2.12. 제2018-000080호.(倫)
전 화   02)733-6771
f a x   02)736-4818
e-mail   pys@pybook.co.kr
homepage   www.pybook.co.kr
ISBN   979-11-7279-071-4   93520

정 가   25,000원

박영스토리는 박영사와 함께하는 브랜드입니다.